U0392099

范志红详解

孕产妇饮食营养全书

范志红 著

FANZHIHONG
XIANGJIE
YUNCHANFU YINSHI
YINGYANG QUANSHU

化学工业出版社

·北京·

健康是给宝宝的最好礼物

一个人生存在世界上，除了服务社会之外，最大的意义是什么？大概只能概括为两个方面：一是让自己的生命活得生机勃勃，精彩纷呈；二是让自己的基因传递下去，乃至万世。每个人多年努力追求成功，本质上也不外乎两个目标：一是为了证明自己的基因优越，上能告慰祖先，下能荣耀后代；二是为了给家人创造更好的生存和发展条件。

　　所以，说到根本，还是传递基因和爱护后代的生物本能，激励着人们去努力改变世界，改变自身。——这种努力，也包括为了孕育和养育最优秀的后代，对自己的生活方式做出改变。

　　怎样才能孕育最优秀的后代？国内外研究结果都给出了同样的答案：父母双方都必须具有良好的健康状况，提供最佳状态的精子和卵子，提供最理想的胚胎孕育条件，提供最优质的婴儿喂养食物。孩子生命的前一千天，也就是从受孕着床的那一天到2岁时能够正常进食天然食物之间所打下的健康基础，是可以受用一生的。这段时间健康受到损害，在以后的成长过程中是难以弥补的。

　　为什么有些人的孩子一直健康聪明、情绪安稳、不爱生病，有些人的孩子却体弱多病、学习困难、情绪障碍，甚至存在先天缺陷？研究表明，除了遗传因素之外，这种状态还与父母孕前的身体基础、孕期的生活状态和孩子在婴儿时期的喂养方式有着千丝万缕的联系。

　　孩子从小的身心状态，又在很大程度上决定着他们的未来发展和成功潜能。虽然在这个注重智力发育的世界上，并不需要人人和奥运选手一样体格健壮，但谁都无法否认，那些身体健康、精力充沛、思维敏捷、情绪积极的人，在严酷的社会竞争压力中会有更大的机会脱颖而出，能够扛得住追求成功过程中超乎寻常的体力和智力挑战，在危险时刻也会有更多的逃生机会。有些孩子在考场上会感觉到大脑供氧不足，在体能达标测试中会被淘汰，遇到一点压力会精神崩溃甚至放弃生命。这些情

况都意味着孩子的身体和心理发育质量不高，他们将来能堪大任吗？

国际上有一个"多哈理论"（DOHaD, Developmental Origins of Health and Disease），认为包括胚胎期的生命早期状态决定了人一生当中的代谢模式和疾病风险。我国传统养生学中也说到，人的健康，一方面取决于"先天禀赋"，另一方面取决于后天养护。所谓先天禀赋，除了遗传基因之外，还包括生命前一千天中的生存状态和营养状态。

一项最新研究发现，在孕期给母亲供应充足的某种"类维生素"成分，所生的宝宝肾上腺皮质激素水平较低，这意味着孩子不会因为一点压力烦恼而发生严重应激反应，也意味着孩子未来患上糖尿病、高血压、心脑血管病的危险较小。有日本研究者发现，孕期体重增加过多的母亲，所生婴儿的智商会有所降低。还有德国研究发现，孕期食用较多的油炸食物、甜食和加工红肉制品，婴儿患免疫系统异常的危险会增大。也有研究发现，从孕前开始补充叶酸，不仅会让孩子避免发生多种先天畸形，同时还会大大降低儿童患自闭症和脑瘤的危险。还有很多研究发现，孩子出生后所发生的过敏、哮喘、贫血、消化不良、婴儿白血病、学习障碍等很多问题，以及成年后患肥胖、高血压、糖尿病的危险，都或多或少地与孕期和婴儿期的营养状况有关。

孩子无法选择父母，而孩子未来的生命质量却取决于父母。一对负责任的父母，不能因为自己的任性，让孩子承担身心健康达不到最佳状况的后果。如果说有什么事情叫作"输在起跑线上"，那么胎儿期和婴儿期的不良营养状况和生活状态就是这样一种可悲的情况。那些明知自己有贫血、缺锌、消化不良却放任不管的备孕者，那些随意食用煎炸、烧烤、垃圾食品的未来母亲，那些任由孕期体重暴增、血糖高企却不知控制的准妈妈，还有那些明知妻子正在备孕或妊娠却不肯停止暴饮，或者不肯让家里远离香烟烟雾的父亲，都不能叫作负责任的父母。

在这方面，未来母亲的作用尤其重要，因为研究证明，母亲的身心状况和生活习惯对未

来孩子的影响显著大于父亲带来的影响。她在备孕期间，就必须改变自己原本以为理所应当的各种不良生活习惯。她要远离低营养价值食品，远离油炸、烧烤等各种含有害物质的食物，多吃新鲜天然的蔬菜水果、五谷杂粮，获取大自然的生育力量；她要弥补身体的营养储备不足，消除贫血、缺锌问题，还要改善消化吸收功能，为母子双方九个多月的营养供应做足准备；她要避免熬夜晚睡，积极运动健身，提高体质体能，改善血液循环，让身体能够承受十几千克的孕育负担；她要调整心情状况，加强个人修养，以积极、愉悦、安然的状态准备给宝宝最好的胎教；她还要督促未来父亲一起努力健康生活，为宝宝创造最佳的身心状态和孕育环境。

孕育和养育后代是一个非凡的机会，一个神奇的体验，也是对一个人理性、智力和修养的最好检验。从某种意义上来看，与其说孩子该感恩父母，不如说父母应感恩孩子，因为小天使们降临人间的意义之一，正是为了让父母一起进步和成长。父母每天守护着双方基因所融合而成的爱的结晶，不仅能体验到人伦之欢乐，更能体会到生命令人惊叹的力量和无限可能的发展。

充满责任感和爱心的父母所能给胎宝宝的最好的礼物，就是愿意调整自己的身心健康和生活方式，为宝宝发育成最佳状态提供保障；而父母率先垂范的健康生活方式，又会让宝宝养成最好的生活习惯，打下一生身心健康和事业成功的基础。为此而付出的一切努力，都会得到最丰厚的回报。

范志红

第一部分
备孕
你准备好了吗?

备孕夫妇的N项准备工作　　　2

孕前体检，了解你的生育风险　　　7

肥胖和瘦弱都会妨碍怀孕吗　　　10

慢慢减脂才有利于生育　　　10

补营养、减肥肉的简单饮食法　　　13

瘦弱对生育的不良影响　　　17

健康增加体重的策略　　　18

备孕故事1：肥胖妈妈的艰辛和遗憾　　　23

备孕故事2："多囊卵巢综合征"会影响生育吗　　　26

备孕故事3：生育二孩，你做好准备了吗　　　28

孕前要解决哪些营养不良问题　　　31

备孕女性消除贫血有多重要　　　31

消化吸收不良怎么办　　　33

适用于所有人的备孕营养忠告　　　38

营养饮食该吃哪些食物　　　39

备孕需要营养补充品吗　　　46

为什么备孕需要吃碘盐　　　46

保证叶酸供应很重要　　　47

其他营养补充剂要不要服　　　50

网友问题：这些食物该吃吗　　　53

第二部分
孕期
怎样平安养出健康宝宝?

准妈妈要注意的N个问题　　60

孕妇的饮食有哪些健康要点　　62

准妈妈吃错，宝宝健康隐患多　　65

孕期全程，身体会发生什么变化　　68

孕早期如何维持营养供应　　72

准妈妈故事1：孕早期的温馨回忆　　75

孕中期的饮食要注意什么　　78

特别关注：孕期不可承受之重　　81

准妈妈故事2：她不像个孕妇的样子　　85

特别关注：纠正贫血问题　　87

解惑：有关补铁的必备知识　　88

孕后期容易出现的营养问题　　92

管好血糖的关键措施　　94

怎样才能把钙补够　　98

解惑1：膳食补钙的几个顾虑　　99

解惑2：选择补钙品的建议　　101

准妈妈故事3：分娩之前的饮食准备　　105

网友问题：准妈妈问题解答一箩筐　　108

网友分享：我的健康孕程　　114

第三部分
产后
如何保证泌乳和恢复体形？

哺乳：新妈妈产后的第一要务　　120

月子里的营养有什么不同　　125

新妈妈的饮食吃什么　　127

新妈妈问题1：月子里的饮食宜忌有没有道理　　129

泌乳所需的营养是什么？　　132

新妈妈问题2：哪些食物对泌乳有好处　　134

热点话题：想吃肝脏，又怕食品安全问题，怎么办？　　138

新妈妈问题3：我需要补充营养素吗　　141

产后的"体重滞留"值得担心吗　　145

哺乳会让人发胖吗？　　147

哺乳妈妈如何健康减肥　　148

混合喂养的妈妈要小心发胖　　152

新妈妈故事1：当胖妇，还是当辣妈？　　153

特别关注：小心"糖妈妈"升级为糖尿病患者　　155

新妈妈故事2：我的食物吃对了　　163

网友分享：我是辣妈我自豪　　166

第四部分
食谱
育龄女性营养食谱和制作详解

食谱使用说明　　　172

备孕营养食谱（1900kcal）　　　174

备孕营养食谱（1800kcal）　　　184

备孕营养食谱（1700kcal）　　　194

孕4～6月营养食谱（2000kcal）　　　203

孕4～6月营养食谱（1900kcal）　　　212

孕7～9月营养食谱（1900kcal）　　　221

新妈妈营养食谱（2100kcal）　　　231

新妈妈营养食谱（2000kcal）　　　240

新妈妈营养食谱（1800kcal）　　　250

第五部分
附录

部分营养素的食物来源　　　262

常见食物血糖生成指数　　　281

中国居民营养素参考摄入量（一般健康成年人）　　　292

中国居民营养素参考摄入量（备孕、孕期和哺乳期女性）　　　296

中国居民膳食指南关键推荐（一般健康成年人）　　　300

中国居民膳食指南（孕期妇女）　　　302

中国居民膳食指南（哺乳期妇女）　　　306

参考文献

古人云：预则立，不预则废。

和那些毫无准备的妈妈们相比，

那些做好充分准备的妈妈，

不仅孕育过程更顺利，

生出来的宝宝「先天足」，

自己产后恢复也更快。

第一部分

备孕

你准备好了吗?

备孕夫妇的N项准备工作

常有女网友问我：我想要个宝宝，在各方面该做什么准备呢？

听了这话，我总是非常开心。因为问这些问题的人，一定是素质很高的女性。她们明白一个基本的道理——只有身体棒、营养好的妈妈，才能给宝宝提供最佳的孕育环境。对身体强健的女性来说，怀孕不会让她们不堪重负，所以孕育过程顺畅，胎儿不受委屈。如果女性连自己的身体都维护不好，怎能指望她有能力轻松支撑两个人的生命？

古人云：预则立，不预则废。和那些毫无准备的妈妈们相比，那些做好充分准备的妈妈，不仅孕育过程更顺利，生出来的宝宝"先天足"，自己产后恢复也更快。

在孕育宝宝之前，除了育儿资金等经济准备之外，其他需要做的主要准备工作大致包括环境准备、心理准备、体能准备、生活习惯准备和营养准备几大方面。

一、环境准备

准备生育的夫妇，要尽量远离各种不良环境。如空气污染严重的场所、刚刚装修的房间、刚买的有味道的家具、有味道的新车，以及有辐射、有污染、有毒性和危险性的工作环境等，都最好尽量远离。孕前体检之后，不要轻易再去做CT和X射线透视等检查。家里要少用杀虫剂和空气清新剂等日化用品，化妆尽量淡一些，很多化学品会从皮肤渗入，口红甚至会直接入口，吃饭之前最好擦掉。这些方面，大部分夫妇都会非常注意。

这里特别需要注意的是夫妇双方要远离烟草污染。大量研究证明，烟草的烟雾不仅危害成年人的健康，也会使胎儿受到明显影响。孕妇和儿童长期接触烟雾污染，会影响孩子肺部的发育，增加孩子出生后罹患呼吸道感染、中耳炎、哮喘等疾病的风险。接触烟雾还与婴儿猝死、儿童行为异常、神经认知障碍等问题有关联。而且孕期和孩子婴幼儿期接触烟雾的情况与孩子呼吸系统疾病的关系特别大[1]。研究也发现，男性吸烟会降低精子的活性和功能性，从而可能降低生育能力。这种效果和吸烟的程度之间有效应关系，也就是说，吸烟越多、时间越长，对生育能力的影响就越大[2]。有研究发现，母亲吸烟会增加婴儿猝死的危险。所以，有吸烟习惯的夫妇双方最好在备孕期间就戒烟。

如果未来的准爸爸有抽烟习惯，而且不肯戒烟，至少要让他减少吸烟次数，少和吸烟的朋友聚会，不要在室内吸烟，不要让太太闻到烟味。女性也要尽量远离香烟烟雾缭绕的地方。如果接触了烟草的烟雾，回家后要把沾有烟雾的衣服、帽子及时脱下来挂在门口，再洗手洗脸，避免沾染到家里的沙发、床等家具上。因为研究发现，衣服上带的有毒烟雾微粒进入家庭环境中，可以在室内停留数周，甚至数月之久，也被叫作"三手烟"。这些微粒若大量存在于家庭环境中，对婴幼儿健康具有危害，必须教育父母理解这个重要问题[3]，给未来的宝宝创造无烟家庭环境。

二、心理准备

人们都知道，心情会影响人的消化吸收功能、解毒功能和免疫力。对于准妈妈来说，还会影响宝宝的性格和体质，是所谓"胎教"的一部分。所以，备孕的女性一定要调整好心情，特别是原本有些急躁、苛求、敏感、悲观失望、患得患失、怨天尤人情绪的女性，更要注意改善情绪，让自己变成一个愉悦安然的女子。除了情绪的调整，未来的准妈妈还需要开始了解健康知识、孕产知识和育儿知识，想好事业规划和育儿工作如何相互协调。

未来的准爸爸也要做好思想准备：备孕期间和整个孕期要多陪伴妻子，多说一些温馨甜蜜的语言，让她一直保持愉悦的心情；陪妻子去孕检、产检，照顾她的生活，可能需要花费很多时间和精力；孕期可能需要降低性生活的频率；孕期和产后的妻子可能会心情容易波动，需要更多的关心和支持；宝宝降生之后，妻子可能会在两年左右的时间内减少对丈夫的关注，而把全部精力集中在孩子身

上。对于这些情况，想生育的男性一定要充分理解和支持，不要以为自己只要准备好足够的育儿经费就万事大吉了。同时，孩子的教育需要夫妇双方共同配合，男性的教育和示范作用对孩子人格和个性的形成及健康发育非常重要，所以未来的准爸爸要做好为教育孩子投入精力和时间的准备。

同时，怀孕生子，意味着生活不再只是两个人的事情。孩子一旦降生，可能需要双方老人的照顾，或者请来月嫂和育婴师。原本私密温馨的小家突然变得人来人往，各种人与人之间的相互摩擦也可能随之产生，特别容易出现家庭矛盾。所以，夫妇双方必须提前做好思想准备，而且要同心同德，互相支持，互相包容，绝对不可以互相指责，这方面丈夫的胸怀特别重要。此外，千万不要在夫妻感情不好的时候打算生个孩子来弥合感情裂痕，那样不仅很可能事与愿违，而且对孩子的健康成长极为不利。

如果是生育二胎，在生育之前，还要做好第一个孩子的思想工作，让她/他能够接受弟弟或妹妹的到来，避免未来可能发生的冲突。特别是在大龄生育的情况下，双方老人可能年事已高，不能帮助照顾孩子。对于这些可能出现的问题，夫妇双方最好能有一些预案，至少要做好思想准备。

三、体能准备

生育不是一件简单的事情，它是对夫妇健康状况的检验，也是对身体能力的巨大挑战。怀孕后，女性的心脏要负担母子两个人的供血，肺脏要负担两个人的氧气供应，肌肉骨骼也要支撑两个人的体重。如果未来的准妈妈上几层楼都嫌累，以后怎能很好地负担胎儿、胎盘和其他孕产相关组织共十多千克的重量呢？没有抱起孩子的臂力，没有抱着孩子走两三千米路的脚力，又怎能在孩子出生之后照顾好他，在关键时刻救护他呢？

如果从孕前开始跑步、爬楼等，按照世界卫生组织的建议，每周有150分钟以上的中强度运动[4]，3个月后就能大大提高体能，做个健康有活力的准妈妈。跑步、游泳等都是最好的运动方式，因为它们是全身运动，能极大地提高心肺功能，改善血液循环，加强肌肉力量，提高身体利用血糖的能力。如果不喜欢这些单调运动，坚持跳操、跳舞等，只要强度循序渐进地加大，也有不错的改善效果。跳舞是个很好的备孕运动，不仅对锻炼身体有好处，而且能减轻压力，愉悦心情，这对孕程顺利也是非常重要的。

对于备孕的女性来说，增加运动提高体能，改善心肺功能，增强下肢肌肉力量，对做个准妈妈十分重要。提前半年甚至一年开始为怀孕做好准备，有规律地健身，做中等强度的运动，适度增强肌肉，改善耐力，都是非常明智的做法。现在很多女性孕前就不爱运动，怀孕之后更是过度保护，结果导致内脏功能低下，肌肉松弛，全身无力，自然分娩非常困难，产后全身松弛肥胖的结果更是难以避免。体能较好的女性不仅有更好的生育能力，而且孕期很少出现危险情况，生产的时候也更加顺利。

做健身运动时，最好能够多在室外活动，充分接触日光对未来的妈妈非常有好处。阳光能给身体带来维生素D，它不仅能促进钙的吸收，有利于预防糖尿病，还能保障正常的免疫力。孕期最麻烦的事情莫过于准妈妈感冒伤风，或者发生各种感染。不吃药吧，人很难受；吃药吧，又怕影响宝宝。特别是病毒性感染，还有造成胎儿畸形的危险。如果能在孕前就开始多在阳光下做轻松愉快的运动，如快走、慢跑等，准妈妈的身体强健，患病的机会就可能降低。同时，母体保持较高的维生素D水平，对母子双方的骨骼健康也大有好处。

不仅未来的妈妈，未来的爸爸也要保持好的体能。研究发现，那些规律健身的男人，精子质量会比很少运动的同龄人更高。特别是对不再年轻的男性而言，保持好的体能状态更为重要。不过还需要提醒一下，这并不意味着肌肉块越大，运动强度越高，生育能力越强。过量的运动（比如职业运动员的高强度

训练）对生育并无好处。

四、生活习惯准备

为了提升健康状况，夫妻双方在孕前半年最好就开始调整生活习惯。其中包括过有规律的生活，早睡早起，避免熬夜，充足睡眠；包括保持好心情，减轻精神压力。现代年轻人最常见的问题，就是生活规律混乱和精神压力巨大。这两方面的问题都会非常严重地影响生育能力。连续加班、经常熬夜的状态，可能会影响一段时间的生育能力。

夫妇双方在准备怀孕前6个月就应当开始戒烟戒酒，特别是未来的爸爸不能忘记。烟和酒都会影响精子和卵子的质量，也影响受精卵的着床。男性饮酒不仅会降低精子的数量和质量，酗酒后生育的孩子还有较大风险出现畸形。女性饮酒会降低受孕率，增加自然流产率、死胎率和胚胎发育异常的风险。

咖啡和其他含咖啡因饮料对女性的生育能力有负面影响[5]。摄入大量咖啡因可能会延迟女性的受孕时间，每天100mg以上的咖啡因摄入量就能提升流产率、死胎率和死产率。有西方国家的研究调查发现，出现死胎和死产的女性平均每日咖啡因摄入量为154mg，比正常生产者的咖啡因摄入量高50%。因此，备孕期间和怀孕期间，最好将每日咖啡因摄入量控制在100mg以下。

同时，夫妇还要改掉随便服用各种药品、保健品的习惯。去看病时，要告知医生自己正在备孕中。除了医生处方中的必需药物之外，包括减肥药、消炎药在内的各种药物都不要自己随便服用，需要时先咨询医生，了解药物可能对受孕和胚胎有何影响。

总之，夫妇都有健康的身体和愉悦的心情，是最有利于孕育后代的。有关饮食健康的内容，后面将做重点讨论。

🌸 孕前体检，了解你的生育风险

在备孕时，最重要的事情就是做个全面体检，对夫妇双方的身体条件有所了解，以便及时采取优生措施。特别是没有做过婚检的夫妇，一定要去做个全面检查。

在体检当中，除了关注生育系统和生育能力是否正常以外，还需要关注多方面的内容。

🌸 **传染性疾病情况**。比如艾滋病病毒检查、乙肝病毒检查、结核菌检查等。同时，了解目前的疾病状态和传染性，以便确定合适的生育时间，并了解如何避免把疾病传给下一代。比如说，如果有一方是乙肝病毒携带者，只要提前和医生联系，采取预防措施，就能避免传给宝宝，不必过于担心，更不能隐瞒情况，祸及下一代。

🌸 **遗传性疾病情况**。这可能涉及是否适宜生育，后代出现遗传病的风险大小，选择男孩还是女孩（有些疾病是伴性遗传，男孩和女孩的风险不一样），孩子出生后万一有疾病应如何及时应对等。未来的父母千万不可以向配偶隐瞒家族遗传病的信息，这关系到家庭幸福和孩子的一生。

🌸 **慢性疾病情况**。如果有暂时不宜怀孕或影响怀孕安全性的疾病，比如肾脏病、糖尿病、高血压、甲状腺疾病、免疫系统相关疾病等，要提前进行治疗和控制，待医生认为身体条件适宜时再怀孕。如果有糖耐量受损、血脂异常、血压偏高、血尿酸过高、同型半胱氨酸水平过高等情况，一定要在备孕过程中尽量把指标调整到适宜妊娠的水平。要管控好日常饮食和生活起居，严格监控疾病指标和各项生化指标。在身体状况不允许时强行怀孕是非常危险的，严重时可能带来母子双方的生命危险。

体检处

◈ **慢性炎症情况。** 尽管慢性牙龈炎、慢性咽喉炎等"小病"可能很多人都不放在心上，其实它们往往提示身体状态不佳、炎症反应升高的情况。有研究发现牙周疾病和妊娠不良结局之间存在关系，例如升高早产风险。所以，最好在怀孕之前把各种慢性炎症治好。实际上，只要备孕期间能够改变不良生活习惯，就能够很大程度上消除病因，改善体质，消除慢性炎症。

◈ **消化吸收状况。** 孕程中需要给母亲和胎儿双方供应营养，消化系统必须能够保证高效工作。如果有消化不良、慢性胃病、肠道炎症、肝胆疾病等，都需要提前进行调整，避免孕期无法充分消化吸收食物，营养供应不足，影响胎儿正常发育。如果有食物急性或慢性过敏，也要提前了解对策，以便保证孕期饮食不出问题。

◈ **营养相关指标状况。** 怀孕之前，需要确定有无贫血、缺锌、缺钙、蛋白质营养不良、维生素缺乏等问题。虽然我国居民经济收入大幅度增加，但根据我国卫计委2015年发布的数据显示，孕妇的缺铁性贫血率仍高达17.2%。从开始注意补充富含铁的食品，到血红蛋白水平得到明显改善，通常需要3个月的时间，而如果孕早期食欲缺乏、恶心呕吐，更是很难有效补铁。如果孕前就有贫血状况，那么孕期发生贫血的风险极大，必须提前解决。

◈ **体重、腰围和体脂肪情况。** 未来的准妈妈孕前体重过低和过高，未来的准爸爸是否过于肥胖，都会影响受孕机会和孕期安全，更可能影响未来孩子的健康。关于这个问题，后面还会详细讨论。

小贴士

备孕女性的身体肥胖状况用什么指标评价？

通常用体质指数（BMI）来评价体重，用体脂率来评价体成分，用腰围、腰臀比和腰围身高比来评价体脂肪的分布状况。体质指数（BMI）的计算方法是：体重（kg）/身高的平方（m²）。体脂率要用仪器进行测定，腰围（对女性来说是脐上方2cm左右一周的围度）和臀围（臀部最宽处）可以直接量取，然后计算出腰臀比值和腰围身高比值。腰围、腰臀比和腰围身高比越大，则内脏脂肪越多，出现代谢紊乱、糖尿病和心血管病的风险越大。

育龄女性A的身高是164cm，体重是53kg，那么她的体质指数（BMI）为19.7，在正常范围之内（18.5~23.9为正常）。她的腰围是65cm，臀围是90cm，则她的腰臀比和腰围身高比分别是0.72（0.8以下为正常）和0.40（0.5以下为正常）。测定发现她的体脂肪率是23%，在20%~30%的正常范围里。综合评价，这位女性处于适宜妊娠的体成分状态。

育龄女性B的身高是164cm，体重是64kg，那么她的体质指数（BMI）为23.8，仍然在正常范围之内。但是，她的腰围是78cm，臀围是94cm，那么她的腰臀比是0.83，腰围身高比是0.48。显而易见，她的腰臀比已经过高，腰围身高比也接近0.5的临界点。测定发现她的体脂肪率是31.2%，已经达到肥胖标准。综合评价，这位女性为肥胖状态。事实上，她存在脂肪肝和糖耐量下降的问题，需要适度减肥降脂之后，才适合进行妊娠。

超重！

肥胖和瘦弱都会妨碍怀孕吗

在传统观念当中，人们认为女人太瘦可能会妨碍生育，因为在食物不足的时代里，消瘦表明营养不良。所谓"老爷肥狗胖丫头"一向都是土豪们的理想。在《红楼梦》中，弱柳扶风的林黛玉没有获得老一辈的青睐，人们认为还是丰满圆润的薛宝钗更有夫人相。

其实，从生育角度来说，虚胖和瘦弱都不利于繁衍后代。在体质指数（BMI）的正常范围当中，偏于圆润当然无妨，但一定要肥而不松，身体紧实，指标正常；偏于纤细也没问题，但一定要瘦而不枯，肌肉充实，体能充沛。若是腰腹赘肉层层，或者身体松垮水肿，或者枯瘦干瘪，体弱神疲，就说明身体状况不健康。未来的准妈妈自身一个人的代谢功能尚且处在低下或紊乱状态，怎能指望她很好地承担母子两个人的代谢负担呢？

慢慢减脂才有利于生育

无论男性还是女性，只要存在肥胖、胰岛素抵抗、高血脂、脂肪肝等情况，在备孕期间，都应当积极减肥，特别是降低体脂肪含量，提高胰岛素敏感性。对女性来说，有些人孕前只是超重，没有达到肥胖状态，但体脂肪含量已经过高，也应当积极减肥增肌，改善身体成分。

要想改善身体成分，纠正代谢紊乱状态，最主要的方法就是健康减肥，包括调整饮食和增加运动两方面。

体脂肪就是身体以脂肪形式所储存的能量。既然要减少身上的肥肉，当然就要通过少吃东西来减少每天的能量（也就是俗称的"热量""卡路里"）摄入，通过增加运动来提升每天的能量消耗，所谓"节源开流"，使能量处在一个"入不敷出"的状态。那么身体就会把多余的体脂肪分解掉，用来弥补这个能量缺口。就好比说，如果每月的钱花得多，挣得少，就不得不把存款取出来用。

那么，是不是每天吃的食物越少越好，每天的能量缺口越大越好呢？绝对不是这样。人体是一台精密的生物机器，它每天是要靠能量来驱动的。在人类的进化过程当中，经历过无数次饥荒时期，体验过忍饥挨饿的痛苦。在饿得连性命都难以保全的饥荒时期，身体会本能地暂时"关闭"生育功能。

很多女性问，为什么少吃东西就会造成经血减少、月经推迟甚至闭经的情况？不说下丘脑–垂体–性腺轴之类复杂的内分泌词汇，用简单的道理就能解释这种情况：月经失血需要消耗蛋白质、铁等多种营养素，故营养素摄入不足的情况下，月经量减少、月经推迟，是身体的自我保护反应。

各种追求减重速度的减肥方法，如绝食、辟谷、严格节食、过度运动等，经常会因为能量骤减和营养不良而造成代谢失调，出现月经紊乱，甚至闭经、子宫萎缩等问题，还有可能造成蛋白质营养不良和贫血、缺锌问题。虽然很多肥胖女性节食之后，体重仍然没有恢复到正常状态，但身体一旦感知到能量和营养素摄入的大幅度削减，本能地认为"饥荒来了"，就可能会出现月经量减少、延迟，甚至暂时闭经的情况。显然，这种做法的后果，与备孕减肥的目标是背道而驰的！

同时，体重下降太快会有很大的副作用。在少吃的同时，蛋白质、多种维生素、各种矿物质的供应量都会锐减。这会让身体出现严重的营养不良。食物摄入少、脂肪分解快的情况下，身体的瘦素水平下降，饥饿素水平上升，人会更加贪恋食物，一旦克制不住，容易贪食暴食，很容易造成严重反弹，最后得不偿失。有研究发现，长期饥饿者一旦正常进食，内脏脂肪增加速度比正常人快，此后更容易出现代谢紊乱问题。

在因节食导致停经之后，很多女性会发生心理恐慌，多处求医，同时服用大量中西药物，这本身就有一定风险，不适合马上谋求受孕。同时，马上恢复正常饮食量，甚至频频"进补"，体重会在快速下降之后又快速反弹，极易造成体脂率上升，导致代谢更加紊乱。这种一错再错的做法，备孕者殊不可取！

实际上，超重和肥胖状态，往往并不意味着"营养过剩"，只是意味着营养素的比例失去平衡。很多女性在超重肥胖的同时，也存在贫血、缺锌、缺钙等问题，多种维生素的摄入量往往是严重不足的。如果贸然节食减肥，只会耗竭体内的营养素储备，使微量营养素缺乏的情况更为严重。

考虑到孕期的营养素需求高于日常水平，而早孕期间又难以充分补充营养，备孕期间需要补足营养素供应，所以需要减重的人不宜大幅度削减能量，而应当维持充足的营养供应，以改变饮食习惯为主，在营养平衡食谱的基础上增加运动量，制造出能量负平衡。也就是说，备孕者的减肥计划，一定要做到"慢慢减"，而且一定要保证除了加工食品和菜肴中的油脂、零食点心饮料里的糖、白米白面等精白淀粉食物以外，蔬菜、水果、鱼肉蛋奶、豆制品都不少吃。

比如说，一位女士身高165cm，体重80kg，体质指数为29.4，属于肥胖状态。她计划每个月减掉1.5kg脂肪，而每克脂肪含9kcal能量，那么每月共需要减少13500kcal的食物能量，分配到30天当中，每天需要减少400kcal。增加40分钟的快走或慢跑，大约可以消耗200kcal。戒掉零食饮料，能减少50~100kcal。然后晚饭少吃1/4的量，大约是150kcal。一天400kcal能量负平衡的目标很容易实现，并不痛苦，而且无害健康。

这位女士经过6个月的慢慢减肥，能够减掉9kg体重，减掉原来体重的11.25%。文献表明，减重5%~10%即可有效改善代谢紊乱状况。如果她的饮食内容合理，运动效果较好，那么这9kg几乎都是脂肪，而肌肉量却完全没有减少。这样，虽然看起来减重速度比较慢，但半年过去，体形就会有非常大的变化。假如再努力半年，使体重降到62kg，体质指数（BMI）为22.8，就达到了正常体重范围了。

每天增加
40分钟快走
戒零食、饮料
晚饭减少量，
半年减肥9kg

这样的减肥目标，虽然减重速度较慢，但能够重点降低体脂肪量，并有利于改善基础代谢率，逐渐使代谢向正常方向回归。在这个过程中，通过饮食营养的调整，可以切实改善胰岛素敏感性，控制偏高的血压、血脂和炎症反应指标，消除脂肪肝，能够减少孕期发生妊娠糖尿病、妊娠高血压等情况的风险，保障胎儿的健康。同时，加强机体营养储备、改善体能和活力，有利于提高受孕能力。通过加强运动来提高心肺功能，也对保障胚胎的血液供应很有帮助。

运动研究发现，日常有运动习惯的女性，包括每天爬楼梯的女性，在同样体重水平上，和很少运动的女性相比，患妊娠糖尿病的比例明显较低。

所以，如果备孕女性的肥胖状况比较严重，多项指标异常，建议先花一年时间好好调整饮食生活习惯，健康减肥。这期间切忌急于求成，要以大幅度改善自身健康活力为目标，待至少减去体重10%的重量，各项指标明显改善，体能大大提高，心态变得平和健康的时候，再考虑怀孕的问题。

补营养、减肥肉的简单饮食法

超重肥胖者在饮食方面往往同时存在很多混乱情况。

一是热量摄入超过身体需要。大部分人最初的发胖原因是饮食过量，或者喜欢油腻食物，或者贪吃零食，或者喜欢喝甜饮料等；同时运动不足，造成能量供大于求，多余的部分就变成肥肉积存在身上。

二是过度节食、过午不食或者经常随便省略一餐。在这种情况下，身体对食物的需求被过度压抑，营养不良，对食物的渴望感增强，对饥饱的感知能力也变得模糊，很难准确控制食量。一旦有机会吃，或者克制力崩溃，就会无法控制地饮食过量，结果越来越胖。

三是食物内容选择错误，造成身体处于慢性营养不良状态。肥胖者所吃的食物多半淀粉、糖含量高，或者脂肪含量高，其中蛋白质和微量营养素往往不足。我国研究者分析发现，在肥胖女性当中，出现缺铁性贫血的比例反而比正常人更高。事实上，一边肥胖一边贫血，一边肥胖一边骨质疏松，一边肥胖一边缺乏B族维生素，这类情况在超重肥胖女性当中一点都不罕见。

所以，对于备孕者来说，减肥食谱中必须提供丰富的食材品种，重点通过提供"高饱腹感"的食物来帮助控制食量，而不是严格缩减食物的体积。同时，考虑到为孕期营养做准备，要重点保证容易吸收的钙、铁、锌元素的供应量，供应充足的蛋白质，在控制体脂的同时达到提高健康水平和营养储备的效果。

要想达到这样的效果，就需要改变日常吃饭的方式。最要紧的，就是过一种餐后血糖平稳的生活。餐后血糖高企与脂肪合成和血脂上升有密切关联，只要餐后血糖控制好了，人也就不容易发胖了。日常尽量这么做，即便不饿肚子，也不会日益发胖，而且还能够逐渐远离高血脂、脂肪肝。

减肥饮食的第一个要点，就是逐渐远离精白米和精白面粉。每天的主食当中，白米白面最多不能超过一半。

很多人会问：不吃大米白面，吃什么啊？没有米饭馒头、面条烙饼，没有包子、饺子和馅饼，那还叫做吃饭吗？但是，古人所谓"五谷为养"，并不是白米白面一统天下。去大超市看看，杂粮柜台里有多少种杂粮？各种糙米、小米、大黄米、高粱米、燕麦、大麦、荞麦、莜麦面、红小豆、花豇豆、各种颜色的芸豆，还有蔬菜类的红薯、土豆、山药、芋头、莲藕和甜玉米……

其实，这些含淀粉食材都可以替代白米白面，当作一部分主食来吃，而且按照同样的能量来评价，上面提到的各种食材，都比白米饭营养好很多，维生素、矿物质含量高，膳食纤维多几倍，而且比食用白米饭、白馒头餐后血糖升得慢，在同样的能量下，维持饱感的时间更长。比如说，同样用50g粮食加300g水来煮粥，白米粥喝下去之后很快就饿了，而燕麦粥或红小豆粥喝下去很长时间都不觉得饿。

举例来说，晚上用红小豆、燕麦、糙米、小米煮的不加糖八宝粥当主食，配着菜肴吃两小碗，觉得挺饱，比只吃一小碗米饭有利于控制体重。用切碎的蒸土豆来替代米饭，直接配着各种菜肴吃，味道很好，而且在同样吃饱的情况下，身体得到的能量较少，有利于减肥。改变主食后会发现，吃饱饭之后不会昏昏欲睡，身上有劲儿，干活就勤快，也能多消耗热量，避免发胖。

减肥饮食的第二个要点，就是主食里一定不加油、盐、糖，无论粥、饭、糊糊还是饼，必须吃原味，用来配菜肴吃。做菜的时候，也要记得少放点油、盐，尽量远离油炸、油煎，多吃凉拌、蒸煮和无油烤制的菜肴。

很遗憾的是，白米、白面营养不足，升血糖又快，多数人却天天

贪恋它们，为了美味甚至还要在里面加盐、加油、加糖，做成各种所谓的"小吃"，什么油酥饼、千层饼、草帽饼、炸糕、油条、麻花、麻球之类，都是这种"精白淀粉+大量油脂和/或+糖"的组合。饼干、曲奇、甜面包、蛋挞之类的烘焙点心，也一样是这种组合。别忘了淀粉和糖都能在身体里转化成肥肉，油脂就是脂肪，它和身上肥肉中的脂肪本来就是一回事儿。——在精白淀粉之外，又吃进去很多油、糖，营养价值就更低了，能量却会大幅度上升，绝对不利于减肥和备孕。

国人喜欢吃炒菜，一天吃进去五六十克油非常轻松，还特别喜欢那些油炸、油煎、干锅、"水"煮之类高油烹调方式。菜肴烹调所用的精炼烹调油本身就是99.9%纯度的脂肪，热量接近900kcal/100g，是所有食物之最——所以，多吃油就是多补肥肉，这一点人们一定要牢牢记住。假如把烧茄子换成凉拌的蒸茄泥，把干煸豆角换成少油的焖豆角，把红烧排骨改成去掉浮油的清炖排骨，把炸鸡换成白斩鸡，一天中轻轻松松就能少吃进去二三十克脂肪。

还有人问：我喜欢重口味调味品，辣椒、咖喱、醋之类的调料能用吗？这些都可以用，它们不妨碍减肥。研究表明，如果不因为味道重而额外多吃东西，也不额外加入油脂，增加辣椒和咖喱都有利于身体散发热量，大量摄入醋则有利于控制餐后血糖、血脂，减少肥肉上身的风险。比如说，老陈醋拌的凉拌菜，炒菜的时候加几只红辣椒或一点咖喱粉，都没有问题，只是不要因为味道浓烈而增加几口主食。

往往被人们忽视的一个问题是，盐摄入过量也会让发胖风险大大增加。英国研究人员发现，吃盐过多的人更容易发胖，在推荐量之外，每天额外增加1g食盐，患肥胖症的风险就会增加25%。虽然目前还不清楚食盐引起发胖的详细内在机制，但已有少数研究表明，加盐的淀粉类食物的血糖反应比不加盐食物更高，使餐后胰岛素分泌增加，而胰岛素会促进脂肪合成。也有研究发现，高盐饮食会促进身体的炎症反应，这也是代谢紊乱的一个原因，而代谢紊乱情况往往会促进肥胖。人们早就知道，过多的盐还会强力地促进身体的水分潴留，让身体既胖又"肿"，那就更不利于减肥和备孕了。

减肥饮食的第三个要点，就是一定要多吃蔬菜，特别是那些耐嚼的蔬菜；

而且要先吃一碗蔬菜，后吃主食。

人们在家庭餐桌上，通常第一口是先吃饭。在餐饮店里，第一口是先吃熟食冷盘。很多人都不理解，吃饭时怎么能先吃一碗蔬菜呢？其实这一点很容易做到。比如说先吃一大块蒸南瓜，或者吃一小碗煮青菜、焯绿菜花之类（可以用少油的调料拌一下），然后再吃正常饭菜，一口饭一口荤素菜肴。这么吃，胃里有"垫底"的了，血糖上升速度能得到延缓，而且控制食量很容易。日本学者在对糖尿病患者所做的长期研究中发现，这种做法有利于控制血糖波动，也有利于降低体重。

少点油，少点盐，一份鱼肉配三份蔬菜，一半主食换杂粮，身体就会感觉轻盈很多。

减肥饮食的第四个要点，就是在三餐之外，只用奶类和水果来当零食。远离各种市售加工零食小食品，远离所有甜饮料。

各种高度加工零食和甜饮料中，人体所需的营养成分非常少，而让人长胖的力量却很强大。这样的食物，包括各种含糖饮料、饼干、薯片、锅巴、萨其马、派、糖果、果脯之类，在减肥备孕期间都应当尽量敬而远之。

研究早就证明，经常饮用甜饮料会增加患肥胖、糖尿病、高脂血症、心脑血管疾病的风险，还与龋齿、骨质疏松、痛风等问题有所关联。即便是100%纯果汁，也应限制在每天1杯以内，不可随心畅饮。如果很想吃甜食，可以选择酸奶，加一小把大枣、葡萄干等天然水果干。

减肥饮食的第五个要点，就是一定要有效增加运动量，日常能站着就不坐着，能走着就不站着。除了特意做运动之外，一个重要的忠告就是：餐后不要坐下来，吃完立刻站起来，走走路、散散步，做点家务，都有助于控制血糖，也预防肥肉上身。

如果以上不能做到或很难做到，那就没办法，只能和肥肉相伴啦。关键是，如果不养成好的饮食习惯，除了肥肉无法甩掉，好孕难以实现，将来还会导致糖尿病、高脂血症、卒中之类的很

多麻烦相继而来。为了未来的宝宝，不妨一项一项慢慢来，哪怕每个月改变一项，慢慢调整饮食习惯，半年后一定会大见成效的。

有关健康减肥食谱的大致内容，请参考本书第四部分中的备孕食谱1700kcal的内容。

瘦弱对生育的不良影响

所谓体重过低，从指标上来说，用体质指数（BMI）低于18.5来判断。所谓身体过瘦，还意味着体脂肪率过低，可能不利于生育。如果还同时有肌肉总量过少、对感染性疾病的抵抗力较低、体能较差、力量不足等情况，就叫做瘦弱。孕前瘦弱的女性较易生出低体重儿和早产儿，而且孩子未来也容易出现肥胖、糖尿病等问题。国内外研究发现，孕前低体重的女性和体重正常的女性相比，孕期发生贫血、早产和生出低体重新生儿的风险明显上升[6]。

比如说，一位身高160cm的女子，体重只有42kg，那么她的体质指数（BMI）为16.4，低于18.5的正常范围界限值，属于体重过低。通过体成分测试发现她的身体总蛋白质不足（意味着肌肉量不足），骨量偏低，体能测试未达良好水平，故被判断为瘦弱。

值得注意的问题在于，瘦弱并不是单独存在的状态，它往往与其他不利身体状况共存。瘦弱者中有较大比例存在营养不良、消化吸收能力低下、贫血和低血压等问题。同时，瘦弱者骨架弱小、肌肉薄弱、体能不足的情况，也会给孕期带来隐患。

——如果存在营养不良，身体营养储备过少，意味着在未来怀孕之后，特别是孕前期早孕反应比较明显，在无法有效补充营养的前提下，早期的胎儿可能难以得到足够的营养供应。

——如果存在消化吸收能力较差的情况，连母亲一个人的食物都不能很好地消化吸收，孕期再增加食物量就可能让消化系统不堪重负。换句话说，这意味着在未来怀孕之后，无法充分利用食物中的营养物质来供应胎儿，那么胎儿的生长发育可能受到营养限制。

——如果存在缺铁性贫血问题，在孕前表现为血红蛋白含量较低，那么在孕期就更难满足胎儿生长发育的需要，特别是无法为胎儿储备足够的铁，以便供应出生后6个月的生长。如果不加以干预，结局是从孕前贫血发展为孕期贫血，而孕期贫血问题如果没有及时解决，又很可能导致出生后的婴儿早早出现贫血现象，严重限制婴幼儿的早期发育成长。

——如果骨骼弱小、体能低下，母亲将很难承受孕期增重十几千克的负担，由此会限制母体的活动，使孕期疲劳感强。同时，孕中后期的胎儿需要大量钙供应，在食物供应不足或消化吸收能力不足时，母体骨骼中的钙要取出一部分供应给胎儿；生育后哺乳也需要大量的钙来制造乳汁，消化吸收能力差而骨骼又细弱的母亲容易出现缺钙问题，甚至可能发生骨密度下降的情况。

——如果内脏功能不佳、血液循环不好，那么心、肺、肝、肾等脏器和体液循环系统无法很好地承担孕期母子两个人的工作任务。胎儿的所有血液循环都要由母亲的心脏来负担，所有的氧气都来源于母亲的呼吸和血液的运送，所有代谢废物都由母亲的肾脏来处理。所以，只有强健而代谢顺畅的母亲，才能保障胎儿的最佳发育成长环境。

——如果肌肉薄弱，力量较差，则肌肉对葡萄糖的利用能力较低。一旦孕期增加食量，体重快速上升，非常容易出现糖耐量下降的情况，最后导致妊娠糖尿病。事实上，我国很多妊娠糖尿病患者并非孕前肥胖者，而是孕前体弱者。所以，控制血糖要从备孕期间开始，注意通过运动增加肌肉，强化力量，改善综合体能。

所谓"母壮子肥"，肥沃的土壤才能长出茁壮的庄稼，活力十足、身体强健的母亲才最有可能生育优质的婴儿。瘦弱的母亲需要在备孕期间改善体质，加强营养，积极健身锻炼，争取摆脱瘦弱状态。

健康增加体重的策略

在我国都市居民当中，有四成多人超重或肥胖，但还有不到一成的人是偏瘦的。

很多人都会问：为什么人家吃一点就长胖，我没有控制饮食却长不胖呢？因为每个人的遗传基因不一样，体成分不一样，即便吃同样的东西，即便消化吸收能力一样，体重和体脂肪含量也会有所差异。有些人吃得多而不易增重，有的人吃得少也增重。所以，吃了东西长不长胖这件事，只能和自己比，不能和别人比。

当然，在现实当中，瘦弱的女性具体情况各有不同。有的是肌肉正常而脂肪太少；有的是肌肉太少而脂肪不少；也有的是肌肉和脂肪都太少。情况不同，对策当然也不同。

第一种情况：**遗传性瘦体型。**如果父母近亲中有一方亲友多数身材瘦削，说明自己可能有不易增肥的遗传基因。这种情况下，虽然看起来脂肪偏少，腰围很小，显得有些"精瘦"，但身体中肌肉比例较高。只要本人身体健康、精力旺盛、体能充沛、身体温暖、不爱生病，妨碍生育能力的风险较小，只要接近正常体重范围，不必刻意追求达到某个体重值。当然，如果想让自己体型变得壮一些，也可以去健身房做增肌运动，同时额外增加蛋白质和能量的供应量，让肌肉变得更加发达，自然就显得体型更健壮，穿衣更有型，也能更好地负担孕期的增重。

第二种情况：**从小纤瘦，骨骼细小，肌肉薄弱，体力略差，抵抗力略低，**虽然三餐正常饮食，但看起来显得比较弱小。在中国女性当中，这种类型比例不小。她们通常体力活动少，生活以静态为主，心肺功能不够强。这种类型的瘦女子，应当以增肌为主要目标，加上适量的室外有氧运动，改善心肺功能和血液循环，提升较弱的免疫力，减少鼻炎、感冒之类的小麻烦。在增肌运动的基础上，再适当增加饮食，就能收到体型改善和活力增强的双重效果。

对这种女性来说，日常运动可以考虑健美操、哑铃操、搏击、游泳等。游泳对于改善心肺功能和增厚肩背肌肉特别有益，同时还能促进食欲，对纤弱女性的增重有帮助。饮食方面建议在保证蛋白质供应的前提下适当增加主食，也就是淀粉类的食物，比如每餐多吃几口馒头、几口饭、一片面包、几块土豆等。两餐间加点坚果类或水果干类的零食，运动后趁着食欲大开，增加蛋白质丰富的鱼肉蛋类食物，晚上再加一餐夜宵，建议选择酸奶、瘦肉粥、鸡蛋汤面、面包等容易消化的食物。

第三种情况：**消化吸收不良导致瘦弱。**这类人通常表现为脸色发黄、缺乏光泽，身

体偏向干瘦，主要问题是消化吸收能力差。有的人长期食欲缺乏，有的人吃进的东西在胃里堵着下不去，有的人吃什么都肚子胀，有的人是胃下垂，不敢多吃，有的人是经常拉肚子，等等。

这类消瘦女性在增重时绝对不能贸然地增加高脂肪食物，因为这往往会让她们的消化系统不堪重负，甚至造成呕吐、腹泻，最后反而更瘦。还有人听说甜食让人胖，每天吃高脂肪、高热量的蛋糕，结果三餐更没胃口，营养质量反而下降。

建议消化吸收不良的备孕女性先去消化科让医生诊治，找到问题的根源，尽快改善消化吸收功能。平日宜吃容易消化的不油腻的食物，规律进餐。进食时要细嚼慢咽，专心致志，还要保持心情愉快。平日食物的烹调以质地柔软、温热宜人为好。容易胃胀和腹泻的人，要注意减少食用生冷、粗硬和油腻的食物。必要时可以咨询医生，直接在用餐时或用餐前后服用各种助消化的非处方药物。

需要注意的是，增重者正餐要供应足够的淀粉类食物，不能因为消化弱而只喝粥，这样干物质太少，热量不足，自然无法增重。两餐之间宜增加一些容易消化的食物当加餐和夜宵，比如面包、酸奶、五谷坚果糊糊等。肉类、蔬菜类食物以烹调到口感柔软为好，不要因为怕损失维生素而不敢烹软。吃不进去、消化不良的情况下，一味追求维生素保存率是没有意义的。胃酸分泌不足的人可以经常吃点酸味的泡菜（记得发酵20天后再拿出来吃，避免亚硝酸盐超标问题），当作下饭小菜，以便振奋食欲、促进消化。日常多吃发酵食品，比如可以常吃面包、馒头、发糕等发酵面食，以及各种发酵豆制品。喝牛奶胀气的人，可以用不凉的新鲜酸奶替代牛奶，因为它通常有更高的消化吸收率。如果有胃下垂，建议用餐的时候不要喝很多粥汤和茶水，少量多餐，尽量减轻胃部的负担。

同时，消化不良的瘦弱者宜做一些温和轻松的运动，比如散步、快走、慢跑、广播操、广场舞之类，但不要让自己太过疲劳，以第二天起来感觉精神饱满为度。低强度的运动可以放松心情，并改善消化吸收。

第四种情况：过度压力和疲劳导致瘦弱单薄。这类瘦弱者是由于家里家外的负担太重，睡眠质量不好，精神压力大，体力长期透支而导致消瘦的。对这样的女性来说，最要紧的是有一段时间的安静休养，远离烦扰，放松身心。如果有需要，可以咨询保健专家，适当服用保健品。

在备孕时，她们一定要注意放松心情，减轻压力，在自然环境中做一些有氧运动，能改善血液循环，缓解大脑的疲劳，提高睡眠质量。心情放松了，睡眠改善了，食欲和消化自然就能变好，然后每餐多吃一点，两餐之间加点餐，就能慢慢增重了。同时，饮食要注意三餐均匀，早餐必须吃好，而不要一顿多一顿少。只有均匀地供应蛋白质，身体才能充分地利用它们来构建组织。

此外，还要提请那些短期内体重明显降低的女性去做个身体检查。有些人的消瘦是因为甲状腺功能亢进，也有的人是因为某些疾病。即便是消化系统疾病，也应当去医院了解一下具体的病情，以便采取相应的调理措施，服用适当的药物，能更快地改善和康复。

一般来说，增重食谱的基本原则就是热量供应一定要大于热量支出。比如说，一个体型正常的轻体力活动成年女性，能量供应标准是1800kcal（瘦人因为肌肉较少，可能实际消耗会低于这个数量）。如果她额外做40分钟的健身，大约消耗150kcal的能量，那么她的每日能量摄入至少要达到1950kcal。如果吃2200kcal的食谱，她每天就有至少150kcal的额外能量，这些能量就可能以脂肪的形式储存起来，同时如果有运动，一部分能量也会用于帮助肌肉组织的增加。

最后，无论何时都不能忘记，正如所谓健康减肥是不减少肌肉不疏松骨骼的减肥，所谓健康增重，也不仅仅是增加体脂肪，而更多地意味着增加肌肉，加强内脏功能，对备孕的女性来说，还有增加体内营养储备以供胚胎需要的任务。想一想，如果在纤细的骨骼、薄弱的肌肉上再加一大堆肥肉，只会令弱者体能更差，更容易疲惫，甚至埋下未来罹患糖尿病、心脑血管疾病等多种慢性疾病的隐患。很多女性原本不胖，怀孕后稍微增加体重，就出现了血糖控制障碍，甚至变成妊娠糖尿病患者，很大程度上，正是因为身体代谢功能差，肌肉薄弱，加上食物选择不当造成的。

人体是智慧的，只要给它合理的食物，保持正常的消化吸收能力，睡好觉，放松心情，加上适度的运动，它就能够很好地进行自我维护。健康的增重往往会出现一个有趣的现象，就是身体增加了好几千克重量，原来枯瘦的四肢变得充实了，穿衣服却没有变紧的感觉，同时身体感觉很轻松，精神和体力变得更好。这说明，增加的体重主要用于充实内脏和肌肉，脂肪含量并没有明显增加。——这才是备孕女性最理想的增重效果！

备孕，可以运动吗？

很多女性说，因为要备孕，所以不敢运动。实际上，健身锻炼之后，体能上升，有利于提高生育能力。按自然规律，体能强健的动物才有资格繁衍后代，走不动跑不动的会被优先淘汰。调查表明，备孕期间规律锻炼有益于男女生育能力的提高，但不建议像运动员那样高强度大运动量锻炼，每天做30分钟以上的中强度运动（最大心率为220-年龄，运动中的心率在最大心率的60%~80%之间为中强度运动）就可以达到健身目标。不妨请专业健身教练来指导，在保证效果的前提下，尽量挑选自己乐于接受的运动方式。

很多女性担心，自己如果在不知不觉间怀孕，运动会不会影响胎宝宝的安全？目前国内外研究均未发现孕前运动会增加胎儿流产率。除了那些可能带来危险的运动项目，以及有身体冲撞、容易跌倒的运动项目，其他运动都不必担心。由于每个人体能差距比较大，不必攀比别人的运动强度，以循序渐进为好。如果运动之后感觉心情愉快、身体舒畅，第二天早上起来精神饱满，就说明运动量和强度合适。

1 肥胖妈妈的艰辛和遗憾

芳芳是一位体重较高的胖妈妈。谈到自己的生育经历，芳芳反复地说着两句话：我对不起孩子！后悔当初没有先健康减肥！

芳芳从小就是个胖姑娘，结婚时体重高达80kg。婚后生活甜蜜，体重更是上升到85kg。芳芳不知道什么叫作备孕，以为怀孕就是自然而然的事情，但是婚后几年都没有怀孕。在老人们的一再催促下，夫妻一起去医院做了检查，结果是因为芳芳肥胖，排卵不正常，医生建议做人工辅助生育。反复努力了两年之后，芳芳终于怀孕了。

全家人甚是欢喜，但让大家没有想到的是，芳芳的十月怀胎是一个比别人艰难得多的过程，因为肥胖带来了种种麻烦和危险。

因为芳芳孕前腹部肥胖，原身体就很沉重，经常感觉疲劳，带着肚子里的孩子，更是连上下楼都非常艰难。到了怀孕后半程，只好请假在家。她本来睡觉时就容易发生睡眠呼吸暂停的问题，怀孕之后更是难以安睡。因为怕发生窒息，经常只能半躺半靠地休息。

胖人的心脏比正常人负担更重，芳芳日常心率就比其他人快。怀孕之后，她的心脏还要再负担一个小生命，再加上夜里休息不好，心肺功能显然是不堪重负的。怀孕后期，她经常觉得喘不过气来，也非常担心肚子里的孩子得不到足够的血液和氧气供应，大脑发育受到影响。

怀孕之前，芳芳就有脂肪肝、高血脂问题；胰岛素敏感性较低，属于糖尿病前期；血压虽然还算正常，但也高于平均值。怀孕之后就不用说了，由于孕期本来就容易出现胰岛素抵抗情况，妊娠糖尿病是不可避免的，血压也偏高了。她非常纠结，吃东西吧，怕血糖控制不好；不吃东西

第一部分 **备孕** 你准备好了吗？

23

吧，怕宝宝得不到营养。

孕期检查表明，芳芳肚子里的宝宝发育不理想，和同月的胎宝宝相比明显生长较慢。医生说，可能是因为她的腹部脂肪太厚了，内脏脂肪也多，里里外外的大量脂肪占据了胎盘的生长空间。人们都很难想象，芳芳孕期增重十多千克，一个100kg的大体重孕妇，生出的宝宝体重才2kg多，属于低体重儿。

最痛苦的就是分娩过程。因为芳芳体能很差，而且血糖、血压过高，根本无法自然分娩，只能在医生建议的时间做剖宫产。然而，因为她的腹壁脂肪实在太厚，要一层一层慢慢切开，剖腹过程比较长，医生担心用全身麻醉会影响宝宝，建议她用局部麻醉。但是这样做就意味着剖腹过程有明显的痛感。为了宝宝的性命，芳芳咬牙忍受了。

孩子出生之后几天，芳芳一直没有奶，最后只好用婴儿奶粉喂养。医生说，肥胖妈妈初乳分泌本来就容易推迟，再加上她的分娩过程比较痛苦，身心有巨大应激反应，可能抑制了乳汁的分泌。

经历如此巨大艰难生下来的宝宝，一出生就在医院里住了几天，回家后仍然体弱多病，三天两头吃药打针，还有严重的哮喘病和过敏症，发作起来让大人看着心疼。和别人家的孩子比，芳芳的孩子明显体力较差，没有那么活泼好动。芳芳知道，这是因为自己严重肥胖，身体状况太差，孩子在胚胎发育时期受了太多的委屈，先天体质差，一辈子都无法弥补。

芳芳遗憾地说："我后来明白了，妈妈体质太差，孕期状态太差，结果让孩子一生体弱，难有很高的生命质量，这才是真正的'输在起跑线上'啊。如果我当初多一点优生优育知识，不要急着人工受孕，把开头那几年用来好好备孕，注重营养，减肥健身，自己孕期就不会那么辛苦，孩子的质量更会完全不一样啊！"

🌸 **芳芳的故事告诉我们**：身体肥胖不是一件小事，它对生育的影响反映在很多方面——不仅对受孕有影响，对孕程的风险，对未来新生儿的质量，以及对孩子一生的健康，都有很大的影响。

🌸 **对受孕的影响**：肥胖会影响激素平衡，从而影响排卵状态。肥胖女性有较大

比例出现排卵和月经不规律的情况，过多的脂肪似乎对卵子发育具有毒害作用。卵子的质量也可能下降，着床能力较差，从而降低了受孕概率。研究数据表明，过于肥胖或体脂肪过高的身体状态会延长受孕时间，寻求生育辅助医疗的比例明显高于非肥胖人群，而生育辅助手段的成功率也会因肥胖程度而受到影响。研究发现，肥胖对受孕的影响，在35岁之前的女性当中表现得更为突出，而随着年龄增长，年龄逐渐成为第一位的受孕影响因素[7]。

🍃 **对孕程风险的影响**：和体脂肪状态正常的女性相比，孕前肥胖的女性在怀孕之后更容易出现流产、早产等不利妊娠结果，而且容易出现妊娠糖尿病、妊娠高血压等孕期疾病，给孕程带来很大的风险。我国研究发现，孕前存在超重肥胖问题的孕妇，和孕前体重正常的孕妇相比，前者出现妊娠期糖尿病的危险是后者的3.8倍，出现妊娠期高血压的危险前者是后者的3.6倍。肥胖女性的自然分娩率较低，需要使用产钳和剖宫产手术的比例大，发生出血、感染和孕妇死亡的风险也更高，生产时住院时间较长。

🍃 **对后代质量的影响**：和体脂肪状态正常的女性相比，孕前肥胖的女性所生孩子更容易出现低体重或巨大儿，患先天性缺陷、新生儿窒息、新生儿低血糖、新生儿高胆红素血症，以及出现新生儿死亡等的风险都高于体重正常母亲所生的婴儿。同时，孩子未来发生肥胖的风险也明显增加，孩子的健康状况也可能受到影响，有更大的概率罹患认知行为障碍、过敏、哮喘、肥胖、糖尿病、高血压、冠心病等[8]。

近年来，医学界越来越认为，胎儿的宫内环境是影响人体长期健康的一个关键因素，它可能会使人形成特定的代谢模式，从而提前预设了一生中的发育成长过程。母亲的体重和代谢状况会强烈地影响这个宫内环境，因而对未来宝宝的生命质量至关重要。

在男性当中，肥胖状态也会降低雄激素的水平，使精子生成量减少，性生活能力下降，这些均使生育能力下降。有研究发现男性体脂肪含量过高，甚至出现高血糖、高血脂状态后，生育能力相关指标会受到明显影响。

所以，为了对自己和未来宝宝负责，体脂肪过高和肥胖的备孕夫妇需要在备孕期间积极努力，改善体质。不要为了某个家人期待的日期目标，或者为了追着生某个属相的宝宝，就无视自己的不健康状态，在没有调整生活状态、没有改善饮食营养、没有减肥健身的情况下匆忙追求受孕。

第一部分 **备孕** 你准备好了吗？

25

2 "多囊卵巢综合征"会影响生育吗

　　媛媛一直有月经不规律的情况，甚至有时两三个月不来月经，经血量也是忽多忽少。这件事情并没有让她在意，反正月经是个麻烦的事情，不来倒轻松点。但是有一件事情她不能忽视——她的皮肤比别人油腻，毛孔粗大，脸上总是会长很多粉刺（痤疮）。正在最爱美的年龄，脸上这么不平滑，真的让人太痛苦了。另一个烦恼就是，作为一个女生，她的体毛比较重，甚至嘴边都有点小黑毛。尤其到了夏天，还要经常做除毛工作，真是烦心。此外，居高不下的腰围也让她有点自卑，因为无法穿上最迷人的纤腰美裙，展示女性的婀娜身姿。

　　好在媛媛的男朋友从未对她的身材和皮肤有所挑剔，一直对她疼爱有加。眼看临近毕业，工作已定，双方家长就开始筹划毕业两年后结婚的事情了。第一次上门见未来的公婆时，婆婆仔细打量了她，脸上有些担忧的神情。后来男朋友告诉她：我妈怀疑你有"多囊卵巢综合征"，这种病是会影响生育的，她建议你赶紧去医院检查一下。

　　去医院检查时，媛媛果然被医生告知，她的性激素水平呈现紊乱状态，雄激素偏高而雌激素相对偏少，卵巢存在多囊现象，排卵异常，甚至有些时候可能不排卵。最后真的被确诊为"多囊卵巢综合征"。

　　患有多囊卵巢综合征的女性半数以上是肥胖状态，即便体重没有超标，也往往存在体脂肪过高和腰围偏大的情况。从女孩子青春期开始发生的肥胖引起了研究者的特别关注，因为与成年后才开始的肥胖相比，儿童期和青春期发生的肥胖更有可能导致激素紊乱和月经不调，多囊卵巢综合

征问题更多见[9]。

在西方国家中，多囊卵巢综合征的发病率高达5%~7%，我国目前这种发病率也在快速上升中。一些中学女生本来就有超重问题，又因为高考前压力巨大、情绪紧张，或者进入大学之后因各种情绪刺激而食欲紊乱，腰腹脂肪增加，结果发现自己患上了多囊卵巢综合征。

研究者认为，多囊卵巢综合征患者的多数疾病关联基因表型可能与胰岛素抵抗状态和炎症反应升高状态密切相关[10]。目前的研究表明，胰岛素抵抗状态会在体内引起代偿性的高胰岛素水平，提高脑垂体对促性腺激素释放激素的敏感度，过度刺激卵巢产生更多的类固醇物质，升高雄激素水平，从而造成性激素平衡的紊乱。医生们发现，虽然多囊卵巢综合征患者并不都是肥胖者，但和体重正常的患者相比，身体肥胖的患者往往代谢紊乱情况更为严重，生育功能恢复正常也更加困难[11]。

既然卵巢的状态和功能都出现了异常，说明多囊卵巢综合征对女性的生育能力有明显的影响。不过，这并不意味着患上这种病，就肯定一辈子无法生育后代。既然在多数患者当中，多囊卵巢综合征的病因和胰岛素抵抗有关，那么就需要长期保持低血糖反应的饮食习惯，同时积极减肥健身，降低体脂肪含量。只要体脂肪含量切实下降了，胰岛素抵抗状况减轻了，代谢功能改善了，激素紊乱状况就会逐渐好转。

医生对媛媛说，只要积极治疗，调整饮食习惯及生活方式，她的病情就可以得到改善，卵巢功能基本可以恢复正常。很多多囊卵巢综合征患者经过治疗，最后都生育了自己的宝宝呢！

媛媛和男朋友听到医生这么说之后，心情宽慰了很多。她向未来的婆婆保证，一定要好好努力，调整饮食，减肥降脂，争取三年之内改善身体代谢状况，然后结婚，再生个健康宝宝！

第一部分

备孕 你准备好了吗？

3 生育二孩，你做好准备了吗

现在，我国已全面放开生育第二个孩子。政策一出，许多中年女人都"蠢蠢欲动"，燃起了想再次当妈妈的热情之火。医生们发现，最想生育二胎的并不是35岁以下正在忙着带第一个孩子的女性，倒是40岁左右甚至40岁以上的女性，抱着"在更年期之前赶上最后一班车"的心情，对生育二胎的热情最为高涨。

某女告诉我，她今年已经39岁了，10年前生了一个女儿。现在孩子慢慢大了，懂事了，家务不再繁重，工作压力不大，老公事业有成，舒适而又平淡的生活当中，缺少了些激情。现在，她突然找到了生活的新亮点——生二胎！

这个想法刚一出现，就令她激动不已。老公也表示支持，鼓励她说，奔四的人了，再不生就来不及了，并且开玩笑地说，这次最好能要个儿子！她问我："你看我该不该再生一个？"

我说："再当妈妈是你的个人选择，合法生育当然没问题，不过你先要完成几个任务，才能考虑再次生育。"

"当妈妈前还要完成任务？"她惊讶地看着我。

我说："当初生第一个宝宝的时候，你还年轻有活力。如今十多年过去了，你的身体不再年轻，要能够负担成功孕育新生命的工作，就必须回到年轻而健康的状态。当年生第一胎的时候，你觉得这是唯一的宝宝，肯定非常注意优生优育。难道因为是第二个孩子，就可以松一口气，生个身体羸弱质量不佳的孩子？那样自己未来麻烦多多，对孩子也不太公平吧。"

随着年龄的增长，身体活力下降，受孕率下降，生出有各种先天畸形孩子的风险也随之上升，孕期发生妊娠糖尿病和妊娠高血压的风险也会明显升高。所以，中年女性生育二胎之前，更需要好好备孕，而不要总觉得"再不生就来不及了"，不肯花一年半年的时间来改善自己的健康状况。所谓"磨刀不误砍柴工"，生孩子本身不是目标，生一个身心健康、代谢正常的孩子才是目标。只有妈妈健康了，孕程才能顺利，未来的孩子才能有更高的生命质量。

如果你自己一个人上楼都觉得累，负担十多千克的胎儿和胎盘会不会轻松？

如果你自己就有贫血、骨质疏松问题，还有消化吸收功能低下的问题，那么一个人都是营养不良状态，又怎能保证未来胎儿的正常发育？

如果你自己的血糖、血压都不太正常，体脂太高，腰围太大，孕期会不会发生妊娠高血压和妊娠糖尿病？这会给孕期带来相当大的风险，也严重影响孩子的质量。

想一想，你的心肺功能是否强大？肾脏功能能否承受两个人排泄废物的负担？你的甲状腺功能是否正常？

想一想，你的心理状态怎么样？形象外观怎么样？思维能力怎么样？如果将来你去幼儿园接孩子时已经动作缓慢、身体臃肿、反应迟钝、不能接受新事物，其他孩子感觉你不像是孩子的妈妈，而像是孩子的奶奶，你的孩子情何以堪？

想一想，你的丈夫身体状况如何？如果他存在体脂过高和胰岛素抵抗问题，在备孕期间，就应当积极减肥，特别是降低体脂肪含量，改善血液循环状态，提升体能。他多年被烟酒浸润，现在能不能提前半年戒烟戒酒？

最后想一想，当年父母帮你带孩子，现在父母年龄已经太大，不可能再终日为你和新生宝宝操劳，你必须承担所有育儿任务，一边教育上着几个课外班的大孩子，一边照顾还在咿呀学语的小孩子。过不了几年，大

孩子青春反叛期，小孩子淘气好动期，你自己进入更年期，父母辈年老体衰，就会一起到来。这种操心劳累，奔五的你承受得了吗？

这一番话说出来，着实给某女的兴奋状态泼了一盆冷水。她怔在那里片刻，才叹了一口气："唉，虽说挺受打击的，但理性想想，不能不承认你说的确实有道理。我现在腰粗腹圆，看着像个中年妇女了，去年查出脂肪肝，甘油三酯超标，血糖也接近了正常值的高限。"

"人已经不那么轻盈有活力了，天天开车，爬4楼都喘，再生个孩子，确实有风险。就算是能顺利生育，坐完月子，体形还不定变成什么样呢。想想每天抱孩子、背孩子、陪孩子看病的麻烦，确实也够挑战的……如果老人再有个病倒住院的……"

这次倒是轮到我来鼓励她了。我说："奔四也不是生育的禁区，因为同样是40岁，健康的和不健康的夫妇，身体的生理年龄会相差十岁八岁甚至更多呢！你看有些人仍然肌肉紧实、腰腹平坦，消化顺畅，精力充沛，甚至能够奔跑如飞。有这样的身体状态，生育和照顾宝宝也就不成问题了。

建议你和老公以生育二胎为动力，赶紧去做个体检，树立逆转生理年龄的目标，然后切实改变自己的生活状态，按营养平衡要求来调整饮食，再加强运动健身，勤奋努力一年时间，让自己实现逆生长。到那时候，生育能力大大加强，胎宝宝的质量一定不会差，孕程也容易平安顺利，没准还能争取自然分娩，全程母乳喂养呢。"

某女听了这话，兴奋劲儿又回来了："今天和你聊真是太有收获了。其实我一直想改变自身状态，积极减肥健身，可是惰性太大，一直没有动力改变自己的饮食及运动习惯。这次绝对有动力，我要拉着老公，每周运动五天，和他一起每天回家吃饭，做健康三餐。"

我问："你真能保证做到？"

她自信地回答："我先努力备孕一年，等状态调整好了再生。为了第二个宝宝，我一定要逆生长！"

孕前要解决哪些营养不良问题

备孕女性消除贫血有多重要

在我国，育龄女性是最容易出现缺铁性贫血的成年人群。孕妇贫血也是一个常见问题，而孕期的贫血，往往来自于孕前的营养不足和贫血。为什么孕前一定要解决贫血问题呢？

女性比男性容易发生贫血，主要有以下几个常见原因：第一，女性每月都有月经失血，铁的生理需要量本来就高于男性，而有些女性月经失血量较大，更会出现"入不敷出"的情况；第二，女性的食量较小，红肉类摄入往往大大低于男性，铁的摄入量低于男性；第三，很大比例的女性经常节食减肥，造成营养摄入不足，铁的摄入量也随之下降；第四，还有很大比例的年轻女性饮食不规律，加之节食减肥的后果，造成胃肠消化吸收能力低下，胃酸不足，微量元素吸收率降低，对食物中铁的利用率也会下降。

女性的血红蛋白含量理想情况下应当在120～150g/L之间，但很多女生在110~120g/L之间，实际上已经偏低了。如果再低于110g/L，就属于贫血状况了。轻度贫血或体内铁储备不足的症状并不明显，仅仅表现为体能低下，头晕乏力，手脚冰凉，气短易喘，抵抗力下降，指甲脆薄，脸色苍白或发黄，黏膜和嘴唇缺乏血色，皮肤干燥缺乏光泽，头发干枯容易脱落等症状，往往被女性所忽略。

如何消除贫血

然而，备孕的女性绝不可忽视这种血红蛋白偏低的状况，必须通过改善营养，在孕前将其调整到理想范围之内（高于120g/L），而且身体的铁储备量也要达到较高水平。为什么呢？

在怀孕之后，为了满足胎儿的需要，准妈妈的血容量会比孕前增加35%左右，也就是说，血液的总量会变大。但是，血容量增加可不是"兑点水稀释一下"那么简单。除了血浆需要增加之外，也需要制造更多的红细胞。但是，红细胞的制造相对比较缓慢，这就会造成暂时性的血液稀释，血红蛋白含量下降。如果准妈妈原本在孕前的血红蛋白含量就比较低，这时候血红蛋白不足的情况就会更为突出。所以，孕妇的贫血率会明显高于未孕的女性。

另一方面，从铁吸收不足，到铁储备减少，到身体中的铁被耗竭，再到出现贫血，通常要3~4个月。这是因为红细胞的更新周期是120天，发生铁不足情况后，只有到红细胞换岗时才表现出贫血。反之，要改善血红蛋白水平，也需要一段滞后时间。所以备孕期间补足营养特别重要，花几个月的时间来解决贫血问题再怀孕，后面的孕期贫血问题就容易预防了。

孕妇的血红蛋白保持正常数值是非常重要的，因为如果血红蛋白不足，血液的携氧能力就比较低下，胎宝宝难以获得足够的氧气供应，会影响生长发育的质量，包括对氧气供应最为敏感的大脑。

由于孕期前3个月往往食欲缺乏，恶心呕吐，食量减少，谈不上补充更多的铁，甚至身体中的营养储备都会被耗竭。所以，孕前贫血的女子，在前3个月是没有机会纠正贫血问题的。研究表明，孕期前3个月的贫血状况与胎儿发育迟缓的风险密切相关[12]。孕期前3个月的血红蛋白每升高10g/L，出现小于胎龄儿的情况就会下降30%之多；如果孕期前3个月的血红蛋白低于110g/L，那么和孕早期无贫血问题的孕妇相比，出现小于胎龄儿的风险会提升3倍。

到了4~6个月之后，虽然食欲会改善，但是此时铁的需要量也会增加，很多孕妇仍然无法纠正原有的贫血情况。到了孕后期（7~9个月），母体和胎儿的铁需求量会特别大，供应不足状况往往会更为突出，特别容易出现孕期贫血。

准妈妈贫血绝非小事，这种情况会造成孕期不良结果，包括胎儿出生低体重和早产，也会使妊娠时的风险加大。贫血的妈妈所生出来的孩子，一出生的铁储备就严重不足，还没有到添加辅食的时候，就出现贫血状况，又很难通过食物来补充，容易给孩子形成一生难以改变的虚弱体质，甚至可能会影响智力发育、行为发育，那可真叫"输在了起跑线上"。我国研究者发现，孕期贫血但得到营养治疗和纠正的母亲所生的子女智力受损较小，而孕期全程一直贫血的母亲所生子女智力受损较大。

从妈妈带孩子的角度来说，会发现贫血妈妈所生的孩子更容易出现抵抗力低、爱生病、体能弱、消化吸收不良等问题。妈妈感觉带孩子的过程充满各种艰辛，殊不知这就是自己不重视营养问题所付出的代价。但是让无辜的孩子来承受这种代价，就是做母亲的错了。

要想在孕期避免出现贫血问题，最好的办法就是在孕前进行体检，了解自己的营养状况，包括血红蛋白水平和铁储备的情况。如果有贫血、营养不良、消化吸收不良问题，要及时进行治疗；如果发现铁营养相关指标处于不正常或临界状态，就要调整饮食，提升食物中蛋白质和血红素铁的供应量。这样才能做到预防为主，尽量降低孕期出现贫血的可能性。

低血压、怕冷也是很多女性存在的状况。很多女性并没有疾病，血红蛋白也不一定低于界限，但身体乏力，容易头晕，特别是站起来的时候容易出现头晕或眼前发黑的情况，天冷时手脚常常比较凉，这些常常是低血压的表现。这是因为血压偏低会影响血液循环的效率，容易出现头部供血不足、肢端血液循环较慢等情况。在备孕期间，也要尽量使血压恢复正常状态，改善全身的血液循环效率。

总之，唇色淡白、脸色苍白或发黄、乏力、怕冷、抵抗力差、消化不良、有节食减肥史的女士，在有怀孕意向之前，一定要去医院检查一下是否贫血。如果有贫血，看是否为缺铁性贫血。如果属于缺铁性贫血，要找出原因并改善这种状况（如出血过多、消化吸收不良、节食减肥等），并在膳食中添加吸收率高的血红素铁（红肉类）和充足的维生素C（维生素C能帮助植物性铁的吸收）。必要时遵医嘱服用补铁药物。

（有关有利于消除缺铁性贫血的饮食，请参考备孕食谱1900 kcal部分的内容。）

消化吸收不良怎么办

说到为什么消化吸收不良会妨碍好孕，人们都很容易理解。中国传统养生经常会说"脾胃为后天之本"，就是说消化吸收能力对营养供应至关重要，从而决定了人的生命质量。

植物生长要靠土壤中的肥料，人的生命是靠食物营养来滋养的。但是，如果吃进去的东西不消化，人体就无法吸收；如果吸收不到足够的营养成分，那么即便吃进去足够的食物，身体还是无法得到维持生命、组织更新修复的营养素。对于孕妇来说，因为胎儿在体内不断发育成长，对营养素的需求会明显高于未孕的时候。如果这时候消化吸收能力跟不上，那真是"关键时刻掉链子"，胎宝宝会受到极大的委屈，不能长成遗传基因所许可的最佳状态。

很多女性在孕前并不觉得自己有消化吸收不良的问题，因为她们从来没有细细体验过自己身体的感觉。一些女性认为，只要胃不疼，肚子不疼，就是消化正常。也有女性认为，所谓胃肠功能正常，就是没有便秘也没有腹泻。

实际上，很多女性都体验过胃肠不适的感觉。比如饭后胃里发堵、发胀，餐后经常嗳气，食物的气味很长时间留在胃里，经常反胃，经常反酸，肚子常常胀气，吃冷凉食物容易肚子不舒服，大便经常不成形，食欲缺乏，吃一点东西就饱，不吃东西也不觉得饿，或者吃了很多东西却不感觉饱，或者对很多食物敏感，吃了之后总是不太舒服……这些情况都说明消化系统不健康。

再看看自己的身体，如果脸色发黄或苍白，没有光泽，四肢肌肉松软，年纪轻轻又不胖，但脸颊上的肉有点松弛，肾脏、心脏没问题但是常有轻度水肿，稍微做些运动就很疲劳……这些也都说明消化系统功能不太强健，身体营养供应不足，不能很好地支持肌肉系统，也不能保证皮肤的健康状态。

为什么消化吸收功能会不好呢？一方面，因为从小形成的身体基础（俗话说的"先天禀赋"）不一样，每个人的胃肠功能有很大的差异。不过，年轻女性身体的自我修复能力很强，只要小心养护一段时间，大部分人都能达到基本正常的状态。如果不是长期虐待自己，根本不至于会把消化功能折腾到很糟糕的地步。

可以这么说，肠胃病大部分都是女性自己"作"出来的。想一想，毁坏胃肠健康的做法还真是不少。有节食断食的残害，有饮料冷食的折腾，有瓜果零食的负荷，有油腻暴食的考验，有食无定时的折磨，有挑食偏食的影响……此外，熬夜晚睡、过度疲劳、精神紧张、思虑过度等不良的生活状况，都

消化不良怎么办

会伤害到胃肠功能。

对于自己很不正常的消化吸收功能，很多女性的态度居然是无所谓。甚至还有女生因此暗自高兴，因为她们认为胃肠功能不良会有利于减肥。但是，在准备生育宝宝之前，建议女士们一定要好好关爱自己的胃肠，千万不要故意给它添堵——因为如果那样做，受害的不仅是自己，还有未来的孩子。

怎样才能让肠胃功能恢复正常呢？对于消化功能低下的人来说，除了及时治疗、尽量不喝酒、避免食用油腻食物、避免过度刺激、少吃伤害消化系统的药物之外，还要克服不利于消化吸收的各种不良习惯。也许以下几个有关生活习惯的忠告有点像老生常谈，但是似乎能做到的女性不多。

🍃 **专心用餐**。在高度紧张的时候，人们常常会吃不下饭，严重的甚至会胃疼。工作紧张时最容易引发消化不良和溃疡病，因为交感神经长期过度兴奋就会抑制植物性神经系统的活动，包括消化吸收功能。所以，无论多忙，都不能一边看电脑一边吃东西，不要在饭桌上谈工作，更不要在饭桌上想烦心事。要放下工作，忘记烦恼，放松心情，专心吃饭。

🍃 **细嚼慢咽**。对胃肠消化功能较弱的人来说，细嚼慢咽尤其非常重要。如果牙齿不能认真完成它的本职工作，唾液也不能充分帮忙，那么胃就被迫加班工作，分泌更多的胃液，同时把大颗粒的食物进一步揉碎成足够柔软的食糜。胃里有牙齿吗？当然没有。靠一个柔软的器官来揉碎食物，多么辛苦啊！如果食物不够碎，就不容易被小肠里的各种消化酶所消化，这样小肠也势必要更辛苦地工作。所以，最简单的方式就是尽量嚼烂嚼碎，不仅有利于消化，还能帮助控制食量，体验饱感。

🍃 **按时吃饭**。胃肠喜欢有规律地工作，到点就分泌消化液。如果经常到点而不吃，非常容易造成消化不良或烧心反酸的后果。经常一顿饥一顿饱毫无规律，胃就会失去判断饱饿的能力，无法控制食欲。千万不要以减肥为借口忽略一餐。即便要控制体重，也仍然要三餐准时，只是对食物的内容和比例进行调整。

🍃 **备好加餐**。如果因为工作繁忙，确实不能及时用餐，那么一定要准备好"备荒食物"，比如水果、酸奶、坚果、水果干、燕麦片、杂粮糊粉之类，哪怕是不那么健康的饼干（尽量选脂肪含量偏低且不过甜的）也比不吃好。记得加餐的时间非常关键，一定要在饿得前胸贴后背之前来吃这些食物。比如说，知道6点会饥饿，就在5点钟喝杯酸奶，能把饥饿时间推迟1个小时；然后6点再吃个香蕉或苹果，又能把饥饿推迟1小时。这样，等8点完成工作时，胃里仍然不觉得太饿，再放松地喝碗杂粮粥，吃盘清爽的蔬菜，晚上就能舒舒服服地按时休息了。

🍃 **食不过量。** 既然胃肠的功能不太理想，就要照顾它的工作能力，不要总让它超负荷工作。所谓节食有利胃肠，其实就是因为日常吃得太多太乱，超过了身体的承受能力。所以，如果消化不好，经常胃堵腹胀，那么用餐时可以略微减量，多嚼几次，在吃到胃里不感觉有负担的程度时就停下。即便想增加体重，也不能餐餐进食过量。不如在两餐之间吃点容易消化的加餐，让胃肠感觉比较容易接受。

🍃 **少吃坏油。** 富含不饱和脂肪酸的油脂，实际上不能耐受长时间的加热。很多餐饮店中反复加热的油，都对胃肠十分有害，研究证明这种油与肠道慢性炎症及肠易激综合征等消化系统慢性疾病有所关联。所以，胃肠不好的备孕女性更要节制自己的不良嗜好，不要吃煎炸熏烤，不要吃那些口感黏腻的炒菜，以及各种不知放了什么油的小摊面点。

🍃 **烹调柔软。** 减少油腻。烹调方法要少用油炸、油煎、烧烤，尽量采用蒸、煮、炖等。如果食物硬了感觉不好消化，就烹调得软一点，不要过于担心加热到软会破坏营养素，因为即便损失一点维生素，也比吃了不消化要好。维生素可以用丰富食物品种的方法来弥补。在消化道修复期间，适当补充维生素也是明智的。

🍃 **吃好主食。** 胃肠负担最小的食物是富含淀粉、各种抗营养因素又比较少的细腻食物。比如山药泥、芋头泥、土豆泥、大米粥、小米粥等。渣子太多、质地太硬的食物不太适合消化不良者。但是，这绝不意味着胃肠不好的人只能吃精白米和精白面，不能吃全谷杂粮食物。精白米的营养价值太低，长期而言并不利于胃肠功能的提高，最好把它和全谷杂粮搭配食用。对于那些不太好煮，但是营养价值高的全谷杂粮食材，完全可以用打浆、打粉、煮烂等方式来减少胃肠的消化负担，保证其中丰富的营养成分能更好地被人体吸收。比如，用豆浆机把糙米、小米、红小豆、燕麦、高粱米、山药、芝麻等富含B族维生素和多种矿物质的全谷杂粮食材打成浆每天喝，胃肠会感觉很舒服，消化吸收的容易程度也比打浆之前明显提高了。

🍄 **发酵处理**。一般来说，经过微生物发酵的食品，都会比较容易被人体消化吸收。比如把面粉变成发酵面食，把大米变成醪糟，把牛奶变成酸奶，把豆腐变成腐乳，把黄豆变成豆豉，把生蔬菜做成泡菜，等等，让微生物来帮忙降解一些妨碍消化吸收的因素，如蛋白酶抑制剂、植酸等，把大分子的蛋白质和淀粉变成较小的分子，都会使消化变得更容易，还能增加B族维生素含量，使营养价值得到提高。消化不良的人经常喝点醪糟汤，喝点酸奶，吃点泡菜（在保证安全的前提下）等，是有利于胃肠康复的。

🍄 **把觉睡好**。无论压力多大，都要按时睡觉，睡前半小时要放松心情，忘记休息以外的其他事情。把8小时觉睡好，身体就有足够的时间和精力来做好内部修复工作。胃肠细胞的更新速度几乎是全身组织中最快的，所以能够推测，胃肠的修复能力对睡眠情况非常敏感。很多人都有这种经验，一旦睡眠不足，或者睡眠质量低下，消化功能就容易下降。不是食欲缺乏，就是胃部胀满，或者是大肠不畅。而睡眠时间充足、质量又高的时候，胃肠也会精神饱满，工作顺畅。

🍄 **轻松运动**。饭后散步或者饭后做点轻松家务，对于消化不良者来说是个好习惯。刚吃完饭并不适合剧烈运动，不适合快走，但不意味着连慢悠悠的散步也不可以。出门散步的好处，很大程度上在于让人精神放松。如果不散步，可能会看电视、看电脑、看杂志等，而脑力活动更不利于消化吸收。在饭后两小时之后，可以做些不太累的运动，快走、慢跑、跳操、瑜伽等都可以。适度的运动有利于改善血液循环，对消化吸收能力也有帮助。

如果肠胃的问题比较严重，建议及时去医院寻求治疗，同时还可以根据医生或保健师的建议吃一些助消化的非处方药物，比如消化酶类、益生菌类、维生素和微量元素等。无论什么情况，都要记得胃肠功能靠长期养护。即便吃药后暂时好转，如果不能改变错误的生活习惯，早晚都会再变差。为了未来宝宝的发育，未来的母亲一定要把这个方面做到位。

（有关养护胃肠，请参考备孕食谱1800 kcal部分的内容。）

适用于所有人的备孕营养忠告

备孕期间，每个女性都会收到周围人的各种忠告，说到什么不能吃，什么要多吃。其实，这些建议大部分并不准确，而一些需要做到的饮食原则，倒是很少有人给备孕妈妈做提示。那么，适用于所有人的备孕营养忠告有哪些呢？首先要做到下面这几点。

1. 最好在准备要宝宝的6个月之前停止饥饿减肥、辟谷、过午不食、低碳水化合物减肥法之类的做法。长期慢性饥饿会耗竭体内的营养素储备，出现营养不良，代谢率下降，并可能降低各脏器的功能，这怎能让未来的母亲做好承担孕期代谢负担的准备呢？快速减肥也非常容易出现抑郁、沮丧、暴躁、失眠等精神心理反应，而精神应激也非常不利于备孕。

2. 在孕前体检中，如果发现有营养不良问题，比如贫血、缺锌等，要咨询营养科医生和营养专业人员，及时增加营养，必要时补充营养素制剂，等到营养状态改善之后再怀孕。如果有胃肠消化吸收不良的状况，也要去看医生或进行饮食调理，及时改善。否则，一个营养不良的妈妈，会让胎儿发育时受到很多委屈。

3. 远离高度加工食品、嗜好性食品和油腻食品。以口味、口感取胜的高度加工食品尽量少吃，其中不仅油、盐、糖含量高，营养价值低，含有多种食品添加剂，有的还可能含有反式脂肪酸。这些食物既不能补充备孕所需的营养素，又不利于胎儿的正常发育。油腻味浓的餐馆菜肴，一般都是用多次加热的油烹制的，盐分又高，对健康有害无益，维持这种喜好还会增加出现孕期水肿和妊娠高血压的危险。

4. 煎炸、熏烤食品尽量不吃，还要远离油烟和烧烤烟气，因为其中含有致癌物。油烟和患肺癌风险之间的联系已经得到专家的认可，烧烤烟气不仅是$PM_{2.5}$，更是苯并芘等多环芳烃类致癌物的载体。

5. 不喝酒，少饮咖啡，少饮各种碳酸饮料和其他甜饮料。酒精对受孕和孕育的害处，以及咖啡因对备孕和早期孕程的不利影响，前面的内容中已有说明。饮咖啡的同时，多数人都会加入糖和咖啡伴侣，由此饮入的糖和饱和脂肪都是不利于健康的因素，因此咖啡宜限制在每天2杯之内。甜饮料的害处很多人并不了解，实际上这类饮料营养价值极低，除了增加体脂肪、升高血糖和血脂之外，没有营养意义。

6. 改善三餐的饮食质量，多吃新鲜天然的食材，如新鲜绿叶蔬菜、新鲜水果、牛奶豆浆、非油炸的鱼肉虾贝等。备孕者要用有限的胃口尽可能多地摄入天然食物，获取营养物质，为未来的孕育打下营养基础。所谓健康饮食，就是用营养质量高的食物来替代那些营养质量低的食物，让自己的身体活力提升，代谢顺畅。

最后还要叮嘱两句，无论是营养还是健身，戒掉甜饮料还是多吃蔬菜，都需要夫妇两个人，甚至还有其他家庭成员的配合。不能仅仅要求备孕女性饮食合理，而其他家庭成员仍然保持不健康的饮食习惯。如果未来的父母不做好健康饮食习惯的准备，小生命来临之后，也会因为家庭饮食环境的不良影响，形成不利于健康的饮食习惯，从而受害一生。

营养饮食该吃哪些食物

说到健康饮食，大众容易出现一个误解，那就是只关心什么不要吃，什么要多吃，而且总以为只要吃少数几种健康食品，就能保证营养平衡。

其实，要想得到好的营养，最要紧的不是某一种食物，而是健康的饮食模式（膳食模式）。这就好比说，一种乐器无法奏响美妙的交响乐，只有各种乐器和谐组合，才能得到音乐的宏大美感。饮食也是一样，必须由多类别、多品种的食物合理搭配在一起，才有利于营养平衡。

那么，健康饮食都要吃哪些食物呢？备孕女性需要特别注意哪些食物的摄取呢？这里就来说说日常饮食中必须吃到哪些类别的天然食物。

1. 多样化的蔬菜，来自于各个蔬菜类别。

其中包括深绿色叶菜、红橙色蔬菜、豆类蔬菜（嫩豆、甜豌豆等）、淀粉类蔬菜（如土豆等）等，以及其他类别的蔬菜。

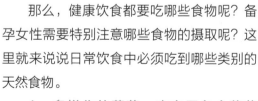
备孕营养忠告

蔬菜是一个大类，按照来源分，可以分为以下几类。

🌱 嫩茎叶和花薹类。包括各种类型的带叶蔬菜，比如大白菜、油菜、菠菜等。此外，还包括芦笋、莴笋之类的嫩茎，也包括西蓝花、白色菜花等花菜，以及油菜薹之类的嫩花薹。其中深绿色的叶菜是营养价值最高的品种，富含叶酸、维生素B$_2$、维生素K、镁、钙、叶黄素等多种营养成分[13]。这些成分对备孕都非常重要，特别是叶酸。研究公认摄入蔬菜可以提升准妈妈饮食的营养素密度，部分研究还认为摄入蔬菜有利于降低出现小于胎龄儿的危险[14]，因而各国营养专家都大力推荐备孕人士和孕期女性每天摄取绿叶菜。

按我国营养学会推荐的比例，健康成年人每日应摄取150~250g深绿色的叶菜。

小贴士

哪些菜属于深绿色叶菜？

小白菜、油菜、芥蓝、芥菜、菠菜、茴香、茼蒿（包括大叶茼蒿和小叶茼蒿）、苋菜（包括红苋菜和绿苋菜）、空心菜、木耳菜、油麦菜、莴笋叶、绿生菜、萝卜缨、叶用甜菜（牛皮菜）、芹菜、香菜、荠菜等绿叶比例较大、叶子绿色较浓或叶柄颜色也比较绿的叶菜。

苜蓿芽（草头、金花菜）、甘薯叶（苕尖、地瓜尖）、丝瓜尖、南瓜尖、豌豆尖、香椿芽等可食植物的嫩尖部分。

豌豆苗、黑豆苗、萝卜苗、荞麦苗、葵花苗等各种绿色的芽苗菜类蔬菜。

西蓝花、油菜薹、芥蓝薹等嫩花薹或花类蔬菜。

🍂 根茎类。包括胡萝卜、萝卜、牛蒡、芥菜头、甜菜根之类，都是长在土里的蔬菜。其中胡萝卜属于红橙色蔬菜，富含 α-胡萝卜素和 β-胡萝卜素。

🍂 嫩豆和豆荚类。包括豆角、长豇豆、荷兰豆、毛豆、嫩豌豆、嫩蚕豆、黄豆芽、黑豆苗、绿豆芽等，不是嫩嫩的豆荚，就是豆子的童年时期，或者是豆子发芽的产品。

🍂 茄果类。包括各种茄子，各种颜色和大小的番茄，以及各种颜色的甜椒和辣椒，都是茄科的蔬菜，吃的都是它们的果实部分。其中番茄属于红橙色蔬菜，富含番茄红素。

🍂 瓜类。包括黄瓜、冬瓜、南瓜、西葫芦、苦瓜、丝瓜等，都是葫芦科的蔬菜。其中南瓜属于红橙色蔬菜，富含 β-胡萝卜素。

🍂 葱蒜类。包括洋葱、小葱、大葱、大蒜、蒜薹、蒜苗、薤头、韭菜等，都是一些百合科的蔬菜，有特殊的气味。

🍂 含淀粉蔬菜。除了土豆和甘薯，还包括山药、芋头、藕、菱角、荸荠、慈姑等。它们在一定程度上可以替代部分主食，但含有比主食多得多的钾元素，还含有丰富的维生素C和膳食纤维。血压偏高的备孕者如用不加盐的含淀粉蔬菜替代部分白米白面，对控制血压很有好处，对减肥也有一定益处。

🍂 广义的蔬菜甚至还包括菌藻类。其中菌类蔬菜就是香菇、木耳、各种蘑菇等；藻类蔬菜包括海带、紫菜、裙带菜等。它们富含可溶性膳食纤维，食用后饱腹感也非常强。

2. 水果，特别是完整的水果。

水果是膳食中钾、维生素C、果胶和类胡萝卜素、花青素、原花青素等抗氧化物质的重要来源。由于水果不需要烹调，食用不需要加盐，所以它们保持高钾低钠的特性，对预防高血压十分有益。大多数完整的水果食用后血糖反应较低，而且按能量来计算，食用后令人饱腹感较好，血糖偏高的备孕者亦可少量食用。

然而，水果在打成浆之后，抗氧化物质和维生素C损失严重；榨成汁之后，膳食纤维损失严重，饱腹感大幅度下降，餐后血糖升高的速度大大加快。因此，推荐食用完整的水果，而不是把它们都榨成果汁或打成浆来食用，除非有咀嚼和消化方面的严重问题。当然，备孕女性在正常吃水果、蔬菜之外，再额外喝一杯不太甜的新鲜蔬果汁，也是有益无害的。

在新鲜水果之外，还可以少量食用水果干，包括葡萄干、干枣、苹果干、杏干、橘饼、无花果干、西梅干等。它们能提供不少膳食纤维和钾元素，但要记得水果干浓缩了水果中的糖分，比如葡萄从鲜水果变成葡萄干，糖分会浓缩为原来的4倍，能量也会大幅度增加，所以数量要严格控制，以一小把为宜。

3. 谷物，其中至少一半为全谷类食物。

谷物就是日常所吃的粮食类主食，包括稻米（各种颜色的大米）、小麦（面粉）、大麦、燕麦（包括莜麦）、黑麦、青稞、荞麦、玉米、小米（稷、粟）、大黄米（黍）、高粱等。除了荞麦之外，它们都是禾本科植物的种子。

除了日常吃的精白米和精白面粉之类，其他的都属于"粗/杂粮"。但粗粮不等于全谷（whole grains），比如玉米面是去掉了种皮和种胚的产品，所以虽然是粗粮，却不属于全谷。没有精磨过的糙米、黑米、紫米等，以及分层碾磨之后再把所有组分按原来比例混合的全麦面粉，都属于全谷食物。把燕麦直接压片制成的燕麦片，以及纯用全麦粉做成的全麦馒头，都属于全谷物食品。

此外，杂豆类和薯类蔬菜也能够替代一部分主食。杂豆包括绿豆、红小豆、各种花色和大小

的干芸豆、干蚕豆、干豌豆、干豇豆、小扁豆、鹰嘴豆等。它们既含有淀粉，又含有比粮食更多的蛋白质，维生素E、B族维生素、钾元素和膳食纤维含量也比白米白面高，特别适合需要控制血糖、血压、血脂的备孕女性作为主食配料食用。

大量研究表明，全谷物作为部分主食有利于增加B族维生素、钾元素、镁元素和膳食纤维的供应，还能够有效降低罹患肥胖、糖尿病、心脑血管疾病和肠癌的风险，改善肠道菌群，降低炎症反应。健康成年人，包括备孕的女性，都应当注意将自己膳食中的全谷类食物的比例提升到一半，做到粗细搭配，而不是每天只知道吃白米白面食物。白面粉可以做成一万多种食物，但万变不离其宗，仍然是营养价值低的精白面粉。

4. 脱脂或低脂的乳制品，包括牛奶、酸奶、奶酪和/或经过营养强化的大豆饮品。

近年来的研究确认，适度的乳制品摄入对预防肥胖、糖尿病、高血压、冠心病有益无害，其中酸奶的健康作用尤其突出。奶类是钙的好来源，也是B族维生素和维生素A的重要来源，无论牛奶、羊奶、酸奶、奶粉均能提供大量的蛋白质和钙。备孕女性可以根据自己的身体感觉，选择喝了之后胃肠比较舒适的品种。比如说，如果对牛奶有慢性过敏，可以试试羊奶；如果喝牛奶感觉腹胀产气，也可以换成等量的酸奶。

奶类与谷类主食的配合，比如用牛奶冲燕麦片、用牛奶配面包等，比单吃主食有益于控制餐后血糖反应。每天1~2杯牛奶或酸奶即可有效供应营养成分。假如需要控制体重和血脂，那么如果饮奶量（以原料牛奶计算，包括其他奶制品算总量）超过1杯，建议选择半脱脂（脂肪含量低于1.5%）或脱脂产品（脂肪含量低于0.5%）。奶酪也宜选择低脂产品。

这里特别要提醒的是，普通豆浆中钙含量只有牛奶的1/10~1/5，亦不含有牛奶中的维生素A和维生素D。欧美的很多豆浆产品特别强化了钙元素和脂溶性维生素，以便减小豆浆和牛奶在营养价值上的差异。这对于完全不摄入

乳制品的人来说特别重要。我国市售的豆浆产品绝大多数没有进行这类营养强化，所以不能用它简单地替代牛奶和酸奶。

鉴于牛奶和豆浆各有营养特色，前者富含多种维生素和钙，后者富含低聚糖、大豆异黄酮和膳食纤维，所以最佳选择是包括牛奶和酸奶在内的奶类和包括豆腐、豆浆在内的豆制品两者都吃。早一杯牛奶，晚一杯豆浆，或者早一杯豆浆，晚一杯牛奶，都是很好的做法，只要身体感觉舒服，完全无需纠结顺序。

5. 多种类的富含蛋白质食物，除了奶类和豆浆之外，还包括海产品、瘦肉、禽肉、蛋类、坚果、油籽和其他豆制品。

健康饮食并不是越简单越好，只吃点面条、米饭、馒头加腌菜、蔬菜的所谓清淡饮食，很难达到营养平衡。特别是对于备孕女性来说，足够的蛋白质是保障营养的重要基石。控制饮食是要少吃营养价值低的零食、煎炸食品、油、糖等，并不是远离鱼肉蛋类。

这里把海产品放在第一位，是因为它们不仅脂肪含量低，还含有ω-3脂肪酸，对预防心脑血管疾病来说比红肉有益，还能为备孕和孕期女性提供胎儿发育所需的DHA。有研究发现，摄入较多的水产品能够帮助预防孕期的沮丧情绪和焦虑感，还能减少胎儿在宫内生长延缓的危险，对孩子的神经认知发育也有好处[15]。虽然过多的加工肉制品和红肉不利于预防肠癌和高血压，但少量食用肉类是保障铁、锌等微量元素供应，预防贫血缺锌问题的重要措施，缺铁性贫血的孕妇尤其需要每天吃点红肉。

蛋类虽然含有胆固醇，但也是优质蛋白质、12种维生素、多种微量元素和磷脂、叶黄素等保健成分的供应来源。目前各国已经取消了对胆固醇的限制，每天有1个鸡蛋+50g肉+50g鱼虾的饮食对备孕者来说，是完全没有问题的。

除了动物性食品和主食之外，植物性食物中的含油坚果、油籽、豆类、豆制品等也能供应不少蛋白质。素食的备孕女性需要特别注意，用杂豆作为部分主食食材，把坚果和油籽多多用在零食和菜肴中，再加上豆浆和豆制品，几管齐下，才能较好地满足身体对蛋白质和微量元素的需求。

——坚果包括核桃、榛子、松子、杏仁、巴旦木（扁桃仁）、腰果、碧根果（美洲山核桃）、夏威夷果（澳洲坚果）、鲍鱼果（巴西坚果）等。

——油籽包括花生、葵花籽、西瓜籽、南瓜籽、亚麻籽、紫苏籽等。

——大豆和豆制品包括黄大豆、黑大豆、青大豆，以及水豆腐、豆腐干、豆腐丝、豆腐千张、腐竹、豆浆、豆腐乳、豆豉、豆酱等。

6. 烹调油。

烹调油并不推荐过多食用，它是美味饮食的一部分，但需要限量，也需要明智选择品种。2015年版《美国居民膳食指南》里提到烹调油，其中含义之一是用液体植物油来作烹调油，而不要以西餐传统使用的牛油、猪油、黄油等含大量饱和脂肪的固体脂肪为主。不过在中国，这些固体脂肪很少用作烹调油，倒是植物油用得太多，一样会导致肥胖和三高。

请注意，健康饮食模式当中全部是天然新鲜食材，没有推荐吃各种高度加工食品，甜饮料、薯片、饼干、蛋糕等都不在其中。当然，这些食物也不是毒药，偶尔可以口感欢乐一下，但它们绝对不应当成为日常饮食的必备选择。不妨告诉孩子们，它们是节日和聚会时才偶尔吃的东西——这样它们就可以和健康的饮食模式相容了。

小贴士

有关如何从天然食物中补充蛋白质、钙、铁等多种营养素的数据知识，请参考本书第五部分，其中提供了各类营养素的食物来源。

第一部分 **备孕** 你准备好了吗？

45

备孕需要营养补充品吗

一旦准备生育宝宝，备孕女性就会被推荐很多保健品，也会听到各种传说。在备孕期间，要不要吃碘盐呢？要不要服用孕妇用的叶酸片呢？要不要补充复合维生素矿物质片呢？要不要服用DHA或者鱼油胶囊呢？如果一次吃两种以上的产品，会不会营养素过量造成危险呢？

为什么备孕需要吃碘盐

很多人看到了微信圈子里有关食盐是否应当加碘的争论，认为加碘可能不安全，会增加患甲状腺疾病的危险，便在备孕的时候放弃碘盐，专门吃无碘盐。这种做法是非常不可取的。

在怀孕期间，碘的需求量会大大高于孕前，大约为日常的2倍。这是因为碘的主要作用是合成甲状腺激素，而这种激素与身体的能量供应、蛋白质代谢、细胞组织合成等重要功能密切相关。孕期要合成胚胎组织，身体必须大幅度地增加能量供应，加强蛋白质合成代谢，没有更多的甲状腺激素来帮忙怎么行呢？

大部分人并不知道，当年为什么要实行食盐加碘的政策。由于我国的面积2/3以上是内陆地区，水土中碘元素含量很低，缺碘情况十分普遍。因为孕期缺碘，每年有数百万的新生儿智力受到影响，轻则降低智商，重则生出"克汀病"患儿。克汀病患者有聋哑痴呆等症状，给家庭和社会带来极大痛苦和负担。这个情况在媒体上被披露之后，社会上出现了大量的"聪明"、"益智"碘营养品，家长和学校给孩子盲目补碘，结果造成许多中毒事件。为了避免痴呆和中毒的悲剧，政府才决定实施食盐加碘的政策。从此以后，因为缺碘而引起的克汀病和大脖子病基本上在我国被消灭了，20年过去了，一些公众已经忘记了当年的状况。

不过，随着人们对碘过量的担心超过了对碘缺乏的担心，很多人也忘记了一个重要事实，那就是如果不再供应碘盐，那么内陆地区居民在孕期碘需求量大幅度上升的情况下，非常容易出现碘缺乏问题，带来克汀病这种不可承受的风险。由于受一些社会传言的蛊惑，少数备孕者和孕妇在不考虑自身营养膳食状况的情况下就放弃碘盐，这是相当危险的。目前医学系统已经发现多起由于弃用碘盐引起的孕期缺碘病例。

目前碘盐中碘的添加量是25mg/kg，碘的烹调损失经测定约为20%。也就是说，如果按照《中国居民膳食指南》的推荐值，每天摄入6g盐，可以得到约120µg碘，这正好是成年未孕女性的正常参考摄入量。即便按居民实际平均摄入食盐的量10.5g来计算，也只能得到210µg的碘。目前我国孕期妇女的碘推荐摄入量为230µg，可耐受的最高摄入量是600µg（也就是说，备孕者和孕妇碘摄入量的安全范围是230~600µg）。所以，仅仅靠碘盐的量还不够，还需要从膳食中补充摄入。每周吃一次富含碘的海产品（如100g海带约含114µg碘，5g紫菜约含216µg碘），加上日常鱼肉蛋奶和植物性食物中的微量碘，也不可能超过600µg的限值，是非常安全的。

碘在食品中存在的规律是：海产品中的碘含量高，内陆食物中的碘含量低。而在同一水土条件下，植物性食品中所含的碘比较少，动物性食品中所含的碘相对多。所以动物性食品吃得比较少、饮食比较"素"的孕妇，要格外注意缺碘风险，不吃碘盐是危险的。

忠告备孕妇女吃碘盐，保障碘的摄入量略高于推荐值，还有一个重要的考虑，那就是孕早期的女性往往食欲缺乏，恶心呕吐，在前3个月中的碘摄入量往往大幅度下降，身体中的碘储备容易耗竭。然而，胎儿的早期胚胎发育阶段就需要甲状腺素的帮助，包括大脑神经系统的发育。故而到第4个月再增加碘的摄入是来不及的，必须在备孕期间保障身体的碘营养和碘储备。

保证叶酸供应很重要

大部分备孕女性都会受到忠告，孕前就要补充叶酸，充足的叶酸能够大幅度降低多种出生畸形的风险。但大部分女性也并不理解，为什么要提前补充。明明还没有怀孕，营养需求应当还没有上升，等到怀孕之后再补，难道会有问题么？其实这件事与叶酸发挥作用的时间有关。

孕前补充叶酸成为全世界的常规做法，是因为研究早已确认，叶酸缺乏会增加胎儿出现"神经管畸形"（neural tube defect, NTD）的风险。所谓神经管畸形，是一种极为严重的出生缺陷，包括无脑儿和脊柱裂等。无脑儿是不可能活产的，而一部分脊柱裂的胎儿能够活下来，但表现为轻重不同的畸形，重则终生瘫痪丧失劳动能力，轻则需要多次手术修补畸形，给孩子和家庭带来极大的痛苦。虽然发生这种畸形的概率只有不到千分之一，但对于父母而言，一定要做好预防，不能让这个概率落到自己家的宝宝身上。

据卫生部2012年公布的数据[16]，中国新生儿出生缺陷总发生率为5.6%，每年有90多万有缺陷的孩子出生，包括先天性心脏病、唇腭裂、神经管缺陷、先天性脑积水、肢体短缩、多指/趾或并指/趾等。我国北方部分地区的神经管畸形的发生率较高，与膳食中叶酸摄入不足有密切关系。南方地区食材丰富，摄入新鲜绿叶蔬菜较多，叶酸不足的情况较少，神经管畸形发病率也较低。我国优生优育工作成果证明，教育备孕女性提前补充叶酸（400μg）之后，最近十几年以来，神经管畸形发生率有大幅度的下降。

为什么必须提前补充叶酸呢？这是因为以下3个原因。

1. 神经管发育的时间开始于怀孕的第3周。实际上，女性通常在怀孕的2~3周甚至更晚才可能去做怀孕检查，如果到这时候再开始补充叶酸，往往已经错过了最佳的预防时机。部分人由于携带相关缺陷基因，对叶酸的膳食需要量较高，同样在缺乏状态下，会比没有缺陷基因的孕妇更容易生出畸形儿。

2. 深绿色叶菜是叶酸的良好来源，但它是以多谷氨酸的形式存在的，生物利用率不及叶酸补充剂。实际上，补充剂中叶酸的生物利用率是食物中叶酸的1.7倍。况且，多数女性做不到每天吃200g以上的绿叶蔬菜，而且叶酸在烹调加工过程中的损失率不亚于维生素C，所以实际上的摄入量往往达不到孕期需求。调查发现，多数备孕女性的叶酸有效摄入量只有200μg左右，连孕前女性的400μg数目都没有达到，更无法满足孕期妇女每日600μg叶酸的实际需求。

3. 补充叶酸的效果并不是立竿见影的。研究发现，对存在叶酸缺乏的备孕女性来说，在持续补充叶酸12~14周之后，血浆中的叶酸浓度才能达到稳定的适宜状态。所以，要想在妊娠3~6周的神经管发育期间用上它，就一定要至少提前3个月补充。

所以，备孕女性不必对服用营养素药品心存抵抗，特别是日常蔬菜摄入不足、食物比较单调的人，按照妇幼保健人员的推荐提前补充叶酸是明智的。

那么，是单独补充叶酸片效果好，还是服用含有叶酸的复合维生素矿物质片效果好呢？有文章汇总了对生育女性所做的5项研究结果[17]，分析结果表明，和服用不含叶酸的安慰剂相比，在怀孕前开始每日增补叶酸，不论是单补叶酸片还是通过复合维生素矿物质片来补充，都对预防神经管畸形有效，总预防率达到72%，研究中所推荐的每日补充剂量为400~800μg，并未发现补充叶酸带来其他不良影响。

有研究报告，孕前开始补充叶酸可能对预防其他类型的畸形也有益处，比如唇腭裂、尿道裂、脑积水、唐氏综合征等，但究竟有无可靠预防效果，各研究报告不一致。补充叶酸的效果可能与甲基四氢叶酸还原酶（MTHFR）的基因型差异有关。有研究提示，在MTHFR缺陷型的母亲/父亲或胎儿当中，补充叶酸可能会降低未来婴儿患脑瘤[18]、婴儿白血病[19]或出现尿道下裂畸形[20]等很多问题的风险。如果准妈妈不知道自己、丈夫和胎儿是什么基因型，从孕前3个月开始直到孕期全程一直补充叶酸，是最为稳妥的做法。

还有研究提示，补充叶酸可能有利于预防孤独症（自闭症）类的疾病。孤独症是一种起源于孕早期发育阶段的神经发育障碍。早期胚胎的大脑神经系统发育需要叶酸的帮助，所以这个胚胎发育阶段对叶酸营养状况极为敏感。有研究提示，孕前至孕初期服用叶酸，其孩子患孤独症的风险比母亲未服用叶酸的孩子减少近40%[21]。

从1998年起，美国强制规定要在面粉等谷物类食品中强化叶酸（140μg/100 g），很多早餐谷物食品中也强化了叶酸。这样，即便孕妇在没有备孕的情况下怀孕，也不易因为缺乏叶酸而造成出生畸形。我国市场上目前还很少有多种营养素强化的主食品，而精白米、精白面粉中叶酸含量非常低，如果很少吃绿叶蔬菜，叶酸的摄入量很容易出现不足的情况。因此，妇幼保健医生通常会建议备孕女性提前服用叶酸片，以便及时提升体内的叶酸水平，保证早期胚胎发育的需要。

很多备孕女性问，每天到底需要补充多少叶酸？多少就超过标准了？中国营养学会推荐孕前女性每天补充400μg叶酸，而按我国营养素参考摄入量标准，成年女性叶酸的每日最高摄入限量（UL）是1000μg。在备孕女性确实存在叶酸缺乏的情况下，补充量可以超过这个剂量，但在没有发现缺乏的情况下，不建议备孕者自己随便选择大剂量补充剂，每天400μg的剂量就足够了。

也就是说，除非有医生或营养医师的处方，备孕女性日常从叶酸补充剂、复合维生素、营养强化食品中摄取的叶酸，加起来最好不超过1000μg。在吃营养补充剂的时候，要好好看一看包装上的剂量说明，不确定的时候可以咨询专业人士。

哪些食物富含叶酸？从食物中获取叶酸会过量吗？

在我国，叶酸的主要膳食来源是绿叶菜和豆类、豆制品，肉类也是叶酸的来源，其中动物内脏中叶酸含量较高。柑橘类、猕猴桃等水果中含有少量叶酸，精白米面和奶类食物中叶酸含量较低。

一般来说，绿叶蔬菜的颜色越浓绿，含有的叶酸就越多。相比而言，从蔬菜、豆类、粮食中摄入的叶酸较为安全，完全无需顾虑摄入过量的问题。因为植物性食品中的叶酸并不是高活性形式的，而是在身体需要时才转化为高活性形式，所以不需要受到"每天最多1000μg"的限制。

需要提示的问题是，如果服用叶酸片之后确实产生了不舒服的感觉，或者出现月经紊乱、激素不平衡等副作用，可以先停服相关补充剂，并向医生或妇幼保健专家咨询应当如何处理。尊重身体的感觉是最重要的。在日常饮食当中，为了保证叶酸的供应，应当更加注意摄取较多的深绿色叶菜，如每天250g以上，可以供应较为充足的叶酸。

其他营养补充剂要不要服

改善营养的关键是每日三餐吃营养合理的食物。但是，很多备孕女性为了改善营养状况，也选择服用复合维生素。我国境内批准销售的复合维生素矿物质补充剂的剂量和推荐摄入的数值差异不大，可以补充日常饮食的不足，距离安全限量还差得很远，因此安全性是不需要担心的。国外购买的大剂量补充剂倒是需要慎重使用。

怀孕后的前3个月（孕早期）孕妇往往会有食欲缺乏、恶心呕吐的情况，饮食不足会消耗体内的营养素储备。如果在孕前把各种维生素和微量元素储备得足足的，即便孕前期吃得不够，也能让发育早期的胎儿得到最充足的营养供应。从这个角度来说，对于日常饮食量较小，或者饮食习惯不太合理的备孕女性来说，补充复合维生素和矿物质有益无害。

一项跟踪8年的研究发现，适当补充复合维生素，似乎可以降低卵巢疾病所导致的不孕风险[22]。每周服复合维生素3~5次的女性，发生不孕的风险下降31%，而如果每天服用，发生不孕的风险则会下降41%。

也有研究表明，从孕前至少3个月开始改善饮食质量，同时加上增补复合营养素的措施，对于预防出生低体重有益[23]。出生低体重不仅增加胎儿出生前后的死亡风险，而且可能导致儿童期的生长延缓，甚至是认知能力发育迟缓。

还有很多女性关心要不要提前补充DHA或者鱼油。人们都知道，DHA是胎儿大脑神经系统发育所需的一种ω-3脂肪酸。母体会把身体中储备的DHA通过血液和胎盘传送给胎儿[24]，因此备孕女性提前保证DHA的储备量是明智的。

如果日常饮食中有较多的鱼类和其他水产品，则不必刻意补充保健品。测定数据表明，不必依赖金枪鱼、三文鱼、银鳕鱼等昂贵的深海鱼，秋刀鱼、沙丁鱼、鲅鱼（马鲛鱼）、大黄鱼、小黄鱼、鲳鱼（平鱼）、带鱼（刀鱼）等廉价海鱼的脂肪中就含有较高水平的DHA，很多淡水鱼，如鲈鱼、鲶鱼、鳜鱼、鲟鱼、虹鳟鱼等也含有一定量的DHA[25, 26]。每周吃300~500g的鱼，不仅能够增加蛋白质和多种微量元素的供应，对供应DHA很有帮助，同时还可以增加女性体内容易储备不足的维生素D，是补充营养的较好选择之一。

当然，如果因为各种条件限制，日常鱼虾类食物确实很难吃到，那么适当补充DHA也是有益无害的。虽然如此，目前还缺乏母亲孕前或孕期补充DHA直接使宝宝智商升高的研究证据，所以不必在这方面期待太高。

如果决定要补充DHA，在选购补充剂时要特别注意，DHA和EPA往往同时存在，而胎儿需要的是前者。使用孕妇专用品种较好。如果使用了中老年人为了预防血栓而服用的鱼油产品，其中EPA较多，DHA比例较低，可能无法达到补充DHA的作用，而孕妇并不需要过多的EPA。按我国膳食营养素参考摄入量，孕期摄入DHA和EPA合在一起的适宜量为每日250mg，其中要有至少200mg为DHA[27]。

有关营养素补充剂的几点忠告

第一，不要因为服用了营养素补充剂就有恃无恐，继续食用营养不合理的三餐，或者放任自己随便吃低营养价值的加工零食和甜饮料。

第二，如果没有贫血问题和其他明显的营养素缺乏问题，不需要直接服用补铁的药物和保健品，也不需要服用大剂量的维生素和鱼油。只要按前面所说的建议，改善三餐质量，在膳食中保证各种营养素充足供应就可以了。

第三，营养素增补剂一定要在用餐时服用或刚吃完饭时立即服用，因为营养素本来就是食物中的正常成分，它在和食物一起食用时会有更好的利用率。

第四，如果确认对任何营养补充剂有不良反应，不要勉强服用，要赶紧停下，可以咨询营养师或营养医师，改用天然食物来供应相关的营养素。

这些食物该吃吗

我媳妇备孕时身体较弱，需要吃人参之类的补品吗？

答：备孕期间，不要自己随便服用补品。在服用药物前，包括中药材和中成药之前，都应咨询医生。如果确实身体状态需要调整，可以遵医嘱服用，但在改善后即可停药。能否一直服用到怀孕时，还要请妇幼保健专家来确认。

备孕期间，家人给买了很多海参，说是大补身体，有利于怀孕，真的要吃吗？

答：没有可靠研究证实海参能够提升生育能力。考虑到海参属于日常天然食品，既然家人已经买来，每天吃一只数量不大，也不至于带来什么不良反应。就当普通水产品，享受海参鸡汤小米粥之类的美食吧。

从备孕时开始一直吃燕窝，真能让未来的宝宝皮肤更白吗？

答：这种期待可能是商业洗脑的结果。宝宝的皮肤颜色是遗传决定的，不会因为妈妈吃燕窝而发生改变。宝宝出生之后，精心喂养，营养合理，就可以让皮肤在遗传的基础上达到最佳的红润细腻状态。营养不良的人，无论吃多少燕窝，皮肤也是萎黄、暗淡、干枯或松弛的。

听说吃杂粮会妨碍怀孕，我还可以继续吃杂粮吗？

答：所谓杂粮妨碍怀孕之说不确实。国外有研究，摄入杂粮比例很大时，雌激素水平有下降。但研究未证实这种下降会影响受孕。目前多数国家推荐主食中有一半全谷杂粮，只要选择能够顺利消化的品种，不但不会影响受孕，还能加强营养供应。燕麦片、小米、大黄米、糙米、紫糯米、红小豆等食材，和大米搭配食用时，都是非常适合备孕者的。

听说吃鱼油能让未来的宝宝聪明，可是我一吃鱼油就恶心呕吐，还要不要吃呢？

答：只要你身体有不良反应，就不要吃。直接吃鱼就可以啦，鱼肉比鱼油的营养更全面。不必吃很多，也不必天天吃，平均每天能有50g鱼肉（去掉刺的纯肉）就足够了。吃鱼油不一定能让宝宝更聪明，吃鱼肉却能让备孕者在孕期的营养供应更全面。

备孕期间能喝醪糟蛋花汤么？不是说不能喝酒吗？

超市销售的包装醪糟和米酒类产品都标注了酒精度，买时应仔细阅读，多数产品的酒精度在0.5%以下，喝一碗醪糟所摄入的酒精只有1g，还不如做菜时所加料酒的酒精多。特别是加热制作醪糟蛋花汤之后，极少的一点酒精也大部分挥发掉了，所以并不妨碍备孕。醪糟是一种容易消化的发酵食品，鸡蛋打进去变成蛋花之后，也很容易消化，消化不良、身体怕冷的女性喝点这种汤是有益的。

需要提醒的是两点：首先，自制或个人贩卖的醪糟产品一定要小心，因为酒精度没有得到控制，其中可能还含有甲醇、乙醛等有毒发酵产物。如果喝了感觉有明显的酒味，或者喝几口之后就明显脸红耳热，说明身体对它有不良反应，不建议食用，其次，醪糟的血糖反应非常高，还有可能刺激胃酸，糖尿病患者要慎用，胃酸过多的人也要少用。

常吃黑米会不孕吗？有时候我会连续两顿都吃黑米加糙米，但是后来听说常吃杂粮会不孕，只有吃大米饭生育功能才能正常，是真是假呢？

答：吃黑米等杂粮会造成不孕，这是个谣言，不用信。如果你原来月经出血量大，吃杂粮后可能会减少血量。国外研究也有报道，在多吃全谷食物的情况下，较高的雌激素水平会略有下降。不过，并没有可靠证据表明，吃全谷杂粮会妨碍生育。否则就没法解释以前很少吃到白米白面的时代，中国人生孩子的能力比现在更强的事实。也没法解释为何精米白面不足的贫困国家出生率更高。据计生系统统计，中国20多年前不育率不到3%，现在则超过10%！足以证明精米白面的生活并没有提高生育率！

不过，杂粮也要多样化，长期每顿吃红薯、紫薯、玉米等少数食材也不是最理想的。黑米是稻米的一种，糙米也是。可以考虑用大米、小米、大黄米、燕麦、荞麦、红小豆、芸豆、莲子、芡实等各种食材混合吃，或者3~4种混合，轮换着吃。此外，吃杂粮不等于天天喝粥，每天总热量要足够，蛋白质也要够。

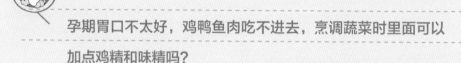

孕期胃口不太好，鸡鸭鱼肉吃不进去，烹调蔬菜时里面可以加点鸡精和味精吗？

答：如果你喜欢这种味道，那么少量放点味精和鸡精是无害的。谷氨酸单钠和核苷酸钠本来就是生物体当中的正常成分，其中谷氨酸对肠道的修复还有一定的帮助。在肠道受损和营养不良的情况下，常常用补充谷氨酰胺的方法来帮助修复肠道，谷氨酸也有类似的作用。

在孕早期的时候，不必担心饮食过量，也不用担心钠过量。到了孕中期和孕后期，应当避免钠的总量过多。因为味精、鸡精和盐一样都含有钠，所以放味精和鸡精的时候，应当相应减少盐的添加量。1勺鸡精大约相当于半勺盐，3勺味精相当于1勺盐。

我的消化能力一直比较弱，怀孕之后胃肠好像比以前更差了，吃很多食物都不消化，怎么办呢？

答：消化道的健康对保证孕期营养非常重要。孕早期往往食欲下降，但如果你孕前消化能力就不怎么好，那么你的营养基础就比较差，更难以承担孕期的负担。这种情况下，建议你咨询医生，请医生根据你的具体情况推荐一些孕妇能够服用的助消化药物，比如胃蛋白酶、多酶片、乳酶生、健胃消食片、乳酸菌素片之类，都比较安全。顺利地消化可以避免出现很多食物慢性过敏的问题。

当你胃里不那么胀满，吃完饭感觉轻松的时候，你的体力会增
强，对顺利度过孕期的信心也会增加。

无论是哪一个孕程，
准妈妈都要注意的事情，
就是要有一个良好的生活环境、
生活习惯和精神状态。

第二部分

孕期

怎样平安养出健康宝宝？

准妈妈要注意的N个问题

按理说，宝宝的健康成长问题并不是从知道怀孕那天开始，而是从产生卵子和受精的时候开始的。母亲的代谢状况、母亲的心肺功能，对宝宝的成长至关重要。所以我一直都提倡，提前6个月就开始备孕，加强营养，锻炼健身，让自己成为一个健康的备孕女人。但是很遗憾——大多数女人直到怀孕之后，才开始重视自己的营养问题。不过，亡羊补牢，犹未为晚，总比一直不注意要好得多。

其实，准妈妈要注意的事情，和备孕期间大同小异，都是要让身体呈现最佳的健康状态，以便让胎儿有最好的环境来完成发育过程。只不过备孕期间可能会放纵自己，而肚子里有了宝宝之后，女性健康生活的自觉性就会大大增加。本能的母性让她不再那么任性，一切以宝宝的健康发育为第一要务。

无论是哪一个孕程，准妈妈都要注意的事情，就是要有一个良好的生活环境、生活习惯和精神状态。

1. 尽量远离不良的工作生活环境。

比如可能存在烟草污染、化学污染、辐射污染、噪声污染的环境，这些人们都会早早想到。

2. 早睡早起，避免熬夜。

晚上少玩手机，提升睡眠质量，这些也是老生常谈，但总有些准妈妈做不到。直射眼睛瞳孔的强烈光线可能会妨碍入睡和降低睡眠质量，所以睡前不要看手机，也不要看其他电子阅读器如iPad之类。

3. 戒烟戒酒，少喝咖啡和甜饮料。

戒烟限酒绝大多数准妈妈都能做到，咖啡也都会节制，但很多人却不知道甜饮料一样不利于母子健康，对预防妊娠糖尿病和避免孕期体重过度增加尤其没好处。

4. 温和运动，保持良好的体力。

只要没有特殊医学禁忌情况，医生不要求静卧保胎，体能正常的准妈妈可以继续坚持每天进行轻松的运动，以不觉得身体疲劳为度。孕期运动需要注意的是避免进行有身体冲撞和可能摔跤的运动，但在健身教练的指导下进行中强度的肌肉锻炼，或在室外快走、慢跑半小时之类的运动是完全不妨碍的，更没有必要连腰都不敢弯一下，四层楼都不敢上。适度的活动有利于心肺功能的提高和血液循环的顺畅，能使胎儿得到更好的血氧供应，有利于大脑发育，也能使准妈妈减少孕期增重过多的麻烦。

5. 保持好心情。

孕期女性的情绪容易出现起伏，这时候要特别注意提升修养，多想愉悦的事情，不要因为怀孕而过度任性。家人也要做好陪伴，给准妈妈更多的照顾和理解，因为不良的情绪压力会影响母子双方的健康。

6. 吃新鲜天然的食物。

避免那些含香精、合成色素、盐和糖过多的食物。孕期全程都要少吃高度加工食品，减轻肝脏负担，也避免一些不安全因素影响胎儿的成长。因为维生素和矿物质需要增加，所以要尽量少吃甜食、煎炸食品、膨化食品之类营养素含量低的食物，用有限的胃口摄入营养丰富的天然食品。

孕妇的饮食有哪些健康要点

尽管很多人听到过许多与孕妇饮食有关的禁忌，但其实大部分都是夸大其词，甚至是完全没有根据的。很遗憾的是，有些该注意的饮食要点，却很少有人会告诉准妈妈们。

1. 严格注意药物和保健品的使用。

使用营养补充品的时候要咨询医生和营养师。除非医嘱，尽量不用各种中西补品，也不要自作主张地使用营养素以外的保健品。不吃各种减肥药，不擅自服用人参、鹿茸、阿胶、蜂王浆之类的传统滋补品，也不随便服用葡萄籽胶囊、花青素胶囊之类的抗氧化补充剂。

2. 注意食品安全，远离可能有细菌性食物中毒危险的食物。

孕妇是需要重点保护的人群，特别是在孕早期，胃酸分泌可能减少，食物中的各种有害微生物更容易在胃肠里"兴风作浪"，引起细菌性食物中毒，发生严重的呕吐、腹泻、腹痛，严重时甚至可能造成流产、早产等。微生物产生的毒素也可能会侵犯到弱小的胎儿，引起各种发育障碍，甚至造成死胎。

——尽量避免在没有卫生资质的小摊贩那里购买小菜、熟食、快餐。

——去卫生等级较低的餐馆吃饭时尽量不吃冷盘熟食和凉拌菜。

——家庭厨房中洗菜切菜时要做到生熟分开，冰箱储藏也要做到生熟分开。

——色泽和味道提示已经不再新鲜的食品、发霉变味的食品，都要严格避免食用。

——制作凉拌菜时要好好清洗干净，最好将食材用沸水烫一下，杀灭表面的微生物。

——不能吃剩的凉拌菜。剩菜剩饭一定要重新加热，彻底杀菌之后再吃。

——不要吃生鸡蛋，至少要等蛋清彻底凝固、蛋黄嫩嫩地稍微凝住之后再吃。

——不要喝没有煮沸杀菌的"现挤"牛奶和羊奶。不买超市以外个体贩卖的酸奶和含奶小吃甜点。

——慎喝不是当时制作、放了几个小时的"鲜榨"果蔬汁和其他不新鲜的自制饮料。

——接触过生鱼、生肉、生鸡蛋壳和没有洗过的生蔬菜之后，要立刻洗手，然后再接触其他食品。

——在购买网上销售的熟食和快餐前，要仔细查看其经营许可证件。

3. 鱼、肉食物尽量烹调熟了再吃，小心各种寄生虫。

鱼、肉和海鲜、河鲜类食物中有可能存在寄生虫，所以除了极少数足够新鲜而且反复确认有安全保证的食材之外，其他都绝对不要生吃。因为随便吃生鱼片、生肉、糟蟹、醉虾、生蚝、生拌螺肉等而导致寄生虫感染的情况并不罕见。生的香肠、火腿、培根等都要彻底加热熟了再吃。

4. 慎食可能有环境污染的食品。

来源不明的野生鱼类、河鲜要尽量避免食用。如果闻见有煤油味、药品味，或者鱼虾看起来颜色有异常、状态有畸形，更要小心远离，它们可能是从污染水域捕捞的。污染海域的贝类、甲壳类水产往往含有过多的重金属。即便是深海鱼，有些鱼类也会富集汞，如鲨鱼、剑鱼、金枪鱼、鲸鱼、方头鱼等，美国食品与药品管理局提示孕妇要慎用这些鱼类。动物肝脏和肾脏往往会积累难分解的环境污染物和药物，食用这些食品最好选择有绿色食品、有机食品认证的产品，至少要做到限量。

5. 远离烧烤、熏制、油炸食品和个体制作的膨化食品。

在外面烧烤摊上随便烤一下的食物不能吃，因为一则不能保证食材的新鲜安全，二则不能保证肉的整体完全熟透，寄生虫和致病菌完全被杀灭。烧烤、熏制和油炸食品还是多种致癌物的来源，如苯并芘等多环芳烃类致癌物、杂环胺类致癌物，以及丙烯酰胺这种疑似致癌物，这些对胎儿的发育都非常危险。早期胚胎发育对各种有害化学物质尤其非常敏感，孕早期对油腻食物和油烟、烧烤烟气、熏制味道的反感就是一种本能保护反应。

油炸食品和膨化食品还可能使用泡打粉，其中一些不合规范的产品可能含有明矾，带来铝污染，影响大脑神经系统的健康。虽然我国已经明令禁止在面食中使用含铝的泡打粉，但因为这类产品比合格的无铝泡打粉价格明显便宜，一

些小摊贩仍然爱用。同时，油炸食品中并未禁止使用含铝添加剂，不论是油条还是拖面糊油炸的食品，都有可能成为铝的来源。

6. 小心天然有毒食物。

很多毒物都是"纯天然"的，比如毒蘑菇、有毒野菜、有毒贝类。所以千万不要随便吃野生的蘑菇，也不要吃自己不认识的野菜。生黄花菜、生豆角、生豆子、苦杏仁、非食用的果核等都含有毒素。没有加热透的黄豆芽、黑豆芽也含有凝集素，可能引起恶心、呕吐等不良反应。

7. 避免食用曾经有过敏反应和不耐受反应的食物。

如果孕妇本人不久之前对某些食物有过各种过敏反应，或者吃了之后有胃肠不适或其他食物不耐受反应，那么在怀孕期间需要尽量避免食用这些食物。

除此之外，还要严格限用甜味奶茶、甜饮料、各种高度加工的低营养价值零食。

餐饮企业的卫生等级

我国餐饮企业的卫生信誉度等级有A、B、C、D四级，各有具体的量化指标，实施动态等级评定。A级代表卫生优秀，B级代表卫生规范，C级代表卫生基本合格，D级代表存在较为严重的卫生问题，需要限期改进，如果达不到C级则不能继续营业。除了餐馆酒楼之外，快餐店、小吃店、饮品店、学校食堂、机关食堂、外餐配送单位等也需要进行这个等级评定。企业需要把卫生等级标志像经营许可证一样悬挂在单位门口、大厅等醒目位置，接受社会监督，并方便公众在就餐前根据餐馆的卫生情况进行选择。

准妈妈吃错，宝宝健康隐患多

在网上随便看看，就能发现吃东西时最辛苦的是准妈妈，因为各种信息实在太多了。这不能吃，那不能吃，不是性凉不能保胎，就是性热会产生热毒，要么就是可能引起宫缩流产，等等。这些说法让准妈妈们战战兢兢，无论吃什么天然食品之前，都要问一句：孕妇能吃吗？

再问问外国朋友，也有很多孕妇的饮食禁忌吗？回答是，医生和营养师只会叮嘱孕妇不抽烟、不喝酒、少喝咖啡、不乱吃药，作息规律，注意食品安全，少吃高度加工食品，吃够蛋白质，多吃蔬菜水果等新鲜天然食物，而并没有很多食物禁忌的说法。

一位教授的女儿在美国怀孕，看到中文网站上说不能吃燕麦，咨询了妇产医院的医生，又咨询了注册营养师，洋专家们一致认为，燕麦是一种有利于健康的食品，孕妇正常吃没有问题。她妈妈纠结之中又问我，我说，如果平日对燕麦没有不良反应（燕麦含少量面筋，小麦过敏的人不一定能吃，而且少数消化不良者吃后有腹胀反应），那么怀孕后早上吃碗燕麦粥没有问题。看到答案完全一致，她这才觉得安心了点。

相比而言，发达国家的居民倒是更加重视孕期是否做到了饮食营养平衡，特别是孕期营养对于胎宝宝的中期和长期影响。在这方面，我国准备当父母的夫妇，以及孕妇们，倒似乎是相当无所谓。但是，这才是母亲较重要的"胎教"内容之一。也就是说，母亲的饮食习惯、身体状态，在很大程度上影响着孩子的体质、智力发育，以及未来罹患各种疾病的风险，包括糖尿病、肿瘤、婴幼儿白血病、哮喘、过敏等。这些重要的知识，想做父母的人不能不知道啊！

有关孕期肥胖、新生儿肥胖、孕期血糖水平和宝宝健康之间的关系，在后面会详细论述。近年来的研究还发现，未来宝宝的哮喘、湿疹等过敏相关疾病，和准妈妈怀孕期间的饮食质量也可能有关系。

一些研究发现，准妈妈多吃鱼类

食物有助于降低孩子日后发生食物过敏的危险[28,29]，这类食物中富含的DHA有利于降低炎症反应，改善肠道免疫细胞对细菌及其他物质的反应，从而降低孩子发生食物过敏的危险。反之，日常烹调中食用的富含亚油酸的油脂（比如玉米油、葵花籽油、大豆油等）摄入过多时，会增加未来宝宝的过敏风险[28]。

欧洲一项研究在5年当中跟踪了1253名儿童和他们的母亲，从孕期开始进行饮食情况和生活环境的调查，也跟踪了解了孩子出生后的饮食情况、生活环境和身体状况，直到孩子5岁。他们发现，饮食习惯和哮喘危险之间有关系。在食物当中，苹果的效果似乎最为明显。与孕期很少吃苹果的准妈妈相比，孕期每周吃4个以上苹果的准妈妈，所生的孩子出现呼吸困难的概率要低将近四成，患上哮喘病的概率要低五成[29]。专家们推测，苹果是每天所吃水果中量最大的一种，它富含类黄酮与抗氧化物质，可能对胚胎发育起到好的作用。另一项芬兰研究调查了2441名5岁以下儿童和他们母亲的孕期饮食[30]，也发现母亲的孕期饮食中，如果苹果属的水果（比如苹果、梨、海棠等）摄入过少，会使幼儿患过敏性喘息（wheezing）的风险增加45%。这项研究同时发现，母亲孕期多吃深绿色叶菜也对过敏有保护作用，摄入绿叶菜较少的准妈妈，孩子患过敏性喘息的风险会提升55%之多。

虽然蔬菜和水果整体而言有益于准妈妈和胎儿的健康，但并非吃得越多越好，品种也要考虑。有研究发现，摄入水果最多的准妈妈，对吸入性过敏原的致敏反应危险会提升36%，其中柑橘类水果会增加16%的风险。准妈妈多摄入维生素D或接触阳光，对减少5岁以下孩子湿疹和过敏的发生有帮助[30]。准妈妈在孕期吃过多水果，或者喝过多的浆果汁，会使孩子患过敏性鼻炎的风险上升40%[31]。

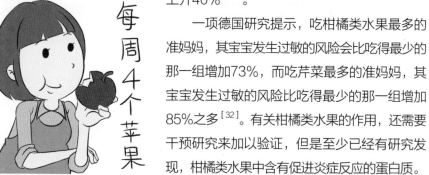

一项德国研究提示，吃柑橘类水果最多的准妈妈，其宝宝发生过敏的风险会比吃得最少的那一组增加73%，而吃芹菜最多的准妈妈，其宝宝发生过敏的风险比吃得最少的那一组增加85%之多[32]。有关柑橘类水果的作用，还需要干预研究来加以验证，但是至少已经有研究发现，柑橘类水果中含有促进炎症反应的蛋白质。

有很多准妈妈会问这样一个问题：如果我不吃含有常见食物过敏原的食物，比如牛奶、海鲜、鸡蛋等，是不是孩子将来患上过敏相关疾病的风险就会比较低？有文章总结了42项研究的结果，在11项干预研究当中，没有发现妈妈孕期不吃各种含过敏原食物之后，宝宝的过敏症风险下降的情况。长期跟踪的流行病学研究也没有发现妈妈孕期"忌口"过敏原食物能够取得想象中的预防效果。不过，这些研究同时发现，如果准妈妈孕期饮食中有较为丰富的蔬菜、鱼类以及富含维生素D的食物，则她们所生的孩子当中患过敏性疾病的比例较低；而贪吃快餐、吃大量植物油或植物奶油烹调食物的，则会增加孩子患过敏相关疾病的危险[33]。

此外，还有不少研究发现，婴幼儿白血病的危险似乎也与母亲的孕期饮食有所关联。加工肉制品、腌制肉和高热量油炸食物会增加患病风险，而富含类黄酮、类胡萝卜素和叶酸的水果蔬菜会降低风险[34]。

不过，食用富含类黄酮的水果蔬菜有益，并不意味着准妈妈可以随便服用含有类黄酮的保健品。有研究发现，服用大剂量的抗氧化剂保健品，如槲皮素、大豆异黄酮之类，反而可能增加未来婴儿患肿瘤的风险[35]。

因此，提醒那些准备做妈妈的女性，为了生出一个健康的宝宝，在怀孕前一年就要为孩子的诞生做好身体上的准备，注意自己的饮食及生活方式，多做户外运动，多吃新鲜蔬菜水果，少吃油炸食品、各种高脂肪的甜点、饼干、曲奇之类，以及各种香肠、火腿、灌肠、腌肉等。吃天然食物的时候，只要多种多样，每一种不吃过量，不必那么战战兢兢；而吃各种高度加工食品的时候，吃高油脂食品的时候，倒是应当比怀孕前更加小心。虽然孕妈妈需要足够的营养，也不能让自己和宝宝长得太胖，造成孕后期母子双方的无穷麻烦。

为了宝宝和妈妈自己的健康，最好及早改变错误的饮食习惯，注意膳食营养的均衡。新爸妈养成好的生活习惯之后，还能把这种习惯传给宝宝，让他或她终生受益——没有什么是比这更值得努力的事情了！

第二部分　**孕期**　怎样平安养出健康宝宝？

67

● 孕期全程，身体会发生什么变化

怀孕这件事，其实很复杂。精子和卵子相遇的那一瞬间，女性的身体会出现极大的变化——从这一刻起，她变成了准妈妈，在此后近10个月当中，她身体的首要工作任务就是保障小生命的孕育成长，而不再是只顾母体自身。

胎儿不会自己直接吃食物，是靠准妈妈摄入食物，然后通过脐带血和胎盘把各种营养成分运输到胎儿体内。胎儿也不会自己直接去卫生间，而是把废物排到母亲体内，通过妈妈的肾脏来处理各种废物。

为了满足胎儿的需要，母体的血浆和细胞内液要大幅度增容40%以上，由于血液稀释而容易出现贫血，同时心脏负担却会大大增加。母亲的肝脏也非常繁忙，要处理更多的食物成分和代谢中间产物，合成更多的生物分子。同样，肾脏要处理更多的代谢废物，肾小球要加班过滤血液中的成分，工作量会增加50%左右。

在孕期有一个有趣的现象，母亲血液中多种营养素的含量很低，而胎盘中的含量却明显较高。营养素一旦进入了胎盘，就很难再回到母体血液当中。在营养素供应不足时，首先是母亲发生各种缺乏反应，而胎儿的营养需求会首先得到保障。——看了这段话是不是非常感动于母爱的伟大？这就是保障人类代代繁衍不息的护子本能啊！

在孕期中，母体的激素平衡和孕前相比发生了很大变化。雌激素和黄体酮水平上升，母体的合成代谢增强，基础代谢率上升。因为激素的作用，准妈妈的头发浓密，乳腺组织增多使乳房增大，皮肤弹性增强。

孕期妈妈的基础代谢上升，身体蛋白质的合成能力增加，这是因为要合成胎儿组织和妊娠相关组织。孕中后期时血脂会升高，母体和胎儿都在积累脂肪。同时，由于准妈妈的代谢改变，胰岛素敏感性下降，控制血糖的能力下降容易带来胰岛素抵抗问题而发生妊娠糖尿病。

在孕期，原本体重正常的母体会明显增重。这是因为不断增大的胎儿、胎盘、子宫和羊水都是有重量的，母体血容量增加、乳腺发育等也会增加重量。此外，为了给宝宝出生之后的泌乳储备能量，母体还会增加几千克脂肪，主要分布在腹部、大腿和背部。总体而言，体重正常的女性孕期增重10~13kg。

若按11kg来算，大概包括7kg水分、3kg脂肪和1kg蛋白质。

女性孕期的呼吸也会发生变化。胎儿的生长发育需要更多的氧气供应，准妈妈的耗氧量比孕前增加20%以上。然而，由于不断长大的胎儿和胎盘的挤压，横膈膜被上推，准妈妈只能采取腹式呼吸，肺活量减小。特别是原来不锻炼又比较胖的准妈妈会感觉呼吸起来比较累，而那些孕前经常锻炼、肺活量较大的准妈妈在这时就显得很轻松了。

孕期的消化系统也会发生变化。早孕反应往往导致食欲缺乏和恶心呕吐，中后期则因为胎儿和胎盘组织的压迫，胃肠系统受到压迫，肠道运动减慢，容易出现便秘。

这些身体变化情况，都是准妈妈需要提前了解的。下面分段说明孕早期（1~3月）、孕中期（4~6月）和孕晚期（7~9月）的大致变化。

孕 1~3 月

孕早期准妈妈的体形和体重并没有明显变化，肚子也没有明显隆起，因为胚胎还非常小，重量几乎可以忽略，胎盘和子宫的重量也不大。不过，准妈妈的基础代谢率已经开始上升，心率略有增快，乳房开始增大。如果准妈妈孕前体重正常，那么这段时间不必期待体重增加。孕早期明显的体重增加对胚胎发育并无益处，甚至会给准妈妈带来不必要的代谢负担。

在孕早期，由于激素水平的变化，引起胃肠消化液分泌减少，胃肠的运动减慢，孕妇常常会出现食欲缺乏、恶心、呕吐、胀气、便秘等反应。同时，孕妇对各种气味十分敏感，可能会因为炒菜油烟、室内味道而感觉不适，加剧恶心、呕吐等反应。此外，初产妇可能出现的早孕反应包括身体疲乏、后背疼痛、便秘、头疼、情绪低落等，其中身体不适感觉症状较多的孕妇，发生抑郁的可能性较大[36]。

由于前3个月的胚胎还非常小，而且月经停止，因此不需要额外增加能量、蛋白质和脂肪的供应。然而，孕早期的发育阶段极为重要，胚胎对各种不良环境因素和化学污染物特别敏感，对叶酸等微量营养素缺乏也非常敏感。早在第3周，胎儿的神经系统就开始发育了。此时的细胞复制和分裂如果出现一点错误和问题，将来都可能造成严重的后果。研究者们认为，孕期对气味和食物的敏感，是为了让娇弱的早期胚胎避免不良环境影响而形成的一种本能保护机制。

在各种食物当中，孕妇对肉类、鱼类、海鲜和蛋类食物厌烦的情况最为常见。考虑到自古以来，在没有现代化的冷藏、冷冻保鲜技术和灭菌技术之前，这些食物很容易携带有害的微生物和寄生虫，可能会给孕妇带来安全隐患，所以孕妇的食欲缺乏和晨吐可能是一种保护胎儿免受食源性疾病困扰的天然方法。同时，孕妇不喜欢那些油炸、烧烤、爆炒的食物，也会帮助胎儿远离那些可能造成器官畸形的有毒、致癌物质的困扰。相比而言，孕妇对粮食和豆类食物的接受度比较高。

对于健康孕妇而言，暂时食欲缺乏的状况，并不会带来不良的妊娠后果。在对5万多名挪威生育女性的调查研究中发现，仅出现恶心的占39%，出现恶心和呕吐的占33%，还有28%的女性没有明显反应。不过，出现孕吐反应的女性与那些反应不明显的妇女相比，却更不容易发生流产、早产现象，也不容易生出低体重儿[37]。所以孕妇无需为此过度担心。

不过，如果孕妇本来身体瘦弱、营养不良，孕吐又特别严重，孕早期3个月中出现身体减重5kg的情况，孕早期胚胎所需的营养能不能供应充足，还是令人担心的。所以说，备孕环节至关重要！如果能够提前做好备孕期间的营养准备，准妈妈原本身体健壮、营养储备充足，即便孕早期食量下降，也可以安然度过这个时期。

切记：孕早期无需增加体重，对原本体重正常或偏重的孕妇来说，体重明显上升的情况是不必要而且有害的。

孕4～6月

从孕中期开始，子宫、胎盘和胎儿明显增大，准妈妈开始增加体重，腹部逐渐膨大。此时早孕反应逐渐结束，准妈妈胃口慢慢变好，各类食物都能正常食用。

这段时间准妈妈是比较愉快的，身体还不是很沉重，食欲良好，心情也比较安稳。对因为早孕反应而变瘦的一些准妈妈来说，只要孕中期略微多吃点东西，体重很快就能恢复，然后一路上升。

孕中期母体血液明显增容，再加上孕早期营养摄入不足，部分孕妇开始出现贫血症状，需要及时纠正。

由于胎儿的负担，准妈妈的心率和呼吸会明显加快，体弱的准妈妈在活动时容易感觉心跳气喘。由于膀胱受到压迫，也容易出现尿频问题。然而，准妈妈因为这些原因减少体力活动，加上家人鼓励多吃，饮食量增加，食物选择不当，很容易造成体重上升过快和血糖反应升高的问题，特别需要提早控制，而不要等到最后3个月再为此纠结。

孕7～9月

虽然孕妇食欲通常良好，但随着胎儿长得越来越大，胃、肠道逐渐受到挤压，影响胃肠正常蠕动。准妈妈常常出现吃多一点就容易胃胀，但吃过之后不久就感觉饥饿的情况。原来有胃酸反流之类问题的准妈妈，这时可能会感觉症状更为明显。同时，也由于胎儿的压迫，使下腔静脉回流受到影响，再加上肠道运动减慢，准妈妈容易出现便秘和痔疮。

孕期最后3个月身体负担最重，体重增加最快，运动量最少，容易出现各种妊娠并发症，如妊娠糖尿病、妊娠高血压等。同时，由于胎儿在最后3个月体重增加最多，骨骼发育需要大量钙，还要为出生之后储备铁，容易出现钙和铁供应不足的问题。

孕早期如何维持营养供应

早孕反应时要放松心情

在怀孕的前3个月当中，大部分女性会遇到孕吐的问题，食欲缺乏，恶心呕吐，对鱼类、肉类食物不太感兴趣。此时即便想补充营养，难度也很大。其实，油腻厚味的食物暂时不吃，并没有什么遗憾。因为，胚胎发育早期时，胎儿体积还小，对蛋白质和脂肪等的需求非常少，和怀孕之前并没有差异。如果备孕时营养良好，消化正常，就能靠体内营养素的储备（特别是维生素和矿物质等微量营养素）来供应胎儿需要，安全地度过这个阶段。相反，这时候如果大吃大喝，主要都是变成长在妈妈身上的肥肉，对胎宝宝毫无益处。

由于孕早期的胚胎细胞承担着组织分化的重任，对各种化学污染物和病毒的侵害都很敏感。正因如此，孕妇的身体对煎炸熏烤所产生的有毒致癌物质非常敏感，反感那些油炸爆炒的味道，讨厌烟气和环境污染的味道，实际上是对胎儿的一种本能保护。含较多人工色素、香精、亚硝酸盐等添加剂和反式脂肪酸的各种高度加工食品也都应当少吃。

然而，总有很多女性备孕工作尚未做好，身体仍然处在营养不良的状态，便匆匆怀孕。这时，早孕反应有可能会消耗身体的营养储备，因此要更加注意在孕早期尽量多吃一些食物，特别是淀粉类食物。

由于多数人通常是在早上孕吐最为强烈，医生通常会建议准妈妈在下午和晚上呕吐不太严重的时候尽量吃点东西。吐了之后还可以再吃，不要因为有呕吐，就好几个小时一口不吃。食物营养能吸收一点算一点，吐了再吃，别怕麻烦。

无论如何，准妈妈都应当放松心情，因为过度紧张更会抑制消化吸收功能。如果吃饭之后感觉胃里不消化，也可以咨询医生，吃帮助消化的消化酶之类的药物，还可以补充一些复合B族维生素，吃饭的时候和食物一起吃进去，每餐吃1片。无论身体有什么不舒服，为了肚里的宝宝，准妈妈一定要坚韧乐观。

孕早期可以优先选择哪些食物

孕早期最需要补充的食物，并不是大鱼大肉，其实是碳水化合物类的主食。

为什么《孕妇膳食指南》提示，孕吐严重的准妈妈要特别注意摄取淀粉类食物呢？这是因为，如果碳水化合物不足，就会造成身体的蛋白质和脂肪消耗过多，身体内很容易积累"酮体"。酮体是脂肪分解到一半的中间有毒产物，它必须在有足够碳水化合物的情况下，才能继续分解变成二氧化碳和水。有少量酮体的时候，身体能够处理它；但是如果数量太多，就会出现"酮症"，甚至发生酸中毒。对孕妇而言，如果吃不进去任何淀粉类主食，碳水化合物不足，脂肪分解又太快，就很容易出现酮症。有毒的酮体能够通过胎盘，进入胎儿体内，对胎儿的大脑神经系统发育造成损伤，这是非常严重的。

相比于淀粉类食物而言，孕早期少吃点鱼肉蛋类，倒不是最令人担心的事情。这是因为，孕早期消化能力较弱，胃液分泌不足，即便补给很多鱼肉类食物，消化能力也跟不上。同时，早期胚胎也不需要供应那么多蛋白质。

所以，孕早期首先要保证每天至少摄入180g（生重）主食，比如米饭、馒头、面条、面包、豆沙包、小米粥、燕麦片、早餐谷物片、五谷杂粮糊等，都是富含淀粉的。

此外，还可以依据个人口味尽量多吃些蔬菜、水果，以及葡萄干、杏干、干枣、苹果干、无花果干之类的水果干，都有利于补充营养，而且随身携带起来非常方便。喝些原味酸奶也是好主意，其中不仅含有容易消化的蛋白质，还含有不少碳水化合物，既营养全面，又符合孕妇喜欢清爽酸甜口味的特点，携带和饮用也非常方便。

其次考虑供应足够的水溶性维生素，除了叶酸之外，还需要维生素B_1、维生素B_2、维生素B_6等B族维生素，因为它们在体内储藏量小，短期供应不足就容易缺乏。同时，B族维生素如能充足供应，既有利于胚胎发育，又有利于胃肠消化液正常分泌，减轻早孕反应的不适感。如果胃肠能够接受，喝点豆浆和酸奶，喝点小米粥、燕麦粥、玉米糊糊，泡点早餐谷物片都有利于增加B族维生素的供应。口感脆爽的早餐谷物片尤其是准妈妈的好选择，它们大部分经过了营养素强化，其中B族维生素含量比普通主食高，经过膨化或挤压处理后更容易消化，同时也便于携带和食用。

绿叶蔬菜营养价值非常高，其中也富含

钙和镁，对孕妇很有好处。如果可以，尽量吃一些煮软的绿叶菜或者蔬果打成的糊糊。哪怕维生素损失一部分，也值得吃。

在保证碳水化合物和B族维生素供应的基础上，如果有足够胃口，最好能保证蛋白质的基本供应。除了主食之外，可以吃点蛋羹、蛋花汤之类清爽的蛋类食品和酸奶、牛奶等奶制品。如果能吃进去，再加少量肉糜、鱼肉、虾仁等，就能更好地满足营养需求，避免身体肌肉分解。

就食物选择来说，在食欲缺乏的情况下，只要是准妈妈喜欢的食物，只要是天然食物，不必太过苛求品种，能吃进去是最重要的。不要用各种没有根据的禁忌来限制孕妇，弄得本来就胃口不振的准妈妈还要经常战战兢兢地问："这个食物孕妇能吃吗？"

虽然并不提倡吃加工食品，但是如果孕妇感觉吃几口含有一些甜味剂的话梅、陈皮梅、果丹皮之类能促进食欲，吃点泡菜、酸菜、榨菜之类的腌制食品胃里感觉更舒服，或者吃几片少油的苏打饼干能缓解过多的酸水，那么在保证产品安全性合格的前提下，少量吃点也没关系。只不过，千万不要以补充营养作为理由，纵容自己大量吃甜食和加工零食，那是对胎宝宝不负责任的事情。

孕早期不适有办法治疗吗

有综述性文章评述了41项相关研究，结果表明，在涉及孕早期恶心呕吐的各种医疗方法中，针灸治疗和穴位按摩等并没有显著效果，服用姜汤等姜产品的效果不一致，只有部分研究中的效果优于安慰剂。抑制恶心呕吐的药剂，如维生素B_6等，对不太严重的恶心呕吐略有改善效果[38]。

1 孕早期的温馨回忆

若干年过去，珍珍还是时常会回忆起自己当初怀孕的时候。

珍珍的怀孕有点意外。开始她只是觉得自己莫名其妙地有点嗜睡，身体容易疲劳，胃口也变差了，看到食堂的饭菜都没兴趣吃，还以为是生了病。去单位医务室检查时，经验丰富的医生问了几句之后，就建议她去做个尿检。结果证明她怀孕1个月了。

珍珍原本体弱，月经不太规律，四五十天才来一次的情况此前也有过多次，所以这次月经推迟没有引起她的警惕，因为不曾想过自己会这么轻易地怀孕。

珍珍回家之后，就和丈夫商量到底要不要这个孩子。她说：还没有考虑当妈妈的问题，也没有做过备孕的准备呢……本来我身体就弱不禁风的，现在又吃不下东西，真的没信心能把一个胎儿养好哦。

丈夫明明看到化验单之后惊喜无比，他当即用坚实的臂膀抱住珍珍："放心，有我呢！我一定把你和宝宝照顾好！"

看到丈夫的坚定态度，再听到电话里妈妈和婆婆的欢乐语气，珍珍只能乖乖地选择做个孕妇。

本来还只是食欲缺乏，没过几天，就发展成为恶心呕吐了。珍珍中午在单位食堂只能吃些白粥咸菜和白水面条，连炒菜里的一点点油都吃不了。回家之后，她一闻到厨房的油烟味就呕吐不止，以前最爱吃的红烧鱼、炒鸡蛋，她现在连一筷子都不想吃。每天都觉得身体特别疲劳，还有点腰酸背疼，原来活泼的珍珍变得情绪低落，人也显得有点萎靡不振。

眼看珍珍一天天变瘦，丈夫明明可急坏了。为了让珍珍能吃下点东西，为了让珍珍情绪振作起来，他真是使出了浑身解数。

为了不让珍珍闻到油烟味，家里基本不做炒菜。尽管明明最喜欢吃香辣口味的菜肴，但他还是一直陪着珍珍吃蒸煮菜和凉拌菜。他把白菜心和圆白菜切成细丝，把生菜和黄瓜拌成沙拉，把小白菜和菠菜焯过切段，把茄子和豆角蒸熟，加爽口的醋拌成凉菜……这样，让她每天都能吃到好几个品种的蔬菜。

早上喝不下牛奶也吃不下馒头，他就给珍珍打燕麦豆浆，再让她吃脆脆的早餐谷物片，并把谷物脆片和洗净晾干的水果干一起装在食品保鲜盒里，让她带到单位去吃，以便弥补午餐的不足。下班回来后给她吃水果，晚上给她熬百合莲子小米粥，睡前再给她热牛奶、准备酸奶。

吃不下炒鸡蛋和煮鸡蛋，他就给珍珍做又嫩又鲜的鸡蛋羹，以及加了点番茄酱还勾了薄芡的番茄蛋花汤。

吃不下红烧肉和炒肉丝，他就把鸡肉和猪肉碾成泥，加鸡蛋清、淀粉、料酒和姜汁，做成嫩嫩的小肉丸子，再把菠菜焯烫去涩，做成菠菜丸子汤。

吃不下炒豆腐，他就把嫩豆腐微波消毒之后切碎，再加皮蛋末、榨菜末、少量肉松和少量香油，拌成凉拌豆腐。

珍珍很惊讶他什么时候学会把这些菜肴做得这么精致，他只是笑着说："是和朋友们请教学会的。对食欲缺乏的孕妇来说，烹调方法很重要，要变着花样地增加营养，所以必须学啊。"

某天晚上，珍珍躺在沙发上看杂志，突然对明明说："我有点饿了。"

明明高兴地从书桌前跳起来："你难得想吃东西了，告诉我，想吃什么？"

珍珍有点不好意思地说："我突然想吃妈妈包的饺子了……那种虾仁小白菜鸡蛋馅儿的。可是，现在都快十点了，哪儿有饺子啊。算了，我喝点剩的小米粥好了。"

明明急忙说："不晚不晚，家里这些材料都有，我可以马上包啊！"

说干就干，明明马上从冰箱里拿出虾仁微波化冻，同时和好面，再把小白菜择洗干净剁碎，和虾仁、鸡蛋一起做成饺子馅儿。这时候面也饧好了，两个人就说说笑笑地做剂子，包成饺子。等到饺子煮熟，已经十一点多了。

珍珍吃着热腾腾的饺子，一脸喜悦。其实她胃口实在有限，只吃了4个饺子，就又吃不下了。明明把余下的几十个饺子都速冻起来，准备明天再给珍珍吃。全部忙完之后，就到夜里十二点了。

珍珍依偎在丈夫身边说："今天弄到这么晚，真是辛苦你了。我是不是有点儿太任性了啊？"

明明回答说："只要你能吃得开心，只要我们的宝宝健康，我麻烦一点算什么啊。"

就这样，珍珍愉快地度过了孕早期，身体不仅没有变得虚弱，过了前两个月之后，还比怀孕前看起来脸色更好了。后面的孕程也一切顺利，连他们最担心的贫血问题都没有发生，顺产生下大胖小子。

每当珍珍和女友们一起回忆起这些往事，就会满脸幸福地说："虽然我们那时候住在租来的小房子里，甚至连个结婚钻戒都没有买，但是每天都感觉过得特别温馨。他对我的好，让我感念一辈子。我真的没有嫁错人哦！"

● 孕中期的饮食要注意什么

到了孕4~6月的时候，准妈妈通常已经度过了孕吐期，食欲迅速恢复，食量也有所上升。同时，身体还不太沉重，胃肠道还没有被巨大的胎儿所压迫；胎儿也比较稳定，不必卧床保胎，还可以做一些轻松的健身运动。准妈妈应当趁这个大好时期来增加营养素的供应，恢复孕早期食欲缺乏造成的身体亏空，也为胎儿的快速生长做好营养准备。

由于孕4月后胎儿逐渐长大，组织细胞合成旺盛，对营养素的需求量明显高于孕前状态。同时，胎盘和子宫随着胎儿发育而长大，母体也开始适当储存体脂，体重有所上升。所以，按照我国的营养素参考摄入量标准，孕4~6月的热量、蛋白质、多种维生素和矿物质的供应数量都比孕前和孕1~3月有了明显的提升（参见第五部分的营养素参考摄入量数据）。

重要问题 1：预防贫血

孕4~6月常见的问题之一，就是孕妇发生轻重程度不一的贫血。这是因为很多准妈妈在孕前往往不注意饮食健康，吃喝随心所欲，三餐毫无规律，乱吃垃圾食品，原本身体铁储备就比较少，甚至临到怀孕前2~3个月还在节食减肥，基础就没有打好；再加上怀孕前3个月饮食数量明显下降，耗尽身体的营养储备，在孕4月之后，胎儿需求量增加，母体血液扩容，就极易发生贫血缺锌的问题。缺铁的害处尽人皆知，缺锌也会造成多种酶和活性蛋白的生物活性下降，母体抵抗力低下，胎儿发育迟缓。

有关如何解决贫血问题，可以参见备孕饮食部分的相关内容，并参见第五部分中的膳食铁来源数据。

重要问题 2：保证 B 族维生素的供应

由于孕期前3个月主食摄入量不足，肉类、奶类的摄入量也往往不足，而这些食物是B族维生素的主要来源，所以准妈妈也很容易发生多种B族维生素缺乏问题。和发达国家相比，我国膳食中营养强化食品较少，居民摄入全谷杂粮的意识也比较差，只吃白米白面的孕妇在食量减少时相对而言更容易发生B

族维生素的缺乏，特别是维生素B$_1$。这可是影响胎宝宝发育的大事，因为各种B族维生素是身体制造能量和合成各种蛋白质所需的关键物质。

所以说，如果孕前没有充分做好准备，孕早期又食量不足导致营养不良，孕4~6月就是关键的补救机会。主要的措施就是保证每天有蛋、奶和瘦肉或鱼的供应，并在主食中加入1/3~1/2的全谷物、薯类或豆类，来替代白米饭、白米粥、面条等。比如说，用大米小米混合烹制的"金银饭"来替代白米饭，就能轻松地把主食中维生素B$_1$的供应量增加至少1倍。

不能忘记的是，不仅备孕阶段，孕期全程都要补充叶酸（每天400μg），因为孕妇的叶酸需求会比孕前每天升高200μg。缺乏叶酸不仅不利于预防畸形，也会增加孕期贫血的风险。

有关各种B族维生素的食物来源，请参考第五部分中的数据。

重要问题 3：保证碘的供应，但钠不要过量

前面备孕部分已经说到，孕期的碘需求量比孕前增加近1倍，所以，除非每天食用海产品，否则食用加碘盐是明智选择。每人每天吃6g加碘盐不会带来碘过量的问题，却能有效帮助预防克汀病，保证胎儿的神经系统正常发育，避免生出智商低下甚至呆傻的孩子。特别是很少吃动物性食品，又远离海边的孕妇，更要注意预防碘缺乏问题。

实际上人们除了用盐，还会用到其他一些咸味的调味品来供应钠，比如在味精、鸡精和一些发酵咸味调味品中，虽然同样含有钠，但碘的含量很低，因此不能完全用它们来替代碘盐。

还要提示一下，虽然吃碘盐很重要，但盐的总量需要控制，每人每天6g盐最为理想，至少要控制在8g以下，这对预防妊娠高血压、预防水肿、减轻心脏和肾脏的负担都很有帮助。

重要问题 4：保证 DHA 的供应

按我国居民膳食营养素参考摄入量，在怀孕期间，每日需要供应不少于250mg的ω-3脂肪酸，其中不少于200mg来自于DHA。其实，除了DHA本身为胎儿发育所必需之外，摄入充足的鱼类还对孕期有额外的好处。一些有关孕期饮食的研究表明，孕期中摄入充足的鱼类有利于胎儿神经系统的发育，而且能减少

准妈妈在孕期的焦虑和抑郁情绪，减轻孕期胎儿在宫内生长缓慢的风险[39]。

此外，还有一些准妈妈担心，食用鱼类和其他水产品虽然能够获得蛋白质和DHA，但也可能带来水环境中的污染，特别是重金属污染。因此，过多摄入鱼类并不安全。有研究对孕期母亲的鱼类摄入量、分娩时头发中的含汞量和婴儿的认知能力进行了研究[40]，发现孕妇的鱼类摄入量增加时，婴儿的视觉辨认记忆能力较好。每周增加1份鱼类（140g）摄入，视觉辨认记忆分数上升4分；而发汞值每上升1mg/kg，分数下降7.5分。那些摄入鱼的数量超过每周2份，而发汞值低于1.2mg/kg的妈妈，孩子的认知分数最高。吃过多的鱼会增加发汞的数值，从而降低认知分数。还有研究发现，和不吃鱼的孕妇相比，每周吃2份以上的鱼会显著降低多动症相关疾病风险，但如果母亲分娩时的发汞值超过1mg/kg，汞的含量就会影响孩子未来患多动症相关疾病的风险：每上升0.5mg/kg，孩子出现注意缺陷和冲动/多动行为的风险分别上升40%和70%[41]。因此，准妈妈应当选择那些汞含量低的鱼。通常食草鱼的汞含量低于食肉鱼。

重要问题 5：保证蛋白质供应，但同时控制体重增加

为了达到增加营养素摄入的效果，怀孕4~6月时开始需要增加食量，但并不是人们想象的那么多。很多人都问：孕妇不发胖，能得到足够的营养吗？其实孕期需要增加的能量和蛋白质并不多，母亲发胖更不是胎儿正常成长所必需的。

按我国2013年版膳食营养素参考摄入量标准，在孕中期，孕妇每天需要增加的蛋白质和能量分别是15g和300kcal，大约只相当于1个鸡蛋+250g全脂牛奶+20g粮食（1个中等大的鸡蛋约含80kcal能量、6g蛋白质；250g全脂牛奶约含150kcal能量、7g蛋白质；20g大米约含70kcal能量、1.4g蛋白质）。

如果孕妇体重正常，并不需要额外增加炒菜油，也不需要增加各种甜食和点心。吃鱼虽然可以补充蛋白质和ω-3脂肪酸，但也不宜过多，每周有0.5~1kg（带骨、刺、鳞的总量）就可以了，而且应当少用油炸的烹调方法，因为煎炸会较多地破坏其中的DHA。

总之，如果孕中期这个阶段的营养管理做好了，各种营养素供应充足，母体的体能和抵抗力良好，肝肾功能正常，没有贫血问题，同时也没有体重过度增加的问题，那么胎宝宝的正常发育就能得到保障，孕后期也不容易出现各种

风险和意外。

特别关注：孕期不可承受之重

想到孕妇，人们往往不仅会想到膨大的腹部，还会想到圆润的脸和肥胖的身体。正因如此，提到生育，女孩子首先想到的就是身材走样，从苗条轻盈的女神变成腰粗腹圆的胖妇。其实，生育和肥胖并无必然的直接联系，把身材走形归罪于生孩子更是很不公平。造成肥胖的原因，其实是错误的孕期、产后饮食方式和体力活动严重不足的生活状态。

孕妇到底需要长胖多少

按我国的建议，孕中期开始，每周约增加0.3～0.5kg体重，孕期全程大约增加10～13kg。不过，具体增重数据与身体状况有关，在胎儿正常发育的基础上，并没有一个硬性标准。孕前瘦弱的准妈妈宜多增加体重，而孕前超重肥胖的准妈妈宜少增加体重。美国的推荐值是孕期增重20～25lb（1lb=0.45kg），也就是9～11.5kg[42]。

如果准妈妈原本有超重肥胖问题，要更严格地控制增重。一项汇总分析对74000多名各国的超重肥胖孕妇进行了研究，结论是孕前体重较高的孕妇，在孕期应当减少体重增长。对轻度肥胖的孕妇来说，孕期增加5～9kg即可，中度肥胖者增加1～5kg，而重度肥胖孕妇在孕期全程可以完全不增加体重，这样胎儿和母体的健康风险都会比较小[43]。

超重！

准妈妈增重太多的巨大危害

在我国，孕妇肥胖，以及孕期增重过快的害处，往往被孕妇本人和家庭所忽视。人们对孕期体重增加不足的担心，远远超过对孕期体重增加过度的恐惧。很多准妈妈从孕中期开始大吃大喝，孕期全程增加体重15～20kg，甚至增加

30kg的也不乏其人。如果体重增加达不到预期，很多家庭都会忧心忡忡，但对体重过高的情况，却大多安之若素，总觉得"母肥儿壮"，准妈胖点没关系。

孕期母亲体重增加迅速，真的让孩子发育得更好吗？事实并非如此，有研究分析了母亲体重增加和孩子体成分之间的关系，发现准妈妈在孕期体重增加过多时，会增加孩子的出生体重，让孩子更容易成为巨大儿（出生体重超过4kg），但宝宝只是体脂肪含量增加，非脂体重（脂肪以外的有用组织）并不会增加。也就是说，宝宝只是更胖，并不比其他孩子发育得更好，这种效果甚至会持续影响到孩子6~7岁时[44]。

实际上，孕期增重过度之危害，早就是国际上的营养学研究热点之一。大量研究发现，孕期体重增加过多过快，会增加患妊娠糖尿病和妊娠高血压的风险，增加巨大儿和剖宫产的风险，给母亲的生产过程带来更多的危险，而且还会增加母亲未来患糖尿病的风险。

对胎宝宝来说，母亲孕期过度增重也是一个极大的危险。因为研究证明，母亲孕期体重过度增加会带来很多危害，包括出生畸形率上升、出生缺氧风险增大、婴儿死亡率上升等。而且，即便孕妈妈孕前体重属于正常状态，和孕期增重正常的孕妇相比，孕期体重过度增长的妈妈所生的宝宝，更容易发生儿童期和成年期的肥胖，将来也更容易患上心脑血管疾病[45]。还有研究提示，孕期增重过多，还会增加未来宝宝罹患哮喘病的风险[46]。

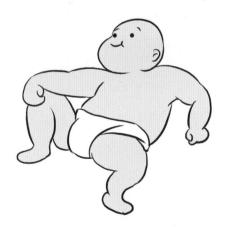

看看我国孕妇肥胖的普遍现状，让人不能不心生忧虑。

人们都知道，孕期最后3个月才是体重增长最快的时期，之所以在孕中期就要考虑体重控制问题，是因为如果在孕中期胃口变好时完全不考虑控制体重增加的问题，到28周糖尿病筛查的时候才开始引起警惕，很可能已经出现体重过度增加和血糖控制能力下降的问题。为了管理血糖，准妈妈后期不得不严控饮食，很容易影响营养素摄入量，不利于胎儿的最佳发育，也给全家带来非常大的压力。所谓"预则立，不预则废"，从孕中期开始提前做好体重管理才是最为明智的。而且有研究提示，在孕期的前半程体重上升过快的孕妇，所生孩子发生肥胖的危险更大一些[47]。

如果说孩子发胖的危险，以及未来患慢性疾病的风险，父母们并不在乎，那么下面这项研究真的不能不在乎，因为母亲的体重增加甚至可能关系到孩子的智商高低和行为发育。一项研究发现，与推荐的孕期增重20～25lb（9～11.5kg）的孕妇相比，孕期增重40lb（18kg）以上的女性所生育子女的智商有6.5分的下降[48]。

还有在32万多名母亲和儿童当中所做的跟踪研究发现，孕期患糖尿病会显著增加孩子患上多动症的危险。患糖尿病的时间越早，孩子患多动症的风险越大。消除其他因素和疾病史之后仍然发现，和健康母亲所生孩子相比，孕26周之前发生妊娠糖尿病的母亲所生孩子患多动症的风险会增加42%[49]。在无糖尿病史的准妈妈当中，孕26周时的妊娠糖尿病风险和孕早期及孕中期的增重有关，因此控制孕期体重增加也是重要的措施。所以，控制好孕期的母体体重，对母子双方的健康都至关重要。

如何控制体重增长

那么，怎样才能够减缓孕期的体重增长速度呢？其实无非是两个方式：管住嘴和迈开腿。

首先，运动能够加强心肺功能，使胎宝宝得到更为充足的氧气和血液供应，对胎儿的大脑发育非常有益；其次，运动能改善消化吸收功能，帮助母子得到更多的营养素；再次，运动也能够预防孕期过度肥胖，并改善胰岛素敏感性，大大降低患妊娠糖尿病的风险。

很多人会问：孕妇真的能运动

吗？这方面国际上已经有很多研究，证明运动对母亲控制体重增加、改善胰岛素敏感性、预防孕期糖尿病、减轻背痛等方面都有很好的作用。运动能改善消化吸收功能，帮助母子得到更多的营养素。运动有利于准妈妈舒缓情绪，改善血液循环，同时也有利于降低新生儿肥胖的危险。运动能够加强心肺功能，使胎宝宝得到更为充足的氧气和血液供应，甚至有研究提示孕期适当运动能促进胎儿在智力和行为方面的发育。

考虑到安全性，美国研究者建议避免有可能发生身体冲撞和跌倒的运动，如篮球、骑马、体操等，避免一个姿势站着不动，也要避免仰卧位的运动，以免影响胎儿的血液供应。在准妈妈感觉体能许可、情绪愉快的前提下，从走路、慢跑、孕妇瑜伽、广场舞、游泳到健身房器械健身都是可以的。强度以心率为每分钟120~150次为度，随着年龄的增加，如40岁以上的准妈妈，健身时的目标心率可以从30岁以下的135~150降低到125~140[50]。

第二个重要的措施，即控制孕期的膳食能量。这其中又包括两方面的内容：一方面是提高食物的营养素密度；另一方面是降低食物的餐后血糖反应。

由于孕期要供应母子双方的营养需求，母体对营养素的需要量明显上升。在这种情况下，要想降低膳食的能量，就需要提高食物的营养素密度。也就是说，单位能量所提供的有用营养素必须增加，即所谓的提高质量，控制数量。

要想把食物的营养素密度提上去，关键措施就是减少能量高而营养素含量低的食物——这样的食物，做到极致，就是所谓的"垃圾食品"。这类食品的主要特征是让人长胖的成分很多，而对人有用的营养成分很少。孕妇的胃容量有限，垃圾食品吃多了，结果就是自己发胖速度快，而胎儿得到的有用成分少。所以，孕期应当尽量少吃各种营养价值低的高度加工食品，比如甜饮料、油炸食品、饼干、薯片、锅巴、膨化食品、糖果等。

同时，还要大力提高所吃食物的营养质量。比如，把一部分白米白面做的主食换成杂粮薯类，把加了油加了糖的主食换成没有油糖的主食，都会提高食物的营养素密度。举例来说，把白米换成黑米来煮饭，能够让米饭中维生素B_1的供应量提高到原来的3倍左右。把白米换成小米来煮饭，能够让米饭中的铁含量提高到原来的5倍左右。但是，一餐中的能量并没有提高，甚至因为这些全谷杂粮的饭比较耐嚼，即便不控制食量，吃的数量也能略有下降。这对需要控制体重增加的孕妇来说，是非常有利的。

2 她不像个孕妇的样子

　　曼曼在28岁时做了准妈妈。她是一个工程师，不仅要对着电脑做图纸，还要经常去工程现场指导施工。刚刚怀孕的时候，领导颇为担心，怕曼曼的孕程会影响工作，甚至拖累工程进度。曼曼只是对领导笑了笑："只要身体情况许可，我一定尽力把工作做好，放心吧！"

　　曼曼虽然身材并不显壮，但骨架比较结实，而且孕前经常健身，体能非常出色。怀孕之后，她仍然坚持每天晚上运动半小时，不是瑜伽就是肌肉练习。虽然怀孕后对油烟比较敏感，做饭的事情由丈夫承包了，但曼曼经常提袋去小区超市买菜，弄得周围的大妈们都替她抱不平："怎么不让你家先生来买啊！"这时她就笑意盈盈地说："他在厨房做饭也很辛苦啦！"

　　上班时，曼曼仍然和平日一样，不坐电梯直接爬上6层楼，同事们都嗔怪她："你这哪里像个孕妇啊！"看她走路还是那么轻松，动作也还是那么敏捷，大家都忍不住赞赏。从体形上来说，她除了肚子大了些，其他地方基本上没长胖，脸上也没有明显的变化。只不过，以前爬楼的时候是两个台阶一起上，肚子大了之后，是一个一个台阶爬。直到怀孕已经6个多月时，她挺着肚子还去了工程现场，这下子倒轮到领导感觉不好意思了。

　　曼曼的饮食也相当平淡，到怀孕4个月以后，除了每天额外加了一杯酸奶、一个鸡蛋，上午、下午各加一个水果或一小把水果干以外，三餐食量和孕前大同小异。她每天都会换着样子地吃点鱼和肉，比如昨天中午在单位食堂吃了两块带鱼，晚上回家再吃些鸡肉；今天中午在单位吃了炖牛肉，晚上回家再吃点番茄虾仁，但仍然是一份鱼肉配三份蔬菜，荤少素多的格局。除了1粒复合维生素矿物质片，什么补品也没吃。

同单位的莉莉也怀孕了。此前她有过一次流产经历，这次为了保胎，她在办公室基本上坐着不动，回家就躺在沙发上休息，连腰都从来不弯一下，家务更是完全不做。从有胃口吃东西开始，每天海参燕窝，顿顿喝汤进补。到了怀孕6个月时，已经胖了十几千克，走路都觉得困难。

其实这样的女士占大多数——如今年轻夫妇的生育能力普遍下降，怀孕就像中奖一样令人惊喜，需要保胎的准妈妈越来越多，使得人们对孕妇的保护意识不断增强。对于准妈妈，家人亲友普遍有两个要求：一是要多吃多补，越多越好；二是要在家安胎，运动越少越好。拼命摄入鸡鸭鱼肉，喝鱼汤、肉汤、骨头汤、猪蹄汤，再加上各种零食塞得满满的，又没有一点体力活动，体重自然一路飙升。体重快速增加，肌肉日益萎缩，心肺功能下降，不仅令孕妇本人沉重疲劳，也会给孕程带来各种危险。

同事们问曼曼："你怀孕之后为什么就这么'皮实'呢？"

曼曼回答说："怀孕本来是一件很自然的事情，孕妇也是健康的人类。看看电视上那些野生动物，有孕在身不是一样又跑又跳吗？吃得太多动得太少，对母子双方都不利。《骆驼祥子》电影里那个虎妞，就是因为饮食过度、运动太少、胎儿太大，造成难产，痛苦两天之后悲惨死去。"

人类在漫长的进化过程中，能够出门坐车、进屋躺倒在沙发的生活，只是最近这几十年而已。在交通完全靠走、家务完全靠手的时代，除了官宦富豪人家的贵妇，普通女性在孕期都要或多或少地做农活、做手工、做家务。农妇们挺着大肚子干活，把孩子生在地里的情况并不罕见。人类之外的野生动物更是如此，非洲草原上的野牛羚羊带着肚里的宝宝跋涉千里寻找新草场的镜头，人们也看得不少了。对于绝大多数健康的孕妇而言，孕期仍然可以正常做强度不大的体力活动。如果只是走走路、做做家务就会流产，那只能证明胚胎质量很差，或者母亲身体状态堪忧，不能承受孕育后代的负担。

怀孕的妈妈只有坚持健身，保持强大的心肺功能和强悍的肌肉力量，才能轻松地承担胎儿带来的负担。再说，孕期不用胡吃海塞，营养用在胎宝宝的发育上就够了，妈妈本人用不着长那么多肥肉。这样，生完孩子之后，妈妈的体形也能很快恢复苗条，多好啊！

特别关注：纠正贫血问题

有很多准妈妈在孕前并没有发现贫血问题，但备孕时食物质量不够高，在最初3个月的妊娠早期饮食营养供应不足，或者消化吸收不良，那么到孕4~9个月时，也有不小的概率发生缺铁性贫血。按照我国卫计委发布的数据，在我国准妈妈中有17.6%的贫血率。所以，备孕是不可忽视的阶段，它对孕期的安全和顺利度过极为重要。

准妈妈发生贫血是一件非常糟糕的事情。前面已经说过，贫血可能严重影响胎儿的发育。再强调一次，全面地说，可能造成以下4个方面的危害。

第一，贫血会导致孕妇对感染性疾病的抵抗力下降，疾病康复能力也明显下降，孕期容易因为这类疾病而影响胚胎发育。国际上的调查数据表明，和没有贫血问题的孕妇相比，贫血准妈妈的妊娠死亡率明显更高。同时，贫血孕妇产后的体力恢复可能比较慢，会影响母亲照顾新生宝宝的能力。

第二，贫血会降低消化吸收能力。由于消化道细胞代谢速度较快，它们对微量营养素营养缺乏最为敏感。消化能力下降之后，直接影响营养素的实际利用率。再加上孕后期由于胎儿和胎盘的挤压，胃肠功能有一定的下降，使胎宝宝更加难以获得足够的营养。

第三，对未来的宝宝来说，贫血会增加胎儿早产和低出生体重的危险。有汇总研究发现母亲产前的血红蛋白含量和婴儿出生体重之间有关系，贫血女性在孕期及时补铁纠正贫血情况，可以降低婴儿出生体重过低的危险[51]。早产和低出生体重都会降低新生儿的存活率，而且可能带来未来宝宝的生长速度较慢、智力发育迟缓等不良后果。

第四，准妈妈贫血，使新生儿体内的铁储备减少。本来新生婴儿应当在肝脏中储备供出生后6个月使用的铁，但由于贫血准妈妈的铁供应不足，婴儿很可能在6个月开始添加辅食的时间之前就发生贫血。这种情况非常容易造成婴儿发育不良，进而影响未来宝宝一生的体质和智力水平。

准妈妈在孕期检查中，如果发现有贫血情况，一定要咨询医生，及时治疗。如果情况比较严重，除了饮食调整之外，还要服用补铁的药物。不过，准妈妈服用药物补铁时有可能发生各种不适反应，比如明显的恶心呕吐，也有可能补充数量过大，造成体内铁水平过高。一些初步的研究结果发现，如果不是每天补充铁剂，而是断续地补充，再配合饮食调整，也能较好地降低缺铁对胎儿和母亲的不良影响，而且不会有体内铁补充过多的风险[52]。

对明显贫血的准妈妈来说，除了服用补铁药物之外，日常的饮食配合也非常重要。而对于那些徘徊在贫血诊断标准边缘的准妈妈来说，只要注意日常饮食，就有很大把握可以避免孕期的贫血问题。

解惑：有关补铁的必备知识

准妈妈问题 1：哪些食物中的铁吸收利用率最高？

食物中的铁分为"血红素铁"和"非血红素铁"两类。所谓血红素铁，就是动物体内血红蛋白或者肌红蛋白所含的成分，它在人体中的吸收利用率特别高，而且吸收利用率稳定，基本上不会受到其他食物中干扰因素的影响。传统所说的"血肉有情之物"其实就是说富含血红素铁的食物。植物性食物中的铁，以及蛋类中的铁，都是"非血红素铁"，吸收利用率明显低于血红素铁，而且容易受到各种抗营养因素的干扰。

在日常膳食中，富含血红素铁的食物包括：

——动物的肝脏、肾脏、心脏，还有禽类的胗子。它们都是深红色的，这说明其中富含血红素铁。虽然人们常常担心动物肝脏和肾脏是"解毒"和"排毒"器官，可能含有污染物，但只要是合格的肉类产品，暂时吃一段时间，每天吃50g，是不会带来麻烦的。如果担心，可以选择无公害或具备有机认证的肉类产品。心脏和胗子完全没有这个污染问题，安全程度和肌肉一样。

——牛、羊、猪、驴等动物的红色瘦肉。生肉的颜色越红，熟后的颜色越偏褐色，其中的血红素铁含量越高。

——各种动物的血。比如鸡血、鸭血、猪血等超市都有出售。

——鸡、鸭、鹅等禽类的肉被称为"白肉"，它们也含有少量血红素铁，但含量较低，所以肉的颜色比较白。相比而言，禽类的颈部、腿部等经常活动的部位肉色相对比较红一点，血红素铁含量也会偏高一些。

不喜欢动物肝脏和动物血没关系，吃鸡心、鸭胗、牛羊肉等也很好，还比较安全。

准妈妈问题2：吃多少红肉才能起到补铁的作用？吃多了不消化怎么办？

准妈妈本来就需要增加蛋白质的供应，平均每天吃75～100g红肉（包括红色的动物内脏）是合适的。这样既能补足蛋白质，又能补充多种B族维生素和血红素铁。要说明的是，这个量是纯瘦肉，不包括肥肉、皮、骨头的重量。如果准妈妈人偏瘦，贫血比较明显，在能正常消化的前提下，不用刻意限制饮食肉类的重量。

如果准妈妈胃肠功能差，对肉类消化不好，则最好把肉分散到两三餐里面吃，而不是一餐当中全部吃掉。比如说，中午吃点肉丸子，晚上再吃点炒肉丝。少量多次地吃肉可以减轻消化系统的负担，也可提高蛋白质的利用率。因为一餐吃太多蛋白质，身体往往难以全部利用，已经吸收的氨基酸会有一部分暂时用不上，变成尿素从尿里面排出去。

考虑到一些肉类质地紧密，不容易嚼碎，消化能力差的准妈妈不妨把红肉、鸡心、鸭胗等剁碎，把鸭肝打成泥，把排骨或羊肉炖烂，这样吃起来比较好消化。

准妈妈问题3：红糖、红枣这些传统补血食品，真的能补血吗？

红糖含一些非血红素铁，但含量有限，摄入量也有限，并不是补铁的主力。不过，如果准妈妈血糖控制能力正常，而且确实需要加糖调味，那么用红糖比用白糖或蜂蜜更有利一些，它至少可以提供一些微量元素。

红枣中的铁不是血红素铁，含量也不够高，但吃炖煮的红枣有利于增加消化液，改善消化能力，同时它也含有少量帮助铁吸收的维生素C，所以尽管不能替代血红素铁的作用，但对缺铁性贫血的准妈妈是有益无害的。实际上，凡是有利于消化吸收的因素，都对预防和改善营养性贫血有好处。

准妈妈问题4：吃蔬菜水果能帮助减轻贫血吗？

虽然绝大多数蔬菜和水果的含铁量比较有限，但它富含有机酸和维生素C，这两者都有利于非血红素铁的吸收。绿叶蔬菜中的叶酸对准妈妈也非常有益，它能帮助预防恶性贫血。部分水果中还含有"杨梅素"这种植物化学物质，能调控"铁调素"蛋白，从而帮助平衡体内铁的分布和代谢，对于预防贫血非常有好处，甚至我国科学家还为此申请了专利[53]。也有研究发现，妊娠期缺铁性贫血可能与铁调素表达的下调有关[54]。所以，准妈妈应当吃足够的绿叶蔬菜，每天吃250g新鲜水果就更好了。含杨梅素较高的水果包括樱桃番茄、葡萄和红提、山楂、龙眼、草莓和猕猴桃等[55]。

当然，说吃点新鲜水果有好处，并不意味着每天吃很多水果。对消化能力比较差的准妈妈来说，过多的水果会影响三餐食物摄入，如果吃了之后有胃胀、腹泻情况，还可能影响消化吸收功能，所以需要量力而行。实在很怕凉的情况下，吃葡萄干、提子干、桂圆肉等水果干也可以，虽然损失一些维生素C，但有利于供应杨梅素，也有利于提高消化功能。

准妈妈问题5：吃菠菜是能补铁还是会造成贫血？网上两种说法都有，很晕啊。

几十年前传说吃菠菜有利于补铁，是因为数据小数点错误，把菠菜的含铁量提高了十倍。毕竟菠菜含有的是非血红素铁，吃它是不能替代吃肉的。同时，菠菜里含有较多草酸，草酸不仅不利于钙的吸收，对非血红素铁的吸收也有妨碍。但这绝不意味着孕妇不能吃菠菜。

相反，只要用沸水焯烫过，去掉涩味的草酸，菠菜是营养价值非常高的蔬菜，对预防贫血有益无害。菠菜中叶酸含量特别高，铁的含量在蔬菜中也是名列前茅的。它所含的维生素K、维生素B_2也是孕妇所需的营养素，其中所含的膳食纤维对预防便秘亦有帮助。

准妈妈问题6：听说吃鸡蛋、喝牛奶都会加重贫血？

鸡蛋中含铁比较丰富，但铁元素的生物利用率确实比较低，大约只有3%，是因为其中含有高磷蛋白，会干扰铁的吸收利用。但是，鸡蛋本身的铁利用率都不是零，它不会妨碍从其他食物中吸收铁。再说，肉类里面的血红素铁是不会受到高磷蛋白影响的。所以，只要每天有足够的血红素铁供应，准妈妈不会因为吃个鸡蛋而导致贫血。

再说牛奶，它倒是有可能干扰铁的吸收，因为奶中富含钙，而过多的钙和铁同时吃进去，会降低铁的吸收率。不过这个问题并不难解决，只要把喝奶的时间和吃富含铁的食物的时间错开就没问题了。比如说，早餐和夜宵喝牛奶，午饭和晚饭吃点肉，就不妨碍了。

准妈妈问题 7：服用补铁药物必须饭前空腹吗？

如果准妈妈遵医嘱服用补铁药物，那么若没有特殊医嘱，最好是用餐刚结束的时候服用。首先，饭后服用能够减少铁剂对胃肠道的刺激。很多准妈妈服用铁剂之后都感觉恶心、呕吐，或者出现腹泻、便秘等问题，如果饭后服用，不良反应就会轻一些。其次，铁剂多是非血红素铁，它们需要胃酸的帮助才能更好地被吸收。饭后胃酸分泌量最大，有利于铁保持离子化状态而被人体吸收。然后，铁剂和食物混合在一起，延缓药物进入小肠的时间，让小肠有机会一点一点地吸收，而不是大量铁同时到达小肠，吸收功能跟不上。

此外也要注意，补铁的药物不要和钙片、牛奶同时服用，最好能错开时间。比如上午喝牛奶，午餐补钙片，晚饭后再服用补铁药物等。只要间隔2~3小时就可以了。

准妈妈问题 8：已经在服用补铁药物了，还能喝茶和咖啡吗？

茶、咖啡、巧克力等都含有大量单宁类物质，它们不利于铁的吸收利用，补铁期间最好少饮或不饮。可乐富含磷酸，也不利于铁的吸收。除了这些食物之外，葡萄籽胶囊、茶多酚补充剂之类的抗氧化物质也不要吃，大部分酚类抗氧化物质不利于铁的吸收。

孕后期容易出现的营养问题

孕后期最容易出现的营养问题包括体重增长过快、血糖控制不佳、贫血、钙摄入不足等。

由于胎儿的代谢完全依赖于母体，肾脏负担也较为沉重，加上胚胎的压迫影响血液、淋巴液的回流，准妈妈常常发生水肿。由于胎儿长大挤压腹部空间，加上体力活动减少，胃容量受到影响，餐后容易胀满；肠道活动减弱，容易发生便秘。这些常见问题，都需要通过合理安排膳食来加以解决。

怀孕7～9个月的孕妇每天需要增加蛋白质30g、能量450kcal，大约相当于100g瘦牛肉+250g全脂牛奶+50g水豆腐+50g水果干（约30g蛋白质、450kcal）。大量喝油汤或大量吃点心甜食，除了育肥之外，对母子双方实在没有丝毫帮助。这时候要注意多补钙、补铁，因为这是准妈妈和胎儿需要量特别大的营养素。大量炒菜油和甜食只会添乱。

都说吃鱼让宝宝聪明，但也不能过量。淡水产品中有机氯农药含量比较高，鱼和海鲜不用每天吃，每次100g就可以。海产食肉鱼含汞过高，每周以不超过1次为好。蔬菜、水果、全谷、豆类、牛奶、豆浆等食物有帮助重金属排出的作用，宜常吃。特别是孕期最后3个月容易便秘，要刻意地多吃些全谷、薯类、蔬菜等高纤维的食物。

认认真真地吃好三餐饭是最重要的，除了维生素和矿物质可以按需增补外，其他补品不是必要的。例如，贫血情况可以服用补铁药物，加上饮食措施就可以管理得比较好；钙摄入量也可以通过饮食供应加上营养补充品来满足。吃医生处方之外的各种药物和保健品，一定要十分慎重，要咨询专业人士。

在7～9个月的孕后期，虽然每周增重快于孕中期，但仍应控制在每周0.5kg以内。在此期间，由于胚胎的不断长大，母体较为沉重，日常锻炼较少的准妈妈体力比较差，血液循环差，加上容易出现水肿之类的问题，在孕后期的体力活动往往会明显减少。如果饮食不加控制，体重过快增加的情况难以避免。相比而言，那些从孕前开始一直坚持运动健身的准妈妈就要幸福得多，她们仍然动作灵敏，身姿矫健，不容易出现水肿，孕后期安全隐患少。由于体能充沛，胎位正的强健准妈妈，自然分娩时表现出的能力也更强。

若孕期体重增长过快，则孩子容易成为巨大儿，增加将来肥胖和患慢性病的危险。在生产的时候，由于肌肉无力，体能太差，很难靠自己的力量正常生产。如今剖宫产技术虽然很发达，但毕竟自然生产最有利于母子双方的健康，产后的恢复速度也与剖宫产完全不同。缺乏锻炼又剖宫产的妈妈们产后必须长时间卧床，恢复速度要比自然分娩慢得多。而且因为全身松垮，体形走样，很多人从此变成胖妇，窈窕风采一去不返。

可能有些妈妈会说，为了孩子我宁愿做胖妇，不在乎那道难看的瘢痕，也不怕产后感染。但是，国外研究表明，剖宫产和自然产相比，婴儿患肥胖、1型糖尿病、呼吸道感染、过敏性疾病和哮喘的比例都会上升。如果能够自然分娩，当然是千百年来的自然生产最有利于母子双方。

而要自然生产，肚子里的宝宝就不能过肥，母亲的肌肉也不能过分松软。宝宝并非越大越好，2500～3500g比较理想。母亲则要尽量强健有力，只要胎位正、骨盆宽，再有带着大肚健走的体能，就不用担心生产时太过费力了。

如果孕期全程营养摄入得好，吃进去的食物则会恰到好处地用在宝宝发育上，宝宝出生时不会过分肥胖，准妈妈身上不长多余的赘肉，而且产后体形也恢复得很快，这才是最理想的结果。

同时，孕后期也是妊娠糖尿病、妊娠高血压等各种麻烦的高发时期。在很大程度上，血糖控制障碍和体重增长之间有密切关联。而血糖控制问题往往是很多准妈妈最大的烦恼。下面就专门讨论一下，孕后期应当如何控制血糖。

管好血糖的关键措施

由于食量的增加和体力活动的减少，孕后期餐后血糖的控制难度增大，患妊娠糖尿病的情况十分常见。目前在我国，妊娠糖尿病已经成为威胁母子健康的重要问题。如果在孕期发生妊娠糖尿病，对胎儿的健康是一个极大的隐患。如果母亲既超重，又有血糖异常问题，那么发生早产、巨大儿、非染色体性遗传缺陷等问题的风险会成倍增长。从母亲的角度来说，即便生育之后血糖指标恢复正常，未来患糖尿病的风险也会几倍到十几倍地高于正常人。

特别要忠告生育第二胎的女性，如果在生育第一胎时曾经患有妊娠糖尿病，那么准妈妈一定要早早开始控制腰围，坚持运动，长期吃控制血糖反应的食物。如果做得到位，则可以平安顺利地度过孕期；如果做得不好，那么发生妊娠糖尿病的危险会比第一胎的孕妇更大。

解决体重增长和血糖控制问题的对策，主要是控制总能量、提高食物饱腹感、降低血糖负荷（GL）、降低食物的餐后血糖波动这几个方面。

一方面，传统上推荐孕期女性食用低热量、低脂肪、高淀粉的食物来控制孕期体重增长。但是这种方式对于曾经有过妊娠糖尿病经历的女性来说效果不佳。因为低热量、低脂肪、高淀粉的食物，如果没有慢消化速度和充足蛋白质食物的配合，很容易令人感觉饥饿。同时，由于精白淀粉食物的血糖波动较大，孕妇容易在控制饮食之后出现低血糖情况，不仅不利于胎儿发育，而且对母子安全也是一个隐患。

另一方面，医生给妊娠糖尿病女性提出的控制碳水化合物的饮食建议，往往也很难取得良好效果。在碳水化合物严重不足的情况下，非常容易出现酮症。血液中酮体水平上升，容易影响胎儿大脑神经系统的发育。

所以，控制总能量的措施，必须要和高饱腹感、低血糖反应相配合才能达到理想的效果。每天的能量摄入水平应当高于1600kcal，最好能达到1800kcal左右。达到这样的饮食能量水平，并采用高营养素密度的食材，才有可能维持基本的饱腹感，其中所含的营养素有可能保证孕后期胎儿发育的旺盛营养素需求。

对于患妊娠糖尿病的准妈妈来说，主要的饮食调整措施包括以下几个方面。

1. 选择低血糖反应（低血糖指数即低GI值）的主食食材。避免食用过多由精白米、精白面粉制作的主食，而部分改为用全谷杂粮和淀粉豆类制作的主食。比如把大米饭换成大米小米燕麦饭，把白馒头换成添加小麦胚芽和大豆粉的全麦馒头，把白米粥换成红豆紫米糙米粥，等等。这样可以在供应充足碳水化合物的同时，把餐后血糖反应降下来。同时，这个措施还能大幅度提升B族维生素和钾元素的摄入量，并且能供应更多的膳食纤维，帮助预防孕后期的便秘问题。

2. 选择大量的绿叶蔬菜，最好在吃主食之前食用。日本在糖尿病患者中进行的研究证明，在用餐时先吃较多的蔬菜，然后一口饭一口菜地配合着吃，要比上来就吃米饭更有利于控制血糖波动[56]。绿叶蔬菜不仅富含维生素B₂、叶酸、维生素K、钙、镁和膳食纤维，还含有大量类黄酮物质，而且烹熟之后饱腹感仍然很强，适合用于血糖控制餐中。蘑菇、香菇、木耳等菌类蔬菜虽然不及绿叶蔬菜的营养素全面，但在增强饱腹感方面也有很好的效果，可以和绿叶菜配合食用。

3. 奶类、蛋类、鱼肉、豆制品和主食配合食用。较多的蛋白质有利于延缓消化速度，提升饱腹感。所以在控制妊娠高血糖的过程中，一定要充分发挥蛋白质食物的作用。碳水化合物有节约蛋白质的作用，主食和蛋白质食物搭配食用的做法，也能保证在食量下降的情况下，优质蛋白质食物能得到充分利用，更有效地用在胎儿生长发育当中。把部分肉类替换为鱼类和奶类对血糖控制有所帮助，因为奶类蛋白质、钙和鱼类所含的ω-3脂肪酸有利于改善血糖控制能力。

4. 降低烹调油脂用量。油脂虽然本身不会变成血糖，但很多研究发现，摄入大量的油脂却会降低胰岛素敏感性。对腹部脂肪超标的准妈妈而言，控制脂肪摄入量很可能和控制精白淀粉一样重要。要远离煎炸食物和添加大量油脂制作的面点和糕点，使用不粘锅烹调，大力减少菜肴中的烹调油用量。日常炒菜油主要是富含ω-6脂肪酸，并不是胎儿发育所急需的ω-3脂肪酸。多数准妈妈自己身上就存有过多的脂肪，足够替代炒菜油来供应给胎儿。建议炒菜油优先使用茶籽油和橄榄油，因为和玉米油、大豆油之类的高ω-6脂肪酸的油脂相比，富含单不饱和脂肪酸的茶籽油和橄榄油更有利于血糖控制。

5. 避免食用甜食、甜饮料和面包、饼干、曲奇、酥点等大部分焙烤食品，即便是号称"无糖"也不要选择。精白淀粉和糖会升高血糖，而即便加的是阿斯巴甜、木糖醇或麦芽糖醇来增甜，也不能解决其中含有大量精白淀粉和大量脂肪的事实，而这两者都对控制血糖不利。

6. 适当限制水果的摄入量。水果是有利于健康的食物，但有些准妈妈听说水果能让宝宝皮肤白，每天吃1kg水果，这是不利于健康的。多数水果的血糖指数不及白米白面高，但却会带来额外的糖分。水果中的蛋白质含量很低，如果吃很多水果而减少主食，则不利于蛋白质供应；如果吃很多水果而不减少主食，则过多的糖不利于控制血糖。所以建议水果每天摄取250g，优先选择血糖反应较低的苹果、桃子、草莓、猕猴桃、橙子等品种。

7. 食物烹调时保持一点咀嚼感，主食不要蒸煮得太过软烂，也不要打糊、打浆、榨汁食用。杂粮打糊、蔬菜打浆、水果榨汁等处理会让食物过于容易消化吸收，消化后产生的葡萄糖会快速进入血液，必然带来餐后血糖上升速度加快的结果。

以上饮食措施综合应用，就可以有效地降低餐后的血糖负荷。如果能够养成这样的饮食习惯，不仅在妊娠期，在以后的生活当中，也能有效地降低患上糖尿病的危险。同时，它们是很好的防肥措施，也是有效保障日常营养供应的措施。

悉尼大学研究者在超重肥胖孕妇中进行的研究表明，在保证整体营养平衡的前提下，低血糖负荷的孕期膳食有利于超重和肥胖的孕妇更有效地控制体重，甘油三酯、血胆固醇和炎症因子C-反应蛋白等指标都会更好。同时，早产率下降，初生婴儿的头围也更大。可见，控制血糖而营养充足的饮食对母子双方的健康均十分有益[57]。

有部分研究并未发现低GI的饮食对出生婴儿有影响，但这些研究发现，孕妇的体重控制得到改善，葡萄糖耐受能力有所上升[58]，或孕妇的餐后2小时血糖水平有所下降[59]。

在膳食中，粮食、淀粉、豆类、薯类、水果、奶类等食物均含有碳水化合物。在悉尼大学的相关研究干预中，特别鼓励孕妇每天摄入的粮食类主食控制在180g的水平上，而增加水果和奶类的摄入量，以此帮助在降低GL的同时，保证足够碳水化合物的摄入量，同时增加维生素的摄入量。混合食物的GI值降低到48～56，同时又有高纤维摄入量，和无营养指导的孕妇相比，已经取得了降低巨大儿比例、降低剖宫产率等效果。有一半本来适用胰岛素治疗的孕妇通过控制食物GI而无需胰岛素的使用[60]。

有文章对有关孕期糖尿病女性血糖控制的随机对照研究进行了综述，分析结果表明低血糖反应的饮食方式确实能够有效降低准妈妈使用胰岛素的比例，而且控制准妈妈的膳食GI值之后，新生宝宝的出生体重也明显下降了，成为巨大儿的风险降低了。相比而言，仅仅限制总能量摄入或者只减少碳水化合物，却并没有得到这样的好效果[61]。换句话说，准妈妈"吃对"要比"吃少"更有意义，吃低血糖反应的三餐，既能保证饮食多样化，避免母亲饥饿，让胎儿得到足够的营养，又能避免妊娠糖尿病带来的各种不良后果。

不过，相关研究结果也提示，孕期糖筛在26～28周进行，似乎已经偏晚。到最后3个月再开始用限制主食GI值、增加膳食纤维等措施来控制血糖和体重增加，效果可能会不够理想。如果能够在怀孕前3个月就判定孕期糖尿病风险，在怀孕4～6个月时开始调整饮食，会更有希望得到好的结果[60]。

此外还有一个忠告，就是患糖尿病的准妈妈一定要注意适当增加体力活动。饭后半小时最好能不坐下，而是站起来活动一下，比如散散步，在家里走一走，做些轻松的家务都可以。这样可以及时消耗血糖，帮助控制餐后血糖高峰的高度。

每周最好能有3～5次有效锻炼，每次运动间隔为3次，每次持续15分钟，然后休息5～10分钟，再继续下一个15分钟，总计45分钟运动即可。近期研究发现运动只要持续15分钟，就能产生效果。对身体沉重的孕妇来说，15分钟运动比连续半小时以上的运动更容易做到，即便15分钟运动分散在一天中的不同时段也可以。运动强度按准妈妈的身体承受能力来定，达到最大心率的60%最好，如果做不到，达到40%~50%也可以。如果有条件，还可以去健身房，在教练的指导下做一做肌肉练习，肌肉强健之后，血糖也会比较容易控制。需要注意的是，餐后2小时运动最为理想，餐前运动时要谨防出现低血糖。

如果有可能，准妈妈可以咨询营养科的医生或者有经验的公共营养师，为自己量身定做个性化的控制血糖营养食谱。有关食物的血糖指数（GI）值分类，请参见第三部分的相关章节。

怎样才能把钙补够

从营养供应的角度来说，孕后期最值得关注的营养素是铁和钙。铁的问题已经充分讨论过了，但钙的供应也不能忽视。在孕期最后3个月当中，胎儿的骨骼生长要储备较多的钙，在出生时，胎儿体内已经含有30g左右的钙，而它们全部来自于母体供应。如果膳食中的钙供应量不足，母亲就需要从骨骼中提取钙元素来满足胚胎的需求，而这样显然会降低母体的钙储备量，增加未来罹患骨质疏松的风险。

小贴士

钙的主要食物来源

——奶类食物。包括牛奶、羊奶等动物奶，酸奶等发酵乳，以及奶酪、炼乳等。产品中的乳蛋白质含量越高，通常意味着钙含量也越高。奶类食物同时还含有促进钙吸收的维生素D和乳糖。

——豆腐类制品。包括卤水豆腐、石膏豆腐、豆腐干、豆腐丝、豆腐千张等。咀嚼感越强，通常意味着钙含量越高。豆腐类食品中同时还含有提升钙生物利用率的镁和维生素K。

——深绿色叶菜。包括油菜、菜心、小白菜、乌塌菜、芥蓝、羽衣甘蓝、苋菜、甘薯叶、豌豆苗等。颜色越绿，叶子质地越致密，通常意味着钙含量越高。绿叶蔬菜中同时还含有提升钙生物利用率的钾、镁和维生素K。

——带骨的小鱼干、海米和虾皮等。鱼骨和虾壳钙含量非常高，但消化吸收率不够高，每天所能吃的量也偏小。如果打粉、切碎食用，不仅能提高消化率，也能作为钙的补充来源。

——坚果和油籽类食物，如芝麻和芝麻酱。植物含油种子含有较多的植酸、草酸等抗营养因素，钙的生物利用率不及奶类和蔬菜，但可以作为补充供应来源。

孕后期每天需要供应1000mg的钙，这个要求可以通过以上几类食物的组合在三餐饮食中实现。同时，吃进去的钙能不能充分利用，还与以下条件有关。

——钾、钠、镁元素的比例。膳食中的钾、镁元素摄入充足时，有利于减少尿钙的流失；而钠元素（食盐）过多时，会增加尿钙的排出量，不利于身体对钙元素的利用。吃足够的蔬果、豆类和薯类，钾、镁元素能够供应充足，有利于钙的利用。

——膳食蛋白质的量是否合理。在钙摄入量偏低的情况下，如果优质蛋白质太少，钙的利用率会下降；但过多的鱼肉蛋类食物也会增加尿钙的排出，故而膳食蛋白质的量应当合理，用少量豆腐配合日常的鱼肉蛋类，比较有利于钙的利用率的提高。

——脂肪是否摄入过量。过多的脂肪在肠道中与钙结合成不溶性的钙皂，从而影响钙吸收。

——维生素K和维生素C是否充足。水果中的维生素C和有机酸都有利于膳食钙的离子化，维生素C本身就是骨胶原形成所必需的。深绿色叶菜中的维生素K是骨钙素的活化因子，它对钙最终沉积到骨骼上很有帮助。

——消化吸收功能是否正常。严重的钙缺乏问题，往往出现在消化不良、慢性腹泻的人当中。不溶性钙的离子化依赖于胃酸，而钙的吸收部位是小肠。如果出现食欲缺乏、胃酸不足、消化道炎症、经常便溏腹泻等情况，都可能意味着身体吸收钙的能力下降了。所以，准妈妈更要注意及时治疗消化吸收不良的问题。

解惑1：膳食补钙的几个顾虑

顾虑 1　蔬菜含有草酸，真能补钙吗？

很多准妈妈问："你说绿叶菜是重要的补钙食物，但听说绿叶蔬菜中含有很多草酸，草酸会与钙结合，影响钙元素的吸收，所以绿叶蔬菜不能补钙吧？"

实际上，草酸几乎存在于所有的蔬菜、水果和植物种子当中，只是含量上差异比较大。实际上，草酸含量高的绿叶蔬菜品种并不多，只有马齿苋、菠菜、苋菜、韭菜、竹笋、空心菜等少数蔬菜，而且具体含量与栽培方式、品种还有关系。大部分常见绿叶菜，特别是十字花科的蔬菜草酸含量非常低，比如钙含量比较高的小油菜、小白菜、雪里蕻，还有芥蓝、芥菜、西蓝花等。国外所做的人体同位素吸收试验也证明，十字花科的绿叶菜钙利用率相当高，有人体研究证明油菜心的钙生物利用率不逊色于奶类[62]。

即便是草酸含量较高的菠菜，只要通过沸水焯烫，也能去掉多半的草酸，从而改善钙的利用率。事实上，绝大部分的蔬菜、水果、种子都或多或少地含有草酸[63]，包括苹果、草莓、猕猴桃等常见水果中也含有草酸，而芝麻酱中的钙甚至主要是以草酸钙的形式存在的。但是，目前的研究和调查表明，它们对骨骼健康都是有益的。多项研究证实，尽管果蔬是草酸的主要来源，但日常膳食中富含蔬菜和水果，对于预防肾结石反而是有益的[64]。

此外，顺便说一句，一方面，富含草酸的食物可以和牛奶、豆制品等富含钙的食物一起食用，所形成的草酸钙并没有那么大的危害。正因为草酸钙不能充分被人体吸收，食物加工烹调过程中草酸与钙的结合，能够降低食物中的可溶性草酸含量，在某种意义上降低了草酸的吸收率，减轻了它对人体消化道的伤害，也减小了患肾结石的风险。

另一方面，草酸是一种极易溶于水的物质，可以通过焯煮处理来除去可溶性草酸。如果吃蔬菜时有涩嘴感，说明蔬菜中草酸含量较高，只需先进行沸水焯烫处理即可放心食用。焯水同时还可以除去大部分有机磷农药残留，安全性更不必担心。所以，给孕妇正常食用绿叶蔬菜是无需顾虑的。

顾虑2　准妈妈主食吃全谷杂粮，会不会影响钙和铁的吸收？

全谷、豆类中含有较高水平的植酸，人们往往会担心，给孕妇食用过多的杂粮豆类，会不会影响钙、铁等微量营养素的供应，发生缺钙、贫血等营养不良问题。

植酸对铁、锌元素的利用影响较大，而对钙、镁元素的利用影响较小。而且，植酸易溶于水，在植物种子萌发的过程中会被分解掉一部分，在发酵过程中也会被微生物所分泌的"植酸酶"除掉一部分[65]。所以，在吃豆类食物的时候，可以通过提前浸泡的方式来降低植酸含量。制作全麦馒头、全麦面包、杂粮发糕等食物，也可以通过发酵处理除去植酸，提高矿物质利用率。此外，全谷杂粮和豆类本身就比白米、白面所含的钙、镁、铁等元素多，即便吸收利用率降低一些，利用的总量仍然会比较高。

所以，这种担心只存在于优质蛋白质食物不足、新鲜蔬菜水果不足和钙摄入过少的情况下，因为这时候钙、铁的摄入量较少，且缺乏帮助它们利用的因素，生物利用率比较低。国际上大部分发达国家都鼓励膳食中添加一半全谷杂粮，未发现有阻碍钙、铁元素利用的后果。

顾虑3 吃高钙食物太多，胎儿头部长得太硬，真的会不容易顺利分娩出来吗？

单靠饮食来补钙时，总的钙摄入量能吃够推荐量就很不容易了，根本不会有超过安全范围的可能性，除非是补钙片过多，否则也不会有因为钙摄入过量造成胎儿头骨长得太硬的问题，所以这种顾虑是没有必要的。需要忠告的是，每日摄入钙的最高限量是2000mg，补钙片和维生素D的量确实需要合理安排，可以咨询医生和营养师。

解惑2：选择补钙品的建议

经常有准妈妈会问："我需要补钙吗？怎么挑选钙片？吃多少合适？"

的确，补钙产品的广告铺天盖地，消费者都会被商家的宣传弄晕：钙量大！含维生素D！含胶原蛋白！口感好！好吸收！……问专家到底该买哪一种，意见似乎也不统一。虽然不能确认每一种产品中钙的生物利用率，但也有些共性的原则可以供准妈妈们在挑选钙片时加以考虑。

先要反思一下自己的饮食质量怎么样。可以咨询营养师，看看膳食钙摄入是否有不足的问题。如果是这样，那么在补充钙片之前，先要考虑增加食物供应量。如果膳食当中钙确实不能供足或者钙不足的情况比较明显，需要用钙营养品来补充，那么不妨注意以下几点。

1. 根据膳食中的钙摄入量，合理制订自己的补钙目标。如果没有奶类，我国居民膳食中的钙摄入量平均在400mg左右，而准妈妈、哺乳妈妈的推荐量都是1000mg。可见适宜的补钙量在200～600mg之间，大部分人补400mg比较合适。

2. 注意产品的钙元素含量。无论是什么产品，都不可能是纯的钙元素，而是某种钙盐，比如碳酸钙或柠檬酸钙。1g碳酸钙中只含有约0.4g钙。绝大多数补钙品会直接注明其中所含钙元素的量，但也可能有些产品写的是钙化合物的总量，这两者不是一回事。如果自己看不明白，可以问问药房工作人员。

3. 维生素D可以帮助钙被人体吸收，因此市售补钙产品中全部加入了维生素D。换句话说，加入维生素D已经不是少数几种补钙品的优点，而是这类产品普遍采用的做法。即便没有做广告宣传，也不等于产品不含有维生素D，看看产品包装上的配料表就明白了。

4. 除了维生素D之外，有些补钙产品加了其他与骨骼健康相关的成分，它们有互相配合的作用，值得关注一下，比如维生素K、维生素C、胶原蛋白等。不过，是否值得买，要看产品的价格是否合理。比如说，如果某种产品因为加了维生素C或维生素K而价格高涨，那还不如买便宜些的钙片，然后再买一瓶复合维生素来配合着吃，这样更为合算，不仅额外增加了其他维生素，而且也没有多麻烦。

5. 有些补钙产品号称加了牛奶、果汁等，口感可能会好一些，但也未见得非常高大上。比如说，仔细看看果味钙片的配料，只不过是加了糖、柠檬酸、香精之类的东西来改善口感。即便是真的果汁，那么1小粒的量也不可能起到实际保健作用。

6. 不要追求钙片的含钙量特别多，最好选择100~300mg的小量钙片，一天分2~3次吃。比如早上一次300mg，晚上一次300mg。研究证明，一次钙摄入量过多，利用率反而有可能降低。同时，每天要按量供应，一天少吃了，另外一天不必刻意"补回来"。服用过多的钙片可能引起副作用，比如胃部不适和便秘。

7. 如果感觉吞咽钙片时卡在食道中不舒服，不妨选择那些每粒体积小一点的，形状比较细长或纺锤形的，比那些粗而大的钙片或胶囊更容易咽下去。也可以选用粉状的补钙品，混在粥、汤、豆浆、糊糊、果汁等液体食品当中喝进去比较方便。若是为了减小剂量而掰开1个大粒的钙片，断开处通常会有尖利的凸起，有可能扎伤食道。所以一定要注意把断开处磨一下，修到圆滑状态再吞下去。

8. 最好在吃饭的时候服用钙片。这样可以最大限度地减少对消化道的影响，不容易发生服用钙片之后胃不舒服或者便秘的问题。钙也好，维生素D和维生素K也好，它们都是营养素而不是普通药物。营养素本来就是食物中的正常成分，所以不用像服中药一样空腹吃，也不需要像多数西药那样饭前或饭后半小时吃。吃完饭马上服1片就可以，甚至吃饭过程中服用也很好。

9. 为了保证钙的吸收率，最好把服钙片和喝牛奶、酸奶的时间分开，因为奶类中已经有了很多钙，而钙的总量大了，单位时间的吸收率就有可能下降。不过，钙片很适合与水果、蔬菜一起吃，因为果蔬中的维生素C有利于钙的利用。少数涩味蔬菜中虽然有草酸，但是焯一下就能去掉大部分，不会明显影响钙的利用。

10. 胃酸少的人，比如患有萎缩性胃炎的准妈妈，或者消化不良、胃酸不足的准妈妈，可以考虑优先选择柠檬酸钙等有机酸钙产品来替代碳酸钙，因为它们不需要那么多胃酸来帮助钙溶解出来变成离子。不过，碳酸钙类产品也并非不能用，可以服用小一点的钙片，再配些果汁、醋、维生素C片等酸性的食物一起吃，就能在胃里帮助钙离子溶解出来了。

需要提示的是，孕后期也同时需要大量的钙供应，而钙片的补充有可能影响铁元素的吸收。因此，如果贫血的孕妇也服用钙片，或食用钙含量很高的食物，那么时间应当与服用铁剂的时间错开。比如说，早上服用钙片或喝牛奶，中午再服用铁剂。好在这一点并不难做到。

小贴士

孕期需要其他营养补充剂吗？

对消化吸收功能正常、孕前健康状况良好的准妈妈来说，单靠营养合理的饮食就能够满足孕期的全部营养需求。不过，研究数据提示有20%～30%的孕妇存在维生素缺乏的情况[66]。维生素B_6的缺乏与妊娠剧吐有关，而且会增加母亲患先兆子痫和婴儿神经系统相关疾病的风险。叶酸的缺乏则可能与贫血、胎儿生长迟缓、多种出生畸形、流产、胎盘早剥等问题相关。纯素食或动物性食品摄入很少的母亲则需要考虑维生素B_{12}是否充足的问题，缺乏它会影响胎儿的正常发育。总之，如果日常饮食中绿叶蔬菜、全谷杂粮或动物性食品不足，孕期适量补充叶酸和其他B族维生素是有益无害的。

近年来国内外有很多研究提示，补充维生素D不仅有利于钙的吸收利用，还可能有利于患妊娠期糖尿病的孕妇改善胰岛素敏感性[67]。故而，准妈妈如果不能经常接触日光，应当做25-羟维生素D水平的检查，必要时在医师和营养师的指导下服用维生素D增补剂。

如果准妈妈孕前存在维生素D和维生素A的缺乏，建议适当进行补充，但没有缺乏问题的准妈妈不必刻意补充维生素A，因为过多补充可能反而增加畸形风险。维生素E虽然有"生育酚"之名，但我国正常饮食中几乎不会发生缺乏，额外补充它并未发现给妊娠带来任何好的影响。有少数研究提示，过量补充维生素可能带来不利影响[68]。因此，孕期补充维生素要格外注意服用剂量，不要超过我国膳食营养素参考摄入量中所规定的安全范围[27]。

对贫血和缺钙的准妈妈来说，遵医嘱补充铁和钙营养品是需要的。缺铁可能影响出生婴儿未来的认知和行为发育，并可能造成低出生体重，而孕期及时补铁可以逆转这种不良影响。不过，对于没有贫血问题、血浆铁蛋白也在正常范围内的孕妇来说，并不建议自己随便服用补铁产品，因为过多的铁可能反而带来早产、胎儿发育迟缓和孕期糖尿病风险增大等问题[66]。西方国家孕妇钙缺乏情况少见，但鉴于我国居民的膳食钙平均摄入量较低，请营养师评估钙摄入量之后，如果发现有摄入不足的情况，孕期每天补充200～600mg钙是安全的，但也不建议过量补充。

DHA从母体向胎儿的输送从孕早期开始，在孕期的前3个月当中，胎儿脑部的DHA的积累速度远超过其他类型的脂肪酸，但是，孕期的最后3个月，胎儿积累DHA的总量却是最大的，每天大约50mg。有部分研究发现，补充DHA可能对孕妇有额外的好处，孕期后半程每天补充600mg的DHA可以减少早产儿和低出生体重的危险[69]。

部分孕妇吃含DHA的补充剂会感觉到恶心、呕吐等胃肠道不适，那就没有必要服用它。前面已经有相关内容说过，每周吃500g鱼就可以充分补充胎儿发育所需的DHA。素食的准妈妈可以通过吃富含α-亚麻酸的亚麻籽油、紫苏子油来部分替代鱼类中DHA的作用。普通人群将α-亚麻酸转化为DHA的效率只有3%左右，而素食者的转化率较高，可高至10%左右。

3 分娩之前的饮食准备

都说生孩子是女人生命中的一道坎。分娩过程非常辛苦，既要克服紧张，忍受阵痛，又要具备充沛的体能。部分准妈妈本来有顺产条件，但因为害怕痛苦或不够自信而选择剖宫产，使我国成为剖宫产率最高的国家。还有很多新妈妈知道自然分娩对母子双方有益，决心自己生宝宝，但坚持了几个小时之后，因为体能耗竭，只能剖宫产子。

目前我国剖宫产率世界领先，其中一部分并不是必需的。据国外研究结果显示，和自然分娩的宝宝相比，剖宫产所生婴儿的呼吸道疾病死亡率增大，发生肥胖、1型糖尿病、过敏性疾病的危险都会上升[70, 71]。剖宫产母亲也更容易发生感染和肥胖等问题。所以，如果能自然分娩，不要仅仅因为怕疼而选择剖宫产。

可见，分娩时怎么吃，能让妈妈具有最好的体能，让生产过程顺利，这是一件大事情。

说到这里，就想起和悦悦当年产子之前的讨论。悦悦有糖尿病家族史，自己学生时代的血糖控制能力就比较差，容易出现低血糖症状。怀孕之后，因为早期有流产征兆，遵医嘱静卧保胎将近两个月，使她体重明显上升，孕后期患上了妊娠糖尿病。

医生告诉她，空腹血糖水平和围产期的各种风险有关，涉及母儿双方的安全，所以必须非常谨慎地控好血糖。准妈妈最好能够每日三餐之后都监测餐后1小时和2小时的血糖。空腹、餐后1小时和2小时的血糖值分别≤5.3 mmol/l、≤7.8 mmol/l和≤6.7 mmol/l是最好的。如果在调整饮食之后，血糖控制得还不够理想，可以考虑适度运动。即便快要生产的准妈妈身体沉重，也可以经常在屋里走来走去，做一些轻松的家务，而不要吃完饭就马上躺在床上或者坐在沙发上。如果血糖控制不达标，那么就要和医生密切联系，避免出现各种意外情况。

悦悦非常注意自己的饮食，而且餐后经常监测血糖，大部分时候都能达标。在最后半个月请假回家待产时，也经常在餐后挺着肚子在家里走来走去，擦桌子、刷碗、收拾屋子。妈妈怕她累着，但她总是笑笑说：这是为了控制血糖呢！

虽然血糖控制的效果不错，但生产之前，她却还是犯了难：分娩时该吃点什么呢？

医生和护士都建议她吃巧克力，理由是巧克力能量高，饱腹感强，能补充体力。可是悦悦觉得巧克力含糖量高达50%，脂肪含量还那么高，自己血糖控制不好，按理说不该吃。由于她没有预订到可以家人陪护的病房，只能独自生产，按点吃三餐显然不能满足身体的需要，但选什么加餐又实在犯难。在犹豫不定中，她给我打电话商量。

我对悦悦说："除了医院的三餐，自己一定要准备食品，阵痛间隙要及时吃几口。你是初产妇，宝宝又比较大，产程可能很长，需要打持久战，绝不能饿着。生孩子比跑马拉松还要累呢，能量消耗太大，不吃东西怎么能有力气呢"。

但是，吃巧克力并不是最为理想的建议。因为巧克力的主要成分是大量脂肪和糖。巧克力里的大量脂肪几乎对分娩没有帮助，因为你自己身上的脂肪就很多，随时可以分解利用，完全无需从外界补充！巧克力中的糖分还是有用的，但是其中的B族维生素含量太低，而如果没有B族维生素的帮助，糖就不能顺畅地变成体能。巧克力里面有帮助的成分是咖啡因，它能让人忘记疲劳，在一定程度上有振奋精神、增加体能的作用。从这个意义上来说，吃巧克力还不如喝点加糖咖啡。

鱼肉海鲜之类在生产时不需要，因为大块蛋白质消化速度慢，供能速度太慢，供能效率低，跟不上趟儿。喝鸡汤是有点用的，因为它含有非常容易吸收的氨基酸、肌酸、肉碱等小分子含氮化合物，以及B族维生素，也能短时间振奋精神。让妈妈给你用保温罐带一罐就可以，但保质期只有2~3小时，你在产房中随时喝热鸡汤恐怕不太方便。

产妇几个小时到十几个小时的产程，就像跑马拉松的运动员一样，需要的是消化吸收最容易、身体代谢负担最小的食物来提供能量。相比而言，淀粉类食物是最能给产妇帮上忙的，它消化吸收快，代谢耗氧少，身体负担最小。虽然悦悦血糖控制得不太好，一次多吃固然不妥，但只要少量多次地吃容易消化的淀粉食物，吃了之后马上能消耗掉，就不会造成血糖水平的大幅波动。

同时，产妇还难免会大量出汗，而汗水会消耗水分、电解质和可溶性维生素。而生产过程中的能量消耗对B族维生素需求甚大，特别是维生素B_1、维生素B_2、烟酸等与能量代谢相关的维生素。

分析之后，我们制订了饮食方案。首先，提前几天服用复合B族维生素，每餐1～2片，一直到生产时，以帮助碳水化合物最顺畅地变成能量。同时，食用消化慢的淀粉类食物，以充实肝糖原和肌糖原。多吃点富含钙的食物，比如酸奶、豆制品、绿叶蔬菜等，能避免神经和肌肉过度紧张。其次，为分娩当天预备好食物，包括能够随时放进嘴里的早餐谷物脆片（通常本身就强化了多种维生素）、脂肪含量较低的面包、罐装八宝粥，以及芝麻糊粉、山药糊粉之类可以随时冲糊吃的淀粉类食物，复合B族维生素片，再准备些盒装牛奶和含电解质的运动饮料，补充因为流汗而损失的钾和钠。在阵痛间隙当中，见缝插针地吃几口，喝几口，但不要一次吃得太猛。

悦悦依计而行，在10小时的分娩过程中保持了充沛的体能。上学时连跑800m都费劲，这次体能却异常充沛，顺产生出3800g的胖女儿。

后来，我把这个临产饮食计划传给了几位朋友，并建议她们在怀孕过程中适度健身锻炼，保持肌肉力量，再加上健康饮食，都得到了很好的效果。要做妈妈的女士们，如果相信千万年来的自然生产更有利于母子双方的健康，不妨参考一下。

准妈妈问题解答一箩筐

问题1：网上说燕麦黏滑会滑胎，荞麦寒凉会不孕，这些东西孕妇真的不能吃吗？

答：吃燕麦会滑胎，吃荞麦会不孕，都缺乏科学依据。吃全谷杂粮能供应更多的B族维生素和维生素E，对于受孕是有好处的。虽然有研究发现全部吃全谷杂粮会降低雌激素的水平，但统计数字表明吃全谷杂粮较多的低收入地区，不育率反而比只吃精白粮食加大量肉类的富裕地区低得多。

荞麦不太好消化，胃肠不好的孕妇可以少吃或不吃，但它对控制血糖却是有好处的，患妊娠糖尿病的女性可以有时用荞麦面替代白米饭、白馒头。燕麦的适应范围更广，经过速食处理的燕麦较好消化，营养价值又高，适合绝大多数孕妇食用；原粒的燕麦米消化速度较慢，浸泡一下之后和大米一起煮饭，口感比较有嚼劲，不适合容易胀气的孕妇，但非常适合需要控制体重和控制血糖的孕妇食用。

问题2：孕妇可以吃菠菜吗？听说会导致胎儿骨骼发育不良？

答：所谓孕妇不能吃菠菜的传说，是怕菠菜中含草酸多，影响钙的吸收。只要用沸水焯烫，去掉多半草酸再吃，就没问题了。欧美国家从无这种禁忌，甚至将菠菜直接拌沙拉生吃，因为人家膳食中不缺钙。其实菠菜是一种营养价值非常高的蔬菜，除了草酸多点，其他方面几乎全是优点，比如富含维生素C、胡萝卜素、叶黄素、钾、镁、叶酸、维生素K等。其中，叶酸对孕妇是非常重要的，维生素K对骨骼发育也是必需的。

问题3：为什么都说孕妇不能喝咖啡，那能喝茶么？

答：几十年前有研究发现咖啡摄入量和孕期前3个月的自然流产率有关，所以通常不建议孕妇在孕早期喝咖啡。一些西方国家的研究认为喝两小杯咖啡并不至于影响孕程，只需限量就好，但因为各人对咖啡因的代谢能力不同，如果孕妇本人对咖啡因敏感，还是以完全避免为好。浓茶虽然没有被发现导致流产，但可能影响植物性铁的吸收率，特别是对很少吃红肉的孕妇来说，不利于预防孕期贫血，所以也不建议常喝。两餐之间喝点淡茶爽口还是不妨碍的。

问题4：听说杏仁有毒，孕妇可以吃杏仁和巴旦木（扁桃仁）吗？

答：只要不是苦杏仁，市售的甜杏仁和扁桃仁孕妇都可以吃，它们所含的毒素微乎其微，而营养价值却很不错。每天1小把去壳果仁的量比较合适。苦杏仁必须经过脱毒处理才能吃，自己不能随便吃。吃苹果、桃、李、杏等水果之后，也不要随便把果仁剥出来吃。其中可能会或多或少地含有和苦杏仁一样的毒素，称为苦杏仁苷或扁桃苷。

问题5：我是个孕妇，每天喝酸奶和牛奶各1杯可以吗？我体重增长偏多，怕奶喝多了体重增长更快。

答：依照现有的营养学研究结果，在喝牛奶和酸奶的同时，略少吃些米面主食，对预防肥胖是有益无害的。酸奶和牛奶富含蛋白质、钙和B族维生素，对孕妇非常有益。所以，如果你没有乳糖不耐受和牛奶蛋白过敏问题，建议继续每天喝牛奶和酸奶。为了预防肥胖，可以考虑减少米饭、馒头、面条之类主食的摄入，饭前吃点水果、蔬菜，两餐之间不要吃饼干、点心之类的零食，烧菜少放油，也不要吃加糖的食物。

问题6：我现在怀孕15周，很喜欢吃鸡蛋，请问每天吃2个鸡蛋可以吗？胆固醇会不会太高？

答：孕中期和孕晚期都需要增加蛋白质的摄入量。怀孕15周处于孕中期，每日应当比怀孕之前增加15g的蛋白质摄入量，相当于1杯牛奶加上1个鸡蛋。所以，在鱼肉类食物不过多的前提下，孕妇每天吃2个鸡蛋是没有问题的。鸡蛋除了富含卵磷脂和胆碱以外，还含有12种维生素，这些对于胎儿的发育是非常有好处的。胆固醇也是胎儿发育所需的物质，并不是有害成分。除了孕妇之外，产妇和哺乳期的妈妈也需要增加蛋白质的供应量，每天吃2个鸡蛋完全没问题。

问题7：我因为信仰问题不吃肉，如果孕期不吃肉，蛋白质会缺吗？可以多吃豆腐来替代肉吗？

答：素食的孕妇不吃肉，就一定要多吃豆腐、豆腐丝、豆腐千张、腐竹等豆制品，以便补充蛋白质。不过，豆制品和肉还是有差别的，因为豆腐里没有维生素B$_{12}$和容易吸收的血红素铁，而这些都是孕期需要充足供应的东西。所以，在增加豆腐的同时，最好要补充含铁和维生素C的复合营养素，因为维生素C可以促进植物性食品中非血红素铁的吸收利用。此外，如果能吃蛋和奶，一定要每天吃个蛋，喝杯奶（牛奶、羊奶、酸奶、奶粉都可以）。

此外，不吃鱼肉还有可能出现锌和DHA供应不足的情况，所以需要特别注意补充坚果、种子类的食物来补充锌，比如瓜子、榛子、核桃、杏仁等，也要注意适当使用亚麻籽油来增补$\omega-3$脂肪酸或服用富含DHA的藻油。

问题8：我是一个怀孕6个月的孕妇，特别喜欢吃水果。孕前血糖正常，妊娠期间血糖高。医生让我把水果停掉，后来血糖倒是恢复正常了。可是夏天不能吃水果真的很难受，而且水果也有维生素啊，完全不吃水果会不会营养不均衡？

答：水果并不是糖尿病患者的禁忌，包括孕妇。不过，吃水果的数量要严格控制，品种也要选择。可以选升血糖比较慢、糖分也不是很高的圣女果、苹果、脆桃子、草莓、橙子等，以每天250g左右（比如1个苹果或1个橙子）为宜。西瓜虽然糖分并不很高，但容易吃过量，一定要限制在250g以内。吃水果的时间不要在餐后，而是放在两餐之间或者和饭菜一起放在餐桌上吃，同时减掉几口主食作为平衡，这样碳水化合物总量就不会超标。此外，注意餐后半小时内不要坐下或躺下，适当散步活动一下，对身体控制餐后血糖有帮助。

问题9：我运动量比较大，每天走路2万步。现在孕36周，胎宝宝2500g，是不是有点偏小？多走路真的很舒服，没有发生水肿，从后面根本看不出我是孕妇，动作很矫健。饮食都很正常，没有发现消化不良和营养不足的情况，就是运动太多，担心宝宝长得偏小。是不是走路多造成胎宝宝长不胖？

答：胎宝宝只要超过2500g就是正常体重儿啦，您现在36周已经2500g，等到39～40周，还会继续长大，所以完全不可能出现低体重情况，不用担心哦。婴儿的出生体重只要达到正常范围就足够了，3800g出生的孩子将来体格智力发育并不一定比2800g出生的孩子好，所以不必和别人攀比谁的宝宝更重。

准妈妈能在整个孕程坚持运动非常赞！只要没有不宜运动的医嘱，平日习惯锻炼的健康准妈妈孕期也不妨每周做3次以上的中强度体力运动，无论跳舞、跳操、游泳、快走、慢跑或健身房锻炼均可，只要不做滑雪、滑板、登山、篮球、足球之类有撞击或跌倒风险的运动就可以。运动让准妈妈心肺功能强大，体能一直保持良好。你临产之前还能行走如风，说明身体功能非常好，肌肉力量强，心肺功能强。有这样强健的妈妈，胎宝宝的质量一定差不了。

问题10：孕34周的准妈妈，有点水肿情况，脚都肿了，穿鞋有点不方便。饮食上要注意什么呢？

答：如果没有其他健康问题，解决水肿问题的对策主要是增加身体活动，改善体液循环。同时要采用控盐饮食，减少体内的水分潴留。水还可以正常喝，但日常调味要尽可能地清淡，不吃咸味重的菜，不喝咸味的汤，不吃咸味的主食。此外，还要增加少油少盐烹调的蔬菜和新鲜水果，它们都能增加钾的供应。主食中用薯类（比如红薯、土豆、山药等）和豆子（比如红小豆、扁豆、芸豆等）替代一半白米饭和白面食品，也能补充相当多的钾元素，有利于减轻水肿情况。这样还能额外得到一个好处，就是大肠活动也非常顺畅，减轻孕后期的便秘问题。

我的健康孕程

//@ 姑苏小放牛：现在怀孕6个月了，坚持你推荐的好方法多年。每天喝杂粮粥，每天吃500g水煮菜，每天坚持运动，早睡早起，怀孕后仍然坚持上班，早上见缝插针跳广场舞，体重增加5kg，身体轻盈，精力充沛，糖耐量非常好，很多人都夸我完全看不出孕妇的样子。

//@ 小精灵飞呀飞：管理身材并不是一件容易的事，是靠毅力的。所以我很佩服那些坚持运动加科学饮食的人，尤其是在孕期。现在怀孕7个月，为了减脂，甜饮料以及各种糕点根本不碰，每天跑步或跳操。

//@ 梁梁牛皮糖：我是一名怀孕35周的孕妇，早期产检血红蛋白略偏低，后来特意改善饮食，进行调整。孕后按您的书籍和订阅菜谱参考饮食，孕前48kg，现在增重7.5kg，B超显示宝宝发育标准不大不小，一直担心的轻微贫血问题也改善了。好多人都问我是怎么做到"长胎不长娘"的，我向她们极力推荐您。

//@ 覃泡泡：我按照您那个孕妇食谱吃，现在25周，只胖了2kg，但宝宝各项发育指标都很好。

//@ **小米慢半拍**：第一次怀孕增重 12kg。第二次怀孕隔了两年半，其间一年运动减肥。二胎我发现增重特别慢，现在 4 个月刚好增重 3kg，原来 3 个月已经胖了 5kg。

//@ **小 C 快跑**：自从关注了您并且学会了科学健康饮食的一系列理念，我于 2014 年 7 月～ 9 月健康减肥 8kg 并且一直未反弹；2015 年 5 月～ 2016 年 2 月处于孕期，坚持锻炼和均衡饮食，做力所能及的事情，亲力亲为，前 38 周增重仅 9kg，母子各项指标良好，无水肿和妊娠纹，宝宝估重 3100g，符合顺产条件。感谢范老师！

//@ **谢小姐的左心室**：我妈和我婆婆，对于我最近两年尤其是怀孕 6 个月以来每天杂粮饭杂粮粥、控制油糖的行为特别不理解，说我肚子小是因为不吃大米饭。昨天做糖筛，医生说我血糖控制得很好，我觉得我会坚持下去！

//@ **你长得如此销魂你妈知道吗**：5 个月孕检检测出 1 型孕妇糖尿病，经过 1 个多月的饮食调理（主食以杂粮饭为主，吃非常多的蔬菜，适量鱼、鸡蛋、牛奶、豆腐等蛋白质，每天水果摄取量不超过 200g），加上运动（散步合计最少 3 小时），今天 6 个月孕检轻了 2kg，血糖值正常，脸色很好，睡眠很棒，没有挨饿，宝宝发育正常，向你报告一下。

//@ 这位太太 008：我是"36 周＋"的二胎妈妈。两次怀孕都是妊娠糖尿病，不同的是第一胎打了胰岛素，而这次怀孕得益于范老师的科学饮食，只吃全谷物和杂粮，精米白面完全不吃，血糖控制得非常好。不仅没有再用胰岛素，空腹、餐后，糖化血红蛋白均达标，体重增长平稳，而且没长肥肉！

//@ 清水微凉着：范老师，从孕前就开始关注您，受益很多。孕期坚持营养均衡，不刻意"进补"，坚持快走、深蹲、举哑铃，偶尔偷偷懒，现在孕 9 月，增重 9.5kg，宝宝各项指标正常，同事都说除了肚子大了，其他地方看不出来是孕妇，状态很好。谢谢您！也谢谢一直照顾我的妈妈，希望宝宝顺利出生，健康快乐！

//@_ 是阿雪雪啊：上周六刚做糖耐测试，空腹血糖、1 小时血糖、2 小时血糖值分别为 4.5、5.4、5.6，都在正常范围内。头天晚上还吃了至少 0.5kg 的水果呢。我想表达的是健康的饮食习惯是需要长期坚持的，很感谢范老师无私的科普！

//@_ 是阿雪雪啊：白米白面对我来说就是祸害呀！现在妊娠期每天粗粮占主食一半以上，有时候全天都是粗粮，都说孕期最容易出现便秘问题，可是人家每天早上都会准时拉屁屁，而且不费劲！之前精细的东西吃得多，拉屁屁没有这么畅快。

//@ 快乐风简：我的宝宝生了。当初我怀孕时有高血压，但注意了饮食，后面很顺利。宝宝生下时 3150g，顺产。产前几天补充了 B 族维生素。阵痛前还吃了饭，所以生得很顺利。现在宝宝 3 个月了，很健康，很好带，全母乳。我们现在几乎不在外面吃饭，都是在家烧，而且少油少盐。我自己恢复得也很好，多带宝宝，当是锻炼。可喜的是，我脸上没有什么怀孕留下的斑，这是注意饮食的功劳吧。我要说的是，谢谢你，在你这里学到了很多知识，对我们来说终身受益啊！谢谢！

哺乳动物的最大特点，就是由母亲给刚出生的幼子准备乳汁。这是给婴儿提供生命最早的、最适合婴儿需要的食物。

第三部分

产后

如何保证泌乳和恢复体形?

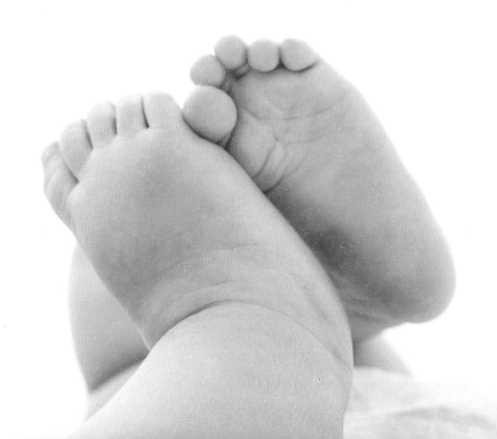

哺乳：新妈妈产后的第一要务

在分娩之后，准妈妈升级为新妈妈。产后第一个月，就是俗称的"月子"。这段时间，新妈妈的子宫和腹壁比较松弛，一段时间之内有恶露排出，产道可能有伤口需要复原，剖宫产的妈妈更有愈合伤口的需要。但是，刚经历了分娩的劳累，新妈妈就立刻面临着一个巨大的新挑战，那就是分泌乳汁。

哺乳动物的最大特点，就是由母亲给刚出生的幼子准备乳汁。作为自然界中最高级的哺乳动物，人类女性的乳房，不仅仅是一个性感装饰而已。它是有实际功能的——给婴儿提供生命最早的、最适合婴儿需要的食物。婴儿奶粉的出现历史只有几十年，而在此之前的千万年当中，唯一适合婴儿的食物就是母乳。那些用其他动物乳汁喂养的孩子，夭折率要高得多，在身体健康和智力发展等方面也不及人类母乳喂养的宝宝。

女性的乳房由乳腺、脂肪组织、结缔组织组成，其中还有血管、淋巴管和神经。其体积大小主要取决于乳腺组织和脂肪组织的数量。在怀孕期间，女性的乳腺组织会增加，使乳房明显增大。新生的宝宝反复吮吸乳房，会刺激乳头神经，作用于脑垂体，使脑垂体前叶释放催乳素，和乳腺中的受体结合，刺激乳腺细胞制造乳汁；同时脑垂体后叶分泌催产素，刺激乳腺管收缩，使乳汁从乳头顺利排出。

可以说，婴儿的吮吸，是刺激泌乳最重要的因素。不要让新生儿离开妈妈，及时吮吸乳房，对产后尽早开奶十分重要。吮吸次数增加时，乳汁的量也会增加。如果没有婴儿的吮吸刺激，几天后乳汁的分泌就会停止。同时，妈妈的心情也很重要。精神紧张、情绪抑郁、身体疼痛等因素，都会抑制乳汁的产生和排出。

新妈妈从产前就应当开始乳房护理，选择舒适的胸罩，经常做乳房按摩，增强乳头和乳晕部位对机械刺激的耐受能力，乳头内陷的女性还应当经常向外牵拉，以便未来宝宝容易吮吸。乳头部位皮肤娇嫩，用洗涤剂和酒精清洗时容易除去

皮脂，造成皱裂，因此只能在用温水擦洗之后涂抹天然油脂，比如橄榄油等。

全家人一定要鼓励新妈妈，让她保持好心情，高高兴兴地喂奶，享受和宝宝肌肤相亲的幸福时刻。特别是新妈妈的婆婆和母亲，不要因为怕新妈妈累着，或者自己想拥有更多时间来与孙儿相处，就反对新妈妈母乳喂养，催促她赶紧断奶换成婴儿奶粉。

初乳是婴儿最宝贵的食物

分娩之后，新妈妈第一周内分泌的乳汁叫做初乳，第1～2周之间叫做过渡乳，以后的乳汁叫做成熟乳。

初乳是黄色的，质地较为黏稠，其中蛋白质含量是成熟乳的2倍左右，含有非常高水平的免疫球蛋白和细胞因子，还含有较高水平的乳铁蛋白、维生素A和锌、铜等微量元素。因为新生婴儿能够直接吸收一些大分子蛋白质，妈妈所提供的大量免疫因子可以直接被宝宝所吸收利用，这是任何奶粉都无法做到的。如果宝宝吸收了其他动物的大分子蛋白质，比如牛初乳中的蛋白质，就会引起严重过敏；而妈妈所给予的是人类免疫蛋白，宝宝是不会过敏的。有营养学家提出，乳汁让妈妈的保护一直延伸到子宫之外，这种保护就是从给宝宝制造初乳开始的。可能因为初乳看起来有点不像"正常的奶"，有些地方的传统做法是把新妈妈的奶先挤掉一部分，再给宝宝吃，这是非常错误的。还有人迷信牛初乳，却不给孩子吃自己的人类初乳，实在是太可惜了。

正因为初乳弥足珍贵，宝宝一定要充分利用它。在没有奶粉的千万年人类进化过程当中，新生儿的第一口食物只有母乳。婴儿在接受第一口食物之后，就容易本能地排斥其他食物，所以孩子的第一口奶必须喝母乳。要及早开奶，反复吸吮，绝不能轻易放弃母乳喂养，随随便便地给孩子喝奶粉。

分娩后开始几天，乳汁的量非常少，甚至有些新妈妈要等一两天才能分泌出乳汁，宝宝会因饥饿而体重略有下降，很多家长怕宝宝饿着，就着急给喂奶粉，也有些家长给孩子喂糖水。其实，产后乳汁不能马上分泌出来，也是常见的现象。正常婴儿在出生之前，都会储存供出生后2～3天用的能量，稍微饿两天并不会出现严重后果。只要让婴儿反复吮吸，绝大多数身体健康的妈妈都能成功做到母乳喂养，让新生婴儿享受到初乳带来的免疫保护。

母乳和牛奶的营养差别

在1周之后，乳汁中的蛋白质含量逐渐降低，脂肪和乳糖的含量逐渐升高，黏度逐渐下降。到两周之后，就是乳白色较稀的乳汁了。这时候，它的蛋白质和钙含量大约是牛奶的1/3，乳糖的含量却高于牛奶。

母乳是人类婴儿的最佳食物，正是因为它是为婴儿量身定制的。人类婴儿毕竟不是小牛犊，宝宝的肾脏并不能处理牛奶中那么高浓度的蛋白质和钙，也很难消化牛奶蛋白质在胃里产生的大凝块。母乳中的各种矿物质吸收率都比牛奶高，脂肪颗粒小，不饱和脂肪酸多，还含有牛奶中含量极少的亚油酸、α-亚麻酸、花生四烯酸和DHA，这些脂肪酸能够帮助大脑神经系统正常发育。母乳中含有大量乳糖，以及微量的低聚糖，有益于培养肠道中的双歧杆菌，也有利于矿物质的吸收利用。

随着人类食品工业的发展，最近几十年出现了婴儿配方奶粉。它是以母乳为模板制作的，目标就是无限逼近母乳的成分和效果。但是，母乳一直被模仿，却从未被超越。准妈妈和新妈妈会经常听到婴儿奶粉的各种广告，其中充斥着各种"新概念"。但事实上，无论多么先进的配方奶粉，都缺少母乳特有的优势——母乳中还含有人类特有的多种酶类、激素、免疫球蛋白、细胞因子等，根据宝宝的生长状况，成分有所微调。奶粉中所含的都是牛或羊的蛋白质，以及牛或羊的激素和细胞因子，根本不可能加入人类的活性酶，也不可能含有人类的免疫球蛋白和细胞因子。不同物种之间，无法"通用"这些活性成分。

世界上很多国家，婴儿奶粉是不能做电视广告的。它的包装上也必须印上"婴儿喂养的最好方式是母乳喂养"之类的话语。医院和妇幼保健机构不能推销婴儿奶粉，它们的责任是教育、鼓励和帮助新妈妈实现母乳喂养。

母乳喂养的巨大优势

所以，世界各国的研究都已经确认，母乳喂养有多方面的巨大好处：

——有利于婴儿的消化吸收。母乳中营养素的吸收利用率总体高于配方婴儿奶粉，较少出现缺铁、缺锌等营养问题，出现消化吸收不良、严重腹泻等问题的比例较低。

——母乳喂养有利于婴儿有益肠道菌群的建立。母乳喂养婴儿大肠中几乎全部是双歧杆菌等有益细菌，而婴儿配方奶粉中即便添加了益生元，婴儿肠道内的双歧杆菌比例也明显低于母乳。仅靠婴儿粪便的外观和气味，即能立刻鉴别出纯母乳喂养婴儿和奶粉喂养婴儿。

——可以增强婴儿的抗感染能力。婴儿免疫系统尚未发育成熟，母乳中丰富的人类免疫球蛋白、人类细胞因子、乳铁蛋白、溶菌酶、双歧杆菌等成分能够给婴儿提供有效的防御系统。母乳喂养的宝宝发生腹泻、坏死性肠炎、呼吸道感染、耳道感染等疾病的危险明显较低。

——母乳喂养可以降低婴儿患免疫功能相关疾病的风险。研究表明，和奶粉喂养婴儿相比，母乳喂养婴儿的过敏和多种免疫相关疾病发病率较低，1型糖尿病风险也较低。

——母乳喂养有利于婴幼儿的情感、行为和智力发育。母乳喂养的过程中，由于母子的身体接触，促进母婴感情交流，有益于婴儿的情绪稳定和智力发育。研究表明母乳喂养时间长的婴儿发生行为障碍的风险较小，认知能力较好。

——母乳有利于后代的长期健康。母乳喂养婴儿发生儿童期肥胖，以及成年后发生高血压、心脑血管疾病的风险均低于奶粉喂养儿。

——母乳喂养安全、经济、方便。母乳不存在奶粉所存在的产品质量问题，也不存在温度不适宜、治病微生物污染等问题。

同时，母乳喂养也有利于母亲的健康。

——母乳喂养能促进母亲的子宫复原，因为婴儿的吸吮能够刺激母体分泌催产素，从而加快子宫的收紧恢复。

——哺乳也能帮助乳房排空乳汁，预防乳房肿胀和乳房炎。

——哺乳能促进母婴感情，把注意力集中在与婴儿肌肤相亲的温馨愉悦时刻，能帮助母亲预防产后抑郁症的发生。

——哺乳有利于重新构建体内的营养平衡状态。如果哺乳母亲的钙利用能力增强，当膳食供应充足时，有利于储备骨钙。同时，由于营养素吸收利用功能增强，合理的哺乳期营养也能使原来营养不良的女性得到更为强健的体质。

——较长时间的哺乳能降低乳腺癌、卵巢癌、子宫内膜癌和2型糖尿病的患病风险。

所以，只有在确认母亲因为身体或工作原因确实无法母乳喂养的时候，才考虑奶粉喂养。《中国居民膳食指南（2016）》中说到，"婴儿配方奶是不能纯母乳喂养时的无奈选择"[72]，而不是有利于母子健康的最佳选择。所以，新西兰、澳大利亚等牛奶资源极为丰富的国家，无一例外都大力提倡母乳喂养。澳洲婴儿喂养指南中第一个建议就是"鼓励、支持和促进6个月内纯母乳喂养"，而且"6~12个月及1岁以后建议继续母乳喂养，因为母乳喂养有益于母婴双方"[73]。建议新妈妈学习母乳喂养相关知识，还可以关注：@母乳大本营 @张思莱医师 等相关网络自媒体的咨询指导。

母乳喂养可能带来的麻烦

如果说母乳喂养有什么麻烦，那就是母乳喂养的妈妈在饮食和治疗上受到一些限制。

母乳妈妈不能吸烟，不能饮酒，不能喝大量咖啡（咖啡因能够进入乳汁，有可能引起宝宝兴奋，影响睡眠），不能吃含有致癌物的熏烤食物，还要远离营养价值过低的油炸食物和甜食饮料。为了保证乳汁的分泌和乳汁的质量，妈妈的饮食内容必须足够健康。

同时，在服用药物的时候需要咨询医生，了解哪些药物有可能影响母乳分泌，以及有可能进入乳汁影响宝宝的健康。不过，这些小小的不便，和母子双方的巨大收益来比较，那真的算不得什么哦。

月子里的营养有什么不同

产后第一个月称为产褥期，俗称"月子"。中国人传统上十分重视"月子"中的营养供应，这是从食物供应不足的时代延续下来的一种习惯，但其中也有一定的科学根据。那么，孕期、产后第一个月和产后1~2年的哺乳期相比，在营养需求方面有什么样的差异呢？

按传统情况来考虑，在产后第一个月当中，产妇一方面要愈合生产过程中产道的损伤，另一方面要保证分泌乳汁，还要补足孕期可能出现的营养储备亏空，同时还有照顾婴儿的辛劳，对各种营养素的需求水平是非常高的，所以需要特殊的营养照顾。此时特别需要补充的包括蛋白质、泌乳和恢复骨骼矿物质密度所需的钙、愈合伤口和分泌乳汁所必需的各种B族维生素，还包括弥补失血和重建肝脏铁储备所需的铁元素。

在我国2014年公布的最新膳食营养素参考值当中，对新妈妈的营养素供应标准是：蛋白质在孕前基础上每天增加25g，钙增加200mg，钾增加400mg，铁增加3mg，锌增加4.5mg，维生素A增加600μg，维生素B_1和B_2均增加0.3mg，维生素C增加50mg。叶酸的建议增加量比孕期略低，从200μg降低到130μg，但仍然比孕前数量增加，继续服用叶酸片或复合维生素片是有益无害的。

和孕期相比，新妈妈产后第一个月少了胎儿生长的需求，多了愈合伤口和泌乳的需求。和后面的哺乳期相比，产后第一个月的乳汁分泌量较少，而且暂时处于月经停止状态，体力活动也比后面大幅度下降，故而在膳食能量方面应按需供应。

由于各国的营养学界都没有给"月子"制定一个单独的营养标准，所以具体的营养素和能量供应量要靠营养师根据实际情况进行调整。总体而言，蛋白质和微量营养素按照哺乳期标准即可满足各种情况的需求，但是，具体要供应多少千卡能量，则需要因人而异，全面权衡。

产后有分泌乳汁的需求，有愈合伤口的需求，这是需要增加能量供应的因素。

产妇不需要再负担沉重的胎儿和附属组织，而且如今的产妇都会得到家人的良好照顾，大部分时间并不劳作，比平日有更多的时间卧床休息，体力活动水平大大降低。这是能量需求减少的因素，也必须考虑到。

同时，产妇在孕期体重已经有所增加，其中身体储备的脂肪组织，或者说身上增加的肥肉，主要就是为了产后分泌乳汁而准备的，它是一个巨大的能量库存，绝对不能忽视。如果孕期增重较多，那么就要在产后减少能量供应，避免继续增肥。

综合以上多方面因素，对大部分产妇来说，月子中的食物能量供应并不需要很高，而重点在增加微量营养素供应。具体供给多高的能量才合适，则要看以下3个方面的因素。

一是看产妇的体重和健康状况。如果孕期增重已经过高，则在保证维生素和矿物质供应的前提下，产后能量供应要比推荐值适当下调，特别是减少脂肪和精白淀粉的供应量——身上储备的脂肪已经够多了。否则，每天卧床不动，还吃得过多，烹调油腻，必然导致体重居高不下，甚至继续发胖，增加此后患上脂肪肝、糖尿病等疾病的危险。反之，如果孕期增重不多，身体偏于瘦弱，消化吸收功能又不好，就要注意趁这个充分休息的机会恢复胃肠功能，增加食物能量和蛋白质的供应，提高维生素和矿物质的摄入量，以保证伤口复原，保证乳汁分泌，并补充此前耗竭的身体营养素储备。

二是看产后的乳汁分泌需求。有些产妇因为种种原因决定不给孩子哺喂母乳，那么哺乳所需的热量就不需要在膳食中考虑。如果按哺乳母亲的热量要求来制作食谱，必然导致身体发胖。如果要保证母乳喂养，就需要充分供应泌乳所需的营养成分，特别是蛋白质、钙和B族维生素等乳汁中分泌量较大的营养素，能量也必须适当提高。特别是初乳中含丰富的免疫相关蛋白质，因此蛋白质的供应量必须保证。

三是看产后的体力活动大小。有些产妇是剖宫产，卧床时间较长；有些产妇是自然分娩，产道损伤不大，较早起床做轻度活动。有些产妇需要自己照顾婴儿，甚至两周之后就开始操持家事，有些则由几个家人轮番照顾，1个月中很少有体力活动。这些都应在个性化订制食谱当中给予考虑，尽量做到能量消耗和食谱供应相平衡，促进产妇最快地恢复正常体形，避免产后发胖。

新妈妈的饮食吃什么

在我国，有关月子里产妇的生活起居，传统规矩特别多。有很多莫名其妙的规定，比如不能开窗户，不能吹风，不能洗澡，不能洗头……其实，大部分的说法在现代生活当中并没有可靠依据。

在生活条件非常艰苦的古代，没有空调，没有暖气，没有热水器，没有淋浴，也没有浴霸。由于营养不良，新妈妈本来就身体虚弱，抵抗力差，如果坐盆浴，不仅容易发生感染，而且水温、室温难以控制，非常容易受凉，所以不让洗澡和洗头也算是有些道理。但是，在生活条件已经改变之后，还遵循这些老规矩，就显得不合时宜了。在闷热的夏天，若空调、风扇都不许用，连开窗通风都不让，新妈妈和小宝宝容易发生中暑，反而有害母子健康。

很多地区有规定，月子里不能吃绿叶蔬菜，不能吃生的水果。同时，新妈妈会被逼着吃很多"规定食物"，比如猪脚汤啊、甲鱼汤啊、公鸡汤啊……天天喝，喝到腻。

实际上，新妈妈食谱的具体内容，要在保障营养供应的前提下，按产妇的消化吸收状况而定。产褥期食物多样不过量，重视整个哺乳期营养。

由于生育过程十分疲劳，部分产妇体力较弱，特别是日常消化能力较低的产妇，产后1~2天中的消化能力更是容易下降。故而，对体弱者来说，产后1~2天如有身体疲惫、食欲缺乏的情况，宜吃容易消化的半流食和柔软食物，比如红枣肉小米粥、南瓜红薯丁糙米粥、醪糟蛋花汤、番茄蛋汤龙须面、蒸苹果、蛋羹、煮鹌鹑蛋或鸽蛋、鸡汤青菜叶小馄饨、暖到体温的酸奶、用豆浆机打的坚果糯米红小豆糊糊等，供应淀粉、优质蛋白质和多种矿物质，调味以清淡而鲜美为好。剖宫产之后1~2天内，也以吃容易消化的流食、半流食为宜，两天内不要吃容易产生胀气的牛奶、豆浆等食物，也不要吃添加大量糖的食物和过咸的食物。3~4天之后，新妈妈消化能力恢复，就可以正常进食了。

产后几天内的新妈妈无需刻意控制或克制食量，感觉没有饥饿，胃肠舒适，消化顺畅就是好的。考虑到产后不久的婴儿尚小，母亲乳汁分泌量总体也较少，只要所供食谱营养平衡状况良好，产妇食量会在1个月的时间内慢慢增加，不必太过着急。尤其不需要大量油腻汤汁，更不要食用油炸熏烤食物。有些家庭怕产妇吃不饱，拼命塞给产妇油腻食物，殊不知这样往往会给消化吸收系统带来过重负担，效果适得其反。

胃口好、需要哺乳又无需减肥的产妇可以按自己的食量吃到饱，能量供应在2000～2300kcal之间均为正常。需要减肥或不哺乳的产妇，可以把热量控制在1700～2000kcal之间。

对需要哺乳的产妇来说，食谱要照顾到哺乳的需要，在不影响主食摄入量的前提下，宜供应较多的水分和汤羹类食物。同时，考虑到产妇体力活动较少，最容易发生便秘问题，还要在不影响消化的前提下，尽量供应充足的膳食纤维，使排便顺畅，减少痛苦。

很多家庭的老人认为新妈妈一定不能吃蔬菜水果，其实尽早给产妇供应煮烂的青菜叶、煮软的薯类和蒸熟的水果很有好处，因为柔软的膳食纤维有利于大肠的正常运动，防止新妈妈发生便秘。新妈妈正常进食之后，就可以像孕前那样每天摄入蔬菜和水果了。

按照我国新发布的《中国居民膳食指南（2016版）》，哺乳期女性应当比孕前增加富含优质蛋白质和维生素A的动物性食物和海产品，饮食要多样化，蔬菜和水果都是鼓励摄入的。避免饮浓茶和咖啡，远离烟酒即可。

月子里的饮食
宜忌有没有道理

问题1：听说月子里不能吃粗粮杂粮，这样会让产妇营养不良？

答：人人能吃到精白米和精白面的生活，只有几十年的历史。古代没有电动碾米机和面粉分层碾磨技术，只能用石臼来舂米，绝大多数人所吃的米，都属于相当粗糙的状态。那时小米饭就算是最精细柔软的粮食了，我国北方地区自古以来有月子里吃小米饭的传统，南方也有吃红小豆的传统，而这些都属于全谷杂粮的范畴。按现在的评价就是人人吃"粗粮"，包括孕产妇在内。所以，假如产妇不能吃这些食物，那么古人就没法生育了。

实际上，小米、大黄米、糙米、燕麦、红小豆等全谷杂粮食物，营养价值远高于精白米。特别是它们含有多种B族维生素，对提升乳汁的营养品质很有帮助。用电饭锅、电压力锅、豆浆机等现代烹调手段，完全可以把它们烹调得柔软可口，让新妈妈吃起来舒舒服服。

问题2：坐月子可以吃蔬菜和水果吗？听说水果性凉，产妇吃了会受寒血瘀？

答：当然可以。蔬菜水果中所含的维生素C是新妈妈非常需要的营养素。维生素C对皮肤和黏膜组织的修复非常重要，而新妈妈要愈合产道的伤口，甚至是剖宫产的伤口，所以蔬菜水果都是必需的。同时，橙黄色和深绿色蔬果中的胡萝卜素能在体内转化成维生素A，它对产道黏膜的健康和乳汁的分泌都是十分重要的。

如果照顾产妇的父母担心刚分娩时消化能力弱，吃冷食不合适，完全可以把蔬菜烹熟，水果蒸熟或煮熟吃。熟吃的水果还有提升食欲、促进消化的作用，也有利于血液循环。如果产妇身体较好，消化能力强，过几天就可以直接吃生水果了。食用水果的数量和正常成年人一样，大约在200～400g即可。具体品种选择，要看产妇的身体反应。凡是吃了之后感觉胃肠不太舒服的，或者有过敏反应的，就不要再吃了。

只是要注意，水果不要在冰箱里存放过。特别是西瓜等瓜果，要注意吃刚切开的。冰箱久存不仅非常凉，而且容易在冰箱里受到污染和滋生耐冷的微生物，引起细菌性食物中毒。此外，刚吃过油腻难消化的食物之后，也最好不要吃大量水果。

问题3：坐月子可以吃很多蔬菜吗？听说绿叶蔬菜特别寒？生吃蔬菜可以吗？

答：可以。月子里需要吃相当多的蔬菜，一方面是为了供应泌乳所需的多种维生素和矿物质，另一方面是为了补充身体所需的膳食纤维。绿叶蔬菜是蔬菜当中营养价值最高的一类，颜色越绿，则营养价值越高，保健成分也越丰富。所以，只要产妇没有不良反应，就可以按正常成年人的数量吃蔬菜，每天500g以上。

对胃肠功能很差的产妇来说，可能有少数蔬菜食用后胃里不太舒服，比如有些人吃了韭菜、芹菜、青椒等感觉胃里不适，还有人吃了黄瓜、苦瓜等感觉肚子不舒服。这些令人不舒服的蔬菜不吃也没关系，因为还有其他很多蔬菜品种可以选择呢。比较老的绿叶蔬菜可以放在鸡汤、肉汤中煮几分钟，味道既鲜美，又柔软易消化。

问题4：我产后掉了很多头发，是不是吃五谷杂粮导致的营养不良？

答：产后因为激素平衡的改变，雌激素水平下降，头发的数量会比孕期有所减少。这是一个正常现象，并不是吃五谷杂粮或蔬菜水果带来的。只要保证营养合理，这个现象无需担心，头发数量逐渐会达到稳定。但如果蛋白质和微量元素摄入严重不足，或者消化吸收不良，有可能造成头发脱落的量过多或者发质明显变差。最好找营养师评价一下自己的饮食是否合理。

此外，有了宝宝之后，一天多次喂奶，往往夜里睡不好觉；新妈妈对有宝宝的生活还不太适应，可能有各种担心。睡眠不足和精神压力也会导致头发脱落加重。不妨在宝宝睡着的时候，妈妈也打个盹儿。如果怕刚吃完饭睡觉不利于控制体重，也可以选择在中午吃饭前和晚上吃饭前小睡半小时，戴上眼罩睡眠效率会更高。等到慢慢适应了做妈妈的生活，宝宝大一点喂奶次数减少，精神压力减小，情况就会慢慢改善了。

泌乳所需的营养是什么？

世界卫生组织和各国营养界大力提倡母乳喂养，特别是婴儿前6个月的营养，最好完全来自于妈妈的乳汁。妈妈的健康状况和营养状况对乳汁的分泌能力有重要影响。所以，新妈妈需要考虑的重要事情是，如何把哺乳期的营养搞好，吃对三餐，保证母乳的营养，也保证自己的身体不会营养透支。

很多新妈妈会问：母乳是不是也有质量差异？是不是有些妈妈乳汁中的营养素偏少呢？

对蛋白质营养不良的女性来说，增加蛋白质供应之后，泌乳量有所提高。在蛋白质摄入不足的时候，乳汁中的蛋白质含量也会略有下降。不过，对健康的新妈妈来说，在我国的正常饮食情况下，这种母乳蛋白质不足的问题极少发生。

相比而言，膳食脂肪摄入情况对乳汁中脂肪成分的影响比较大。新妈妈膳食当中脂肪含量高，母乳中的脂肪含量也会有所上升，显得比较"浓稠"一些，而且脂肪酸的比例接近于食物中的脂肪酸比例。比如说，某位妈妈每天吃很多的牛肉，那么乳汁中的长链饱和脂肪酸的比例也会较高；某位妈妈是素食主义者，只吃植物油、豆制品和坚果作为脂肪来源，那么乳汁中多不饱和脂肪酸比例会较高。如果妈妈吃鱼类较多，那么乳汁中的DHA等ω-3长链多不饱和脂肪酸的含量就会上升。

如果妈妈的膳食当中脂肪非常少，而淀粉类食物比较多呢？那么会有一部分妈妈体内储备的脂肪进入乳汁中，还有一部分人体从葡萄糖合成的中链脂肪酸进入母乳中。

新妈妈三餐中的维生素摄入量和乳汁的质量关系非常密切。

哺乳妈妈的维生素C供应标准比孕前提升了50%，如果妈妈的饮食当中缺乏蔬菜水果，那么乳汁中的维生素C含量就会明显下降，对宝宝的健康有直接影响。所以，妈妈在"月子"里也一定要吃足够的水果蔬菜。

哺乳妈妈的维生素B_1和维生素B_2供应标准都比孕前提升了25%，如果顿顿吃白米饭，几乎不可能达到标准。如果饮食当中缺乏全谷杂粮类食物，只有精白米和红糖水之类精制碳水化合物，还缺乏豆类、奶类和瘦肉，那么乳汁当中的维生素B_1含量就会过低。同时，维生素B_2、维生素B_6的含量也会偏低。

因为婴儿得不到必需的维生素，严重情况下可能出现"婴儿脚气病"，甚至导致猝死。

饮食中的维生素D和维生素K难以大量进入乳汁，它们在乳汁中的含量基本保持稳定，和妈妈的饮食关系不大。维生素E可以和脂肪一起进入乳汁，如果妈妈多吃一点，宝宝就能多得到一些。

如果新妈妈膳食中的锌、锰、硒、碘等微量元素不足，乳汁中它们的含量也会明显下降，增加婴儿发生营养缺乏的危险。一般来说，只要有足够的鱼肉、蛋类、豆类、坚果和油籽，加上碘盐，微量元素发生缺乏的风险比较小。在20多种矿物质中，以铁元素受妈妈饮食的影响最小，这是因为乳汁中含铁很少。

哺乳妈妈的钙供应标准比孕前提升了20%，同时身体对钙的吸收率也会自动升高。实际上，乳汁中钙的含量能够基本保持稳定，不会因为妈妈的饮食而发生明显变化，这是因为在膳食钙严重供应不足的情况下，仅仅靠提升钙利用率仍然无法解决问题，那么母亲会从自身的骨骼中取出钙，保障乳汁的供应。但是，长此以往，母亲就有降低骨质密度的风险，特别是在生育多胎的情况下，更可能增加未来罹患骨质疏松的危险。

看到这里就能理解了，妈妈的饮食是不能任性的，她所吃的东西，不仅影响泌乳的能力，还在很大程度上影响母乳的质量，从而决定着宝宝的健康质量。同时，新妈妈的营养供应不能只考虑婴儿的需求，还要保障母体的健康。

按照《中国居民膳食指南（2016）》中的哺乳期妇女膳食标准，哺乳妈妈的一日食物建议量大致是：谷类250～300g（其中杂粮不少于50g），薯类75g。蔬菜至少500g，其中深绿色和红橙黄色的蔬菜占2/3以上；水果200～400g，鱼、禽、蛋、瘦肉（含动物内脏）总量220g；牛奶400～500ml，大豆类25g，坚果10g，烹调油25g，食盐5g。为了保证维生素A和铁的供给量，最好每周吃1～2次动物肝脏，比如85g猪肝或40g鸡肝。其中禽类的肝脏中维生素A含量更为丰富，而且口感更细腻。

简单来说，新妈妈并不需要大吃大喝。每天主食比孕前增加50g，绿叶蔬菜增加100g，蛋增加1个，奶增加1杯，鱼或肉增加50g，就足够啦。关键是，一定要保证食物的营养品质，避免食用高脂肪、高糖、油炸、熏烤食物，以及低营养价值的高度加工食品。凡是不希望宝宝吃进去的不良成分，妈妈自己就不要吃进去。

哪些食物对泌乳有好处

问题1：下奶就要喝各种浓汤吗？乳白色的汤意味着营养价值高吗？

答：传统上讲究哺乳妈妈天天喝猪蹄汤、甲鱼汤、鲫鱼汤之类下奶，是因生活艰苦，产妇瘦弱，需要补充脂肪来制造乳汁。现在产妇身上脂肪那么多，不一定需要再补脂肪。浓白汤的白色来自于脂肪的乳化作用，所以越浓白脂肪含量就越高。

除非新妈妈真的身体特别瘦弱，长期营养不良，需要增加脂肪，否则喝汤去油，做菜少油，都不会妨碍分泌乳汁。因为在孕期妈妈的体重增加部分当中都会含有一部分脂肪，就是哺乳时候用来应急的。腰腹、胸部、臀部、大腿等部位存了那么多脂肪，随时都可以拿来作为乳汁中脂肪的原料。如果新妈妈每天吃进去那么多炒菜油和汤里的油脂，那么身上存的脂肪何日才能被消耗掉呢？

相比而言，汤里所溶出的B族维生素倒是更值得补充，因为它们和乳汁的质量直接相关。汤里的少量蛋白质有帮助，而汤中的水分也很重要。因为每日分泌800ml乳汁，就意味着自己需要额外喝进去这么多的水分。如果喝少油的汤、羹等，既美味，又补充水分，同时还能补充泌乳所需的营养，当然是最理想的。

所以，如果家人要求喝鸡汤、鱼汤、猪蹄汤，只需去掉上面的浮油，或者用冷冻的方法把乳白色汤里的油去掉，就可以了。有用的成分都不在上面的浮油里，而在下面的水里。

问题2：我家月嫂说，吃杂粮饭，喝小米粥和红豆汤，有利于保证奶水，真的吗？

答：小米、红小豆等都是传统的催奶食物，也是哺乳妈妈的好主食。这些全谷杂豆类食物中维生素B₁、钾、镁、铁、锌等多种矿物质含量丰富，非常有利于提高乳汁质量。只有多吃五谷杂粮饭，才能充足供应。同时，全谷杂豆食物富含膳食纤维，既不容易发胖，又有利于预防产褥期便秘，让新妈妈的肠道畅通舒适，一举多得啊！

网友讨论：//@ 清澄惊艳 2046: 月子里还有哺乳期吃杂粮饭（燕麦＋大黄米＋糙米＋小米＋黏玉米糙＋大米），下奶比猪蹄汤好太多了。

网友讨论：//@-_aH: 坐月子时，月嫂阿姨做了两个月的杂粮饭，每天都喝红豆汤。开始我也不明白为什么，后来奶水多得吃不完，我却一点也没胖！后来换了育婴阿姨，没有再吃杂粮饭，几个月就胖了5kg。现在又开始吃杂粮了，就又瘦了，一天大便两次，一身轻松。

问题3：广东人的传统是怀孕坐月子一定要吃花胶，吃它特别下奶，而且不胖，是真的么？

答：所谓"花胶"，实际上就是大鱼的鱼肚（鱼肚子里的白色泡泡）干制之后的产品。鱼肚蛋白质含量很高，脂肪非常非常少，这是它的主要优点。它在补充蛋白质的同时，不会带来过多的脂肪，当然就不会引起发胖问题。鱼肚的氨基酸亲水性强，煮出来的汤汁很黏稠，口感好，有鲜味，对体弱的新妈妈来说比较好消化。

虽然在正常饮食的前提下额外喝些花胶煲的汤有益无害，但如果不吃鱼肉蛋奶，只用花胶来供应蛋白质，就非常不科学了。花胶中的氨基酸组成和人体的蛋白质相差较大，其中很多重要的氨基酸含量不足。同时，它也不能提供身体所需的多种维生素和矿物质。因此，它不能替代每天2杯奶、100g肉，也不能替代五谷杂粮和蔬菜水果。中国那么大，不吃花胶的地区占大多数，新妈妈们也都能正常哺乳，可见它不是绝对必需的。

问题4：我是个蛋奶素食的新妈妈，如果不喝鸡汤、肉汤、猪蹄汤，只喝牛奶、豆浆和五谷杂粮粥，可以得到制造乳汁所需的营养吗？

答：当然可以。实际上，人类的乳汁尽管和其他动物在成分上有所区别，但毕竟都是乳汁，基本内容一样，都富含钙、蛋白质、乳糖和多种维生素，只是各类营养素的比例有所差异而已。所以，喝牛奶、羊奶，对于人类制造自己的乳汁，显而易见是很有帮助的。

特别是钙元素，靠鸡汤、肉汤、猪蹄汤都不能提供，而牛奶里却非常丰富。所以，《中国居民膳食指南》中推荐哺乳期妇女每天喝500g牛奶或酸奶。牛奶同时还能补充维生素B_1、维生素B_2、维生素B_6和维生素A，这些也是乳汁中含量容易变化的成分。

哺乳期女性需要每天比孕前增加25g蛋白质。增加1个蛋和250g奶，大概可以提供13g蛋白质，半碗米饭大概有3g蛋白质，鱼肉类还要提供9～10g。素食的新妈妈就要从植物性食品中把这10g蛋白质补充进去。喝两杯豆浆，大约可以得到这些蛋白质。同时，豆浆也能帮助补充多种B族维生素。

问题5：在国外生娃，看人家产后都照样吃燕麦片和全麦面包之类的食物，可是我听说麦类食物会回奶，担心会不会影响到乳汁分泌呢？

答：按古代医书中的记载，炒大麦芽有回奶的作用。全麦面包是用小麦粉做的，燕麦片是燕麦粒压成片，它们和炒大麦芽完全不是一种东西，所以无需担心。燕麦片和全麦粉营养价值都很高，特别是维生素含量大大高于精白米。只要你的消化系统乐于接受，没有消化不良的情况，会比吃大米饭更有利于保证乳汁的质量。

热点话题：想吃肝脏，又怕食品安全问题，怎么办？

说到内脏，很多人是又怕又爱。说怕，是怕它们含太多脂肪和胆固醇，也怕它含有污染物；说爱，是因为喜欢它们所含的丰富的微量营养素。

除了颜色淡白的动物肚、肠部分，大部分内脏的颜色是深红色的，特别是肝脏、肾脏、心脏和脾脏。懂一点营养的人都知道，吃深红色的动物内脏，比如肝脏，可以帮助缺铁性贫血的人补铁，因为内脏那紫红色的颜色，是"血红素"所带来的。"血红素"正是内脏、肌肉和血液呈现红色的原因，它的分子中含有铁元素。内脏的颜色深浓，是因为它所含的血红素比肉类中的铁含量更高，其中的铁元素吸收利用率非常高。这也正是"肝补血"之类民间说法的道理所在。

对新妈妈来说，只要每天加两勺肝泥或者几片肝片，1个星期大概吃100g动物肝，每天平均也就15~20g的样子（3~4片而已），就能有效地增加铁元素的供应。除了猪肝之外，鸡肝、鸭肝、鹅肝、羊肝也一样好，鸭胗、鸡心、猪肾（腰子）也不错，只要是深红色的内脏，都有帮助补铁的作用，喜欢哪个口感都可以。

人们还知道，肝脏能帮助部分人改善眼睛的健康，因为动物肝脏中维生素A的含量特别高，远远超过奶、蛋、肉、鱼等其他食物，可有效防治夜盲症、干眼病及角膜软化症等眼部疾病，也能预防棘皮症等皮肤疾病。古代医家记载都提到肝脏能"补血"、"明目"，就是因为维生素A含量高又特别容易被吸收利用的缘故，而维生素A对于乳汁的制造和乳汁的质量也是非常重要的，所以新妈妈一定要保证它的供应。

其实，肝脏的营养价值还不止于此。在动物体内，肝脏是营养素储备的大本营，它含有人体所需的全部13种维生素，其中维生素A、维生素D、维生素B_2、维生素B_{12}的含量特别高。肝脏中蛋白质的含量超过瘦猪肉，铁、锌、铜、锰等微量元素也十分丰富，几乎是自然界当中营养素最全最丰富的食物了。野生食肉动物从来不会放弃这个重要营养来源，捕食后总是把肝脏一起吃进去。

除了肝脏之外，动物的肾脏也含有不少维生素A和维生素D，而普通肉类中它们的含量却很低。若论各种B族维生素含量和微量元素含量，肾脏、心脏和禽类的胗都明显高于普通的肉类。也就是说，它们是营养素含量更高的"红肉"。

有人担心，肝脏中含有过多的维生素A，这种维生素摄入过量的时候也可能让人发生中毒。还有人听说，孕妇坚决不能吃肝脏，因为孕妇摄取过多维生素A会导致胎儿畸形。不过，这种情况只发生在吃得数量过多的情况下，而且不包括心脏、肾脏等其他内脏。

我国居民膳食中通常维生素A摄入不足，多数人达不到推荐量（女性每天700μg，男性800μg）。按我国目前最新发布的膳食营养素参考值（DRIs），健康成年人，包括孕妇，每天吃维生素A的"可耐受最高量"是3000μg。也就是说，3000μg以下的维生素A，就算长年累月地天天吃，也不会引起什么麻烦。

按现有的医学证据，成年人服用超过推荐量100倍的维生素A会发生急性中毒，长期每天服用超过推荐数值25倍的维生素A，也会发生慢性中毒。

按目前鸡肝和猪肝的维生素A含量，一周吃一次，每次50g，得到的维生素A数量分别大致为5000μg和2500μg（这里还没有考虑到可能的烹调损失），只有成年女性每天推荐量的7倍和3.5倍，远远达不到急性中毒的量。把这个数值平均到7天当中，那么只有1倍和0.5倍。也就是说，偶尔吃一次动物肝脏，比如每个月吃1~2次，哪怕吃的量比50g更多，维生素A摄入量也不可能高到中毒水平。如果不是自己乱服维生素A胶囊或者乱喝鱼肝油，仅仅吃几片卤肝就吃出维生素A中毒的说法，属于自己吓自己。

不过，还有一些人害怕内脏，理由是肝脏属于高脂肪、高胆固醇食物。的确，肥鸭肝、肥鹅肝之类育肥动物肝脏的脂肪含量比较高，通常可达10%~30%，和肥牛之类的食物相当。但是，正常肝脏的脂肪含量低于5%，比瘦猪肉还要低，属于高蛋白低脂肪食物。健康的肾脏也是高蛋白低脂肪食物，而心脏的脂肪含量和普通肉类相当。

由于肝脏是生物体中胆固醇合成的场所，它的胆固醇含量通常是瘦肉的3~4倍。100g生猪肝和一个鸡蛋相比，胆固醇还略多一点儿。相比而言，肾脏的胆固醇含量就略低一些，而心脏的胆固醇含量和普通肉类几乎相当，是完全无需担心的。

近年来，各国都取消了胆固醇的膳食限量，我国的新指南和营养素参考摄取量也未对胆固醇进行限制。这是因为人们反复审查了胆固醇与心脏病之间关系的研究，发现并未找到可靠的证据能证明，只要胆固醇吃得多一点，就必然会升高血胆固醇，引发心脑血管疾病。孕妇和母乳妈妈根本无需担心胆固醇的事，因为胎儿发育中的细胞增殖需要大量的胆固醇参与，而乳汁当中也含有胆固醇，即便不吃食物中的胆固醇，身体也会自制胆固醇送到乳汁中。

但是，坊间还流传着"吃肝脏会中毒"、"内脏污染特别大"的说法，这让很多人对它们望而却步。的确，肝脏就像一个巨大的"化工厂"，它是动物体内最重要的营养合成器官，同时也是解毒器官，各种毒素都会送到肝脏去处理；肾脏则是动物体的排毒器官，它也很难避免和毒物打交道。

食物中的营养成分会通过消化吸收变成小分子进入血液，然后再由血液运送到肝脏，进一步合成各种身体所需的物质；而各种毒物也会进入肝脏解毒，通过几种解毒途径，最终将代谢废物和外源毒物转化为无害物质或小分子易溶性物质排出体外。如果动物本身患有疾病，或过量服用药品，或饲料中有过多的重金属和其他难分解的环境污染物，这些成分有可能在肝脏中长期积累。因此，"吃肝脏会中毒"的说法也并非完全危言耸听。

但是，肝脏的这些害处，都是建立在动物本身患病，或过量使用兽药，或饲料水源被污染的基础上。肾脏也一样。食用经过动物检验检疫的合格产品，只要注意控制摄入量和烹调方法，一般来说不会发生中毒。

说到这里，和内脏"和平共处"的方式也就很清楚了。

1. 如果不是贫血缺锌或缺乏维生素A的人，没有必要天天吃肝脏和肾脏。不吃它们的人可以通过吃菠菜、胡萝卜、鸡蛋、全脂奶和多脂鱼类来保障维生素A的供应，也可以通过吃红色瘦肉来获得容易吸收的血红素铁。

2. 孕妇或母乳妈妈因为各种营养素的需求量高于一般成年人，在不会引入大量污染，不超过身体解毒能力的前提下，适当吃一些肝脏，是利大于弊的。从补充数量上来说，最好平均每天不超过20g（相当于满满1汤匙的肝泥），这样既不会维生素A过量，污染物总量也不至于过多，还能有效补充多种维生素。

3. 如果觉得每天吃有点麻烦，可以每周吃两次，每次不超过75g，选择靠谱的超市购买有检验检疫标志的产品。如果可能，选择购买有机、绿色或无公害食品，相对而言环境污染积累的危险更小一些。不要吃发生病变或不新鲜的内脏，而且一定要彻底烹熟，不要因为追求嫩滑口感而吃没熟透的内脏。

4. 在同样的饲养环境下，大型动物如牛、羊等，生长期更长，肝脏中积累的环境污染物相对较多，而鸡和鸭生长期较短，所以以鸡肝和鸭肝的环境污染物积累甚至比猪肝更少，口感也更细腻，所以不必一味追求吃猪肝。

5. 相比于肝脏和肾脏，动物的心脏和禽类的胗子更加安全。它们所含蛋白质的质量上佳，既富含多种微量元素，胆固醇含量又相对较低，B族维生素含量也高于普通的瘦肉。不过，它们不能帮助准妈妈和新妈妈补充维生素A和维生素D，只能替代红色瘦肉食用。

我需要补充营养素吗

问题1：孕期要吃碘盐，新妈妈还需要吃碘盐吗？

答：继续哺乳的新妈妈还要吃碘盐，而且必须在整个哺乳期中坚持吃碘盐。因为孕期的碘需要量增加，哺乳期的碘需要量也增加。妈妈的乳汁中要给宝宝供应碘，所以碘的供应量和孕期相比有增无减，每天比孕前增加120μg，是孕前女性的2倍。除了吃碘盐之外，还建议每周吃两次海产品，比如海鱼、海贝和海带之类。当然，不哺乳的妈妈吃碘盐也没有什么害处，只是无需刻意补充海产食物。

问题2：孕期要补叶酸片，新妈妈也需要补叶酸吗？

答：新妈妈如果不给宝宝哺乳，她的叶酸需要量就会降低到孕前水平，可以不继续补充叶酸。不过，如果她决定给宝宝哺乳，那么就要供应两个人所需要的叶酸，每天比孕前的叶酸供应参考值增加150μg。由于多种营养素的需要量都同时上升，新妈妈可以直接补充复合维生素片，而不是单独补充叶酸片。同时，要记得多吃绿叶蔬菜，其中叶酸含量丰富，而且不会引起过量问题。

问题3：怀孕的时候要补维生素和矿物质，那哺乳期的时候要不要补呢？

答：哺乳期时，妈妈也是吃两个人的饭，而且这个时候宝宝大了，需要量更多。所以对绝大多数营养素来说，哺乳期的需要量不逊色于孕期，甚至更多。比如说，孕期时维生素A只比孕前增加70μg，而哺乳期要增加600μg；孕期时维生素C比孕前增加15mg，哺乳期要增加50mg。孕期只增加2mg锌，而哺乳期要增加4.5mg。钙、维生素B$_1$、维生素B$_2$等营养素，哺乳期和孕中后期是一个水平。

所以说，哺乳期的时候当然也需要注意多种营养素和矿物质的补充。特别是水溶性维生素和维生素A，如果妈妈摄入少了，乳汁当中的含量也会明显下降，宝宝会因此受害。必须说明的是，补充营养素并不意味着非要吃维生素药片，直接从食物中补充更加重要，也更加理想。只是，在母乳妈妈减肥的时候，食物量总会有所减少，适当补充一些营养素营养品可能更有利于预防出现不足的情况。

只有少数营养素例外，例如铁和维生素D。哺乳期补充这类营养素并不能使它们充分进入乳汁中。

问题4：既然乳汁中的维生素D含量和食物无关，是不是哺乳妈妈无需补维生素D？

答：维生素D很难进入乳汁当中，所以妈妈吃维生素D并不能升高它在乳汁中的含量。正因为乳汁中的维生素D不足以供应婴儿的需求，所以婴儿需要额外补充维生素D。然而，维生素D对于母亲保证膳食中钙的利用率是至关重要的。月子里的女性较少出门接触日光，即便月子之后，除了夏季以外，因为衣物遮蔽，皮肤也难以充分接触日光。所以，从日照方式来获得的维生素D通常是不足的。

食物中富含维生素D的品种很少，只有肝脏、肾脏、蛋黄和脂肪高的海鱼，普通鱼肉类食物中的含量都非常低，植物性食物中更是几乎不含有维生素D。所以，为了自己的骨骼健康，哺乳妈妈最好能够额外服用含维生素D的营养补充品。

问题5：孕期的时候已经说到最好能供应一些DHA，哺乳期要不要服用鱼油或藻油之类的产品呢？

答：婴儿也需要DHA来帮助大脑神经系统发育。哺乳期妈妈和孕期准妈妈的DHA供应标准一样，所以只需要参照孕期的做法，每周吃2~3次鱼就足够好了，不一定要服用鱼油或藻油类产品。如果一定要吃它们的话，注意看一下DHA的含量，选择EPA比较低而DHA比较高、没有污染成分的产品。如果服用之后有胃肠不舒服的感觉，就随时停下。

问题6：哺乳妈妈需要补充钙片吗？如果要补，每天吃多少比较好呢？

答：哺乳对钙的需求量特别大，中国的月子膳食中通常没有供应足够的钙，所以一定要注意做到每天摄入500g奶类这一点，牛奶、酸奶、奶粉（500g奶粉=3500~4000g鲜奶）均可，此外还要多吃绿叶蔬菜和豆制品，可以达到1000mg钙的推荐量。如果做不到这些，那么每天补充400mg钙是比较理想的。可以考虑分两次补充，每次200mg，在吃饭或吃水果的时候一起服用最好，不要空腹吃。水果中的有机酸有利于碳酸钙的利用。

问题7：素食的哺乳妈妈需要补充复合营养素吗？如果要补，重点考虑哪些营养素呢？

答：素食并非一定健康，素食的哺乳妈妈食谱中如果没有全谷杂粮和豆类坚果，只吃白米饭、白馒头、白面包加上油炒蔬菜，那么素食者更容易出现营养素缺乏的情况，连维生素B_1都很难供应充足，乳汁的营养素质量难以保证，婴儿容易患上"脚气病"（多发性神经炎）。

素食者的主食一定要含有一些豆类，特别是煮烂后口感好的红小豆、芸豆和鹰嘴豆等，配合小米、燕麦、紫米之类营养价值高的杂粮。每天要吃各种类型的豆制品，包括豆腐、豆腐干、腐竹、豆浆等。大量吃新鲜蔬菜是必须的，特别是深绿色的叶菜，除了补充钙、镁元素和多种维生素外，还能增加少量蛋白质。各种水果干最好每天吃一小把。此外，一定要注意每天吃一把坚果油籽类食物，还要经常吃花生酱、芝麻酱等坚果酱，它们能帮助补充锌元素，锌对新妈妈的伤口愈合和皮肤健康是十分重要的。

然而，严格素食者从三餐饮食中较难补充到维生素D和DHA，也难以获得足够的维生素B_{12}。在三餐之外，如果能够适量补充复合维生素矿物质制剂，其中含有多种B族维生素、维生素D、锌、铁、DHA等营养素，对预防营养素缺乏是有益无害的。

产后的"体重滞留"值得担心吗

很大一部分国人潜意识里都支持这样一种说法：生孩子会令女人发胖。孕期增重似乎不可避免，但生完孩子之后，孕期所增加的脂肪往往长期缠绵不去，让很多妈妈的体形从此改变，从弱柳扶风的状态，变成腰粗腹肥的状态。在科学研究中，将这种产后一段时间之后体重还是难以恢复孕前状态的情况，称为"产后体重滞留"（postpartum weight retention），民间的通俗说法就是产后发胖。

比如说，晴晴的孕前体重是52kg，她分娩前的体重是65kg，胎儿3.5kg，分娩后的体重是60kg，而分娩一年后的体重是57kg，比孕前高了5kg，这就是产后体重滞留的情况。不过，体重滞留不一定就是坏事，这要考虑两个因素。

首先，新妈妈孕前是什么体重状况。如果孕前瘦弱，因为生育而增加了体重，达到了正常范围，那毋庸置疑地讲产后增重是好事。比如说，晴晴身高1.72m，在孕前体重52kg时，BMI只有17.58，在瘦弱范围当中；到了57kg时，BMI是19.26，在正常范围当中。所以，晴晴的增重当然不是坏事。

和晴晴一样重的梅梅，身高只有1.55m，她孕前也是52kg，BMI是21.64，是略感丰满的正常状态；产后一年时体重也是57kg，BMI是23.72，已经达到了接近超重（BMI 24以上）的状态。这可就不一定是好事了。

其次，要看体成分和综合体质的变化如何。比如说，晴晴在生了宝宝之后，虽然不再是"A4腰"，腰腹上有了点肉，但没有明显的"游泳圈"。她变得丰满妩媚了，脸色红润了，体力也变好了。孕前她自己上四楼都有点气喘吁吁，现在抱着5kg重的婴儿爬四楼也不会很喘。这就更说明，晴晴的体重变化并不只是增加脂肪，而是肌肉也增加了，体成分没有不良变化。

相比之下，梅梅原来就很有力气，她生宝宝之后，却觉得不如原来体力好了。肚子上长了"游泳圈"，看起来就是个中年妇女的样子了。这说明，她的增重中脂肪所占比例很大，而且腰围增大、内脏脂肪增加，这是生理年龄增加、慢性病风险上升的一个表现。当然，这也是产后体重滞留最让人担心的不利影响。

有国外的长期跟踪调查研究发现，产后6个月如果能够及时恢复孕前体重，那么10年之后女性的体重增加平均值为2.4kg；如果产后6个月还不能恢复体重，那么10年后体重平均增加值达8.4kg之多。可见，产后能不能及时恢复体重，是远期发生肥胖的一个预警。在被调查的生育女性中，孕期增重超过理想范围的人，6个月后恢复体重的比例明显较小[74]。还有研究发现，和孕期增重推荐值相比多3.6kg以上的女性，腰围增加3.2cm，腹部肥胖风险增加3倍[75]，这意味着生育带来的肥胖主要是增加了内脏脂肪，将来罹患糖尿病和心脑血管疾病等慢性病的风险会明显增加。

国内小规模调查发现，产后第4～8个月体重比孕前增加5kg以上的新妈妈占53.4%，而且孕期增重多，超过推荐值的新妈妈，产后的体重滞留情况也比较严重[76, 77]。和孕期一直坚持劳动的传统农村女性相比，在生活条件良好的都市女性中，产后增肥的情况更为严重。有研究发现，怀孕过程中的增重是一个预测女性未来健康的关键节点，它会影响未来多年中的疾病风险[78]。为了解决这个问题，在第二部分孕期营养中特别重点提到了控制体重增长的重要意义。

对于很多女性来说，孕期营养不合理，体重增加过多，已经是过去发生的事情，无可改变。但是，只要产后及时控制体重，仍然很有希望把自己的体脂肪降低到正常水平，同时也能减少未来患糖尿病等慢性疾病的风险。

在我国传统饮食文化当中，对新妈妈的照顾，通常是按照消化能力很差、身体虚弱、长期营养不良的状况来安排饮食。这一点并不难以理解，因为毕竟几千年来食物不足的贫困生活，使大部分孕妇孕前的身体状况就比较虚弱，孕期又不能得到足够的营养来同时满足自己和胎儿的需要，妊娠期间身体往往会出现营养透支的情况。"坐月子"的时候，习俗要求在食物供应方面对产妇特别照顾，正是为了趁着此时身体修复能力特别强的机会，用充足的蛋白质和脂肪供应，来弥补此前的欠缺。

在如今食物品种极为丰富的情况下，多数女性原本体质并没有那么瘦弱，很多新妈妈在孕期当中体重增长过多，而且出现了孕期糖尿病的问题，极大地增加了自己将来罹患糖尿病的风险。如果孕期增重过多的新妈妈再按照传统习俗来坐月子，喝很多油汤，吃大量富含脂肪、糖分和淀粉的食物，加上缺乏运动，势必会进一步增加体重。

因此，要想把孕期多长的肉减下去，就要从月子里开始努力，调整饮食，控制食物能量摄入，直到整个哺乳期结束。

哺乳会让人发胖吗？

很多女性都会有这样一种担心：哺乳会不会让人发胖？大部分女明星都是给宝宝吃婴儿奶粉，是不是喂奶会让身材走形，拒绝母乳喂养就能让自己保持孕前的美丽身材呢？

的确，在这方面，我国的很多电视剧都出现了误导观众的情况，是母乳喂养的反宣传。什么"爸爸要挣奶粉钱"啊，"喂奶会让乳房下垂"啊，"喂奶会让人发胖"啊，不知不觉就深入人心了。而在大多数发达国家，这种误导观众、破坏母乳喂养积极性的内容是不被许可的。

演员之所以往往匆匆断奶，是因为她们要接拍新片，而没日没夜的高强度拍摄，经常飞到不同的拍摄地点，加上需要及时节食减肥塑身来适应新角色的要求，都使部分女演员只能舍弃母乳喂养。

前面说到，由于哺乳期需要每日分泌800～1000ml的乳汁，需要在膳食中供应制造乳汁所需要的全部营养物质。考虑到人体对食物中营养的吸收利用率并不是百分之百，转变成乳汁也需要耗费能量，所以在营养标准制定中，哺乳母亲按同样的体力活动量，要比怀孕之前的能量标准每天增加500kcal。

换句话说，如果新妈妈不给宝宝哺乳，这500kcal就不能增加，也不能延续孕期的较大胃口，必须尽快恢复1800kcal左右的孕前正常供应。如果孕期积累的体脂肪比较多，那就要额外再减少能量供应，比如每天吃1600kcal，以便逐渐恢复到正常体脂状态。

然而，对于有6个月产假的普通新妈妈来说，如果自己有泌乳能力，却不让孩子享受到前6个月的纯母乳喂养，真是非常遗憾的事情。哺乳的妈妈，因为要满足各种营养素的供应需求，必然要继续保持较大的食量。但是，这并不意味着哺乳会导致增肥。反过来想想，一边哺乳，一边减肥，效果也会非常明显。

制造乳汁确实需要增加能量供应，但如果三餐时刻意少增加点，就等于每天处于能量负平衡状态。母乳妈妈每天制造800ml乳汁，需要在孕前的1800kcal的基础上增加500kcal能量供应，达到2300kcal左右。而如果妈妈每天只吃1800kcal，那么就有500kcal的能量缺口，怎么办？这时，身体就会从孕期储备的体脂肪中拿出来一部分，把肥肉中的脂肪变成乳汁中的脂肪。这样，随着乳汁的不断分泌，身上的多余脂肪就会逐渐减少，从而恢复苗条的身材。所以，若能巧妙安排饮食，哺乳甚至还是新妈妈恢复身材的好机会。

那么，哺乳期的妈妈应当用什么样的节食方法呢？年轻女孩尝试的那些伤身体的节食方法，当然一个都不能用！做妈妈的人不能任性，要为自己和宝宝的健康负责，各种需要的营养一种都不能少。她只能按照最健康的方法来慢慢减肥。

必须记得，减肥归根到底是拼心态，凡是不可长期持续的方法，凡是一旦停止就快速反弹的方法，凡是损害健康的方法，无论听起来多么诱人，都是雷区。伤害身体之后，美丽和活力必然受损，得到的只有悔恨。做妈妈的人了，有了哺育和照顾孩子的责任，自己先要心灵强大，做事理智。必须自觉远离各种披着时尚外衣的错误减肥方法！

哺乳妈妈如何健康减肥

是不是生了宝宝几个月之后，身上的肥肉还缠绵不去？想减肥，又顾虑还要给宝宝喂母乳？是不是很多新妈妈会说："等我断了母乳，就去减肥"？这话对孩子不公平，因为妈妈身上的肥肉是自己孕期和哺乳期饮食营养不合理造成的，而不是宝宝带来的。

很多妈妈误以为要哺乳就不能减肥。其实正相反，哺乳有利于减肥。分析一下乳汁的成分就知道了。

乳汁里究竟有什么呢？有1%的蛋白质，有5%的乳糖，有钙，有各种维生素，还有数量可变的脂肪。

由于哺乳期间制造乳汁需要相当多的营养成分，母乳妈妈的蛋白质、各种维生素、矿物质供应都比孕前高出很多，比如钙标准增加了20%，锌标准增加了53%，维生素B_1和维生素B_2的标准增加了25%，维生素C的标准增加了50%，等等。蛋白质标准也提高了27%。

所以，不建议哺乳母亲采用过低能量的减肥食谱，否则可能因为食物不足、营养不良而影响哺乳效率和质量。如果每天供应1800kcal的能量，比轻体力活动哺乳妈妈推荐的2300kcal数值已经低了500kcal，这个能量水平足以满足减肥的需要。

同时，虽然能量少了，但是蛋白质、维生素和矿物质可是一点都不能少。

这是一个非常巨有挑战的事情。那么，怎么解决这样的两难问题呢？答案就是三个要点：

（1）保证泌乳所需的各种营养素；

（2）控制总能量，特别是降低脂肪的摄入量，因为妈妈身上早就储备了足够的体脂肪，可以供产后泌乳时慢慢消耗；

（3）在消化吸收能力许可的前提下，提供膳食纤维充分、消化速度较慢的食物。

总之，要想既达到营养供应标准，又把能量值控制在1800kcal，就需要切实提高食物的营养素密度，选择能量偏低而营养素含量高的食材，减少油脂、添加糖、糊精、精白淀粉的量。外面买的加工甜食、零食、甜饮料之类，最好是完全拒绝。因为它们只有让人长胖的能力，却对营养素的供应没有什么贡献。

如果母亲的食物"油水大"，则奶里的脂肪含量会升高，母乳显得比较浓，宝宝获得的脂肪也多，比较容易长胖。但这种长胖仅限于皮下脂肪多，不意味着身高、内脏、大脑方面发育得比其他孩子更好。与其让宝宝过肥，不如妈妈少吃点油水，制造一个"脂肪不足"的状况，这样母体就会消耗自己的身体脂肪来制造乳汁。

在孕期，正常体重的母体会储存几千克的脂肪，以备乳汁分泌之用。如果是超重肥胖的母亲，就更没什么可担心的了，因为妈妈身上的肥肉都是可以动员用来制造乳汁的，由妈妈的身体上转到宝宝的身体上，这真是一举两得！

比较令人担心的倒是乳汁中的维生素C和B族维生素的量，会因为母亲的饮食而在短期内发生变化。简单来说，就是母亲吃的水溶性维生素不足，那么乳汁中宝宝得到的量也会明显减少。维生素B_1的主要来源是主食。

因此，妈妈绝不可以采用不吃主食的减肥法。为了保证乳汁中的维生素C，水果的量可以适度限制，但少油的蔬菜一定要吃够。饥饿的方法更不能采用，因为饥饿造成身体蛋白质分解，会明显降低泌乳量，甚至使妈妈完全无法泌乳。

那么，怎样在减少食量的同时，保证各种营养素的供应呢？

要得到蛋白质，鱼肉蛋奶都不能少。不过，必须使用少油烹调方法。比如说，炒鸡蛋用的炒菜油多，改成蒸蛋羹、煮鸡蛋、蛋花汤，就把两大勺油（那可是纯脂肪）减掉了。排骨肉也可以先煮一下，去掉上面的浮油，然后蘸点酱油吃就很美味，无需做成糖醋排骨之类高脂肪菜肴。虾可以做白灼虾、清炒虾仁或把虾仁蒸在蛋羹里、拌在沙拉里，不必做成油焖大虾、软炸虾仁。

为什么烹调油的量最需要控制呢？这是因为，炒菜油是纯净的脂肪（脂肪含量超过99%），它们无需咀嚼，消化率非常高，饱腹感特别低。每天的菜肴中增加10g烹调油（1汤匙多一点儿），在饱腹感方面几乎没有明显感觉，而热量却扎扎实实地增加了90kcal。

要得到维生素C和叶酸，吃足够的蔬菜水果就好了。每天500g蔬菜、250g新鲜水果是不可少的，特别是绿叶蔬菜，是叶酸的最佳来源。

要得到维生素B_1，主要靠各种杂粮、杂豆和薯类。精白米中的维生素B_1是最少的，而吃杂粮饭、八宝粥和土豆红薯之类就比较容易把维生素B_1吃足。比如说，小米中的维生素B_1含量是精白大米的5倍；糙米中的维生素B_1含量是精白大米的3倍。即便减掉20%的饭量，只要把主食从白米换成杂粮，维生素的供应量就会有增无减。

维生素B_2的好来源是奶类、蛋黄和牛肉。吃蒸煮的蛋、低脂的奶、不加油的酱牛肉，就足以获得这些营养。和精白米比起来，各种杂粮的维生素B_2含量也会高出1~3倍。

钙的好来源是奶类、豆制品、带骨头的小鱼、小虾和绿叶菜，每天喝牛奶／酸奶并不妨碍减肥，豆腐也算是低脂低热量食物，不妨碍减肥。如果做不到这些，最好能补充400mg的钙片。

看到这里就明白了。哺乳期需要增加奶类、豆制品、蔬菜和水果，需要用杂粮、杂豆、薯类替代一部分白米饭，需要适当吃点肉类、鱼类和蛋类，但并不需要每天吃进去大量脂肪。即便不喝乳白色的高脂肪汤，不吃排骨和肥牛，甚至炒菜放油很少，也完全不妨碍泌乳。

相反，刻意少用一些炒菜油，少吃一些高脂肪肉类，那么长时间的哺乳反而会成为新妈妈减肥的最佳途径。世界卫生组织建议纯母乳6个月，6个月后一边喝母乳一边加各种天然食物，2岁左右自然离乳。即便孕期增重过多，在整个哺乳过程中，只要做到营养合理，饮食少油，就会不断消耗体脂肪，妈妈会自然地瘦下来，重新成为苗条辣妈。

我多次建议，母乳妈妈可以选择无损健康的慢减肥法。简单总结，做法是这样的：

1. 烹调少放油，煎炒改蒸煮。前面说到，制造乳汁不需要吃很多油，因为我们的身体在孕期就储藏了很多脂肪，专门等着哺乳的时候消耗掉。如果还顿顿油炒油煎油炸，身上的脂肪就没有机会被利用消耗掉了。

2. 远离奶白色的浓汤。汤的浓浓奶白色来自于乳化成微滴的脂肪，它并不是哺乳时所缺乏的营养物质。喝汤时不妨只喝清汤，去掉表面上的浮油。最好用低脂奶和豆浆替代一半的肉汤、鸡汤，能供应更多的蛋白质和维生素，而且奶中的钙对制造乳汁也很重要。

3. 晚餐把白米、白面换成杂粮、杂豆煮成的八宝粥，推荐优先用小米、燕麦、红豆、黑米等食材。煮浓一点。这些杂粮里的维生素B$_1$能提高母乳的质量，让宝宝受益。其中含有的膳食纤维，对预防便秘也有帮助。同时，粥的水分比饭更大，即便吃饱也不用担心长胖。

4. 多吃蔬菜，少吃甜食。在减肥的时候，万万不可以让自己挨饿。如果减少了1/3的主食，可以用大量蔬菜来填补。蒸煮和凉拌的蔬菜体积大，饱腹感强，而且含有丰富的膳食纤维和微量营养成分，对母子双方都是十分重要的。把每日三餐都吃饱吃足，对甜食、甜饮料和垃圾零食的兴趣就会比较小。

5. 每天多走路、多做家务，也可以正常参加跳操、垫上体操、瑜伽等健身活动。不太剧烈的体力活动完全不影响哺乳，却能帮助瘦身，还有利于血液循环。很多人听说，做运动之后乳汁会变酸，宝宝不喜欢。其实如果运动强度不那么大，身体根本不可能产生那么多乳酸。同时，乳酸也不是什么有毒物质，它就是酸奶中酸味的来源，对矿物质营养素的吸收有益，而且有利于肠道的健康。

这种温和的减肥方法不影响乳汁质量，也没有反弹风险，很多网友实施后已经受益。其实，这个温和减肥方法是最安全、最健康的。即便不是母乳妈妈，其他人也一样可以用它作为终生受用的防肥措施。

还有很多妈妈担心，哺乳期间减肥会使乳房空瘪。的确，对于那些原来乳房体积大、乳房部位脂肪含量较多的女性来说，哺乳结束后，乳腺组织体积减小，乳房可能会显得瘪缩。这是因为其中的脂肪已经被哺乳消耗掉了一部分。在哺乳结束之后，只要积极健身，锻炼胸肌，就会让乳房慢慢地恢复挺拔紧实状态。对于原来乳房较小、乳房部位脂肪含量少的女性来说，这种情况并不明显，哺乳结束后甚至可能比孕前还显得胸部丰满一些。

混合喂养的妈妈要小心发胖

最后要特别提醒的问题，是混合喂养有可能促进新妈妈发胖。

有研究者在432位新妈妈中做了调查，发现母乳妈妈在产后42天的时候，体重低于混合喂养和人工喂养的妈妈，但后期体重下降略慢些，到产后12个月时，体重滞留平均为1.9kg。人工喂养的妈妈开始体重下降比较慢，但是6个月之后持续降低，到产后12个月时，体重滞留的量只有1.8kg，和母乳妈妈基本上一样。相比而言，混合喂养的妈妈开始时体重下降慢，而且后期体重下降也偏少，到产后12个月时，体重滞留平均值为3.2kg[79]。

为什么会出现这种效果呢？研究者认为，可能的原因是这样的：母乳喂养的妈妈虽然吃得多些，但泌乳的能量消耗也大，孕期中储藏的那些脂肪慢慢就被消耗掉了；人工喂养的妈妈不喂奶，饮食也刻意少吃，那么身体也会逐渐瘦下来。而混合喂养的妈妈实际上泌乳的量比较少，消耗不了很多能量，但妈妈自己和家庭成员都认为，要给宝宝喂母乳，所以不能少吃东西。妈妈判断不清自己到底需要吃多少，不敢减少食量，这些可能是体重滞留比较多的原因。

建议这样的妈妈衡量一下宝宝的食量，看看宝宝有多大比例吃奶粉，然后对照母乳妈妈所需增加的营养，再决定自己需要多吃多少食物。比如说，妈妈的哺乳大概占宝宝一半的食量，那么妈妈只需要增加母乳妈妈标准一半的食物就行了。

不过，只要采用了前面所说的母乳妈妈减肥措施，较大幅度削减炒菜油，多吃少油的蔬菜，减少白米饭、白馒头的比例，那么即便是混合喂养的妈妈，也是不会继续发胖的哦，最多就是瘦得慢一点儿而已。

此外，混合喂养的新妈妈在两次哺乳的间隔中有更多的时间，还可以通过增加体力活动和积极健身塑形的方法来改善体形。因为孕期腹部膨出，产后腹壁肌肉暂时会比较松弛，需要通过加强腹肌的运动来逐渐收紧。缓慢减肥，温和调整饮食和运动同步进行的方法，有利于在变瘦时皮肤同步收紧，那些快速减肥方法更容易引起皮肤的松弛和皱缩。

当胖妇，还是当辣妈？

琴琴的孕期过得很顺利，她注意饮食和运动，全程增重12kg，自然分娩也比较顺利，医生说她和宝宝都非常标准，非常健康。不过，生产之后，麻烦就来了，因为妈妈和婆婆都聚集在她的小家，热热闹闹地照顾她坐月子。

老人家总是有很多规矩。婆婆说，月子里不能吃蔬菜水果，那些都是凉性的，对产妇有害，将来会骨头疼的。要补身体，必须每天吃5个红糖水煮鸡蛋，再喝一大碗猪蹄汤下奶。妈妈说，吃鱼喝鱼汤让奶水增加，能让宝宝变聪明，所以每天必须喝一大碗奶白色的鲫鱼汤，加上两条鲫鱼。不过，在吃鸡方面，妈妈和婆婆发生了矛盾，因为婆婆说，按他们那里的规矩，产妇必须吃公鸡；而妈妈说，产妇当然是要喝老母鸡汤啦……

此外，两位母亲还规定，琴琴必须每天大部分时间躺在床上，下床也只能在屋里慢慢走动，不许出门，禁止上下楼。妈妈说，若是出门受了风，后果很严重！婆婆说，若是多走路爬楼，以后落下病根，腿脚会疼！结果，琴琴只能歪在床上看小说、玩手机了。

琴琴看看两位妈妈每天忙碌，实在不好意思再和她们争论每天需要多少蛋白质、多少脂肪的话题，也不敢再提出门散步的事，只能向丈夫抱怨。琴琴的丈夫温言软语地劝她："我知道你不想发胖，但是不就一个月吗，你就忍一忍，给两位妈妈一点面子，她们做什么，你就吃什么。等出了月子，我配合你一起减肥，怎么样？"琴琴看看为难的老公，也只好点了点头。

每天四五个红糖水鸡蛋、红烧排骨、炖老母鸡、黄豆炖猪蹄、鲫鱼汤，加上每餐一大碗米饭，又很少运动，这种坐月子的饮食生活，想不催肥都难。她有心每一餐少吃点，但在婆婆"催奶"的说辞下，也没法不乖乖地把端上来的饭菜吃光。虽然琴琴在孕期非常注意控制体重，而且下决心母乳喂养，但产后这么吃了不到1个月，体重就比分娩后飙升了将近3kg，已经快找不到腰了。最麻烦的是，因为严重缺乏膳食纤维，她还出现了便秘，即便是孕后期都没有过这个情况。琴琴看着自己松弛的肥肚和镜子里胖圆的脸，心情别提多郁闷了。幸好有可爱的宝宝让她感觉幸福，还有丈夫给她的甜言蜜语："就算你成了胖嫂，我也像以前那样和你一起拉着手出门！"她就噗嗤一笑说："其实你吃得比我还多，为了讨丈母娘欢心，还要经常收盘子，看你都胖得像头熊了！"

月子过了不久，婆婆离开了她，因为丈夫的弟弟头年结了婚，据说弟媳妇也怀孕了，她就匆忙赶回去照看那边了。妈妈还想留下继续照顾，琴琴赶紧劝她说："爸爸身体不太好，赶紧回去照顾他吧，别让他一个人在家天天煮面条吃了。我的身体好着呢，还有几个月的产假，什么都能自己干！"妈妈走前还是不放心地千叮咛万嘱咐："记得每天煲下奶汤喝！"

送走了婆婆和妈妈，琴琴就联系营养师朋友，在她的指导下开始了减肥行动：

——首先把各种白色浓汤都停了，改成喝1碗去油的鱼肉清汤，加上1碗红豆汤、绿豆汤、玉米蓉汤等五谷杂粮汤。这样能得到汤里的水溶性维生素和少量蛋白质氨基酸，却不会喝进去那么多脂肪。减少鱼汤、肉汤的另一个原因，是因为汤总是要加盐的。菜里本来就有很多盐了，如果不是出汗很多的情况，不需要吃那么多的盐，喝不加盐、不加糖的豆汤更健康。

——汤少了，液体却不少，因为每天两杯牛奶、1杯酸奶，加起来有600g。奶类不仅是蛋白质的来源，其中所含的钙元素对制造乳汁是超级重要的，丰富的B族维生素对乳汁的维生素质量也很重要。在同样蛋白质摄入量的情况下，奶类比肉类更有利于控制体重，降低体脂。

——鸡蛋每天只吃2个，做成不加油、不加糖的白煮蛋和嫩蛋羹。鸡蛋本身的蛋白质、卵磷脂、B族维生素和维生素A、维生素D质量都很好，没必要额外加油来炒，也不必配合那么多糖。

——做菜少放油。鲫鱼不用大量油煎，直接煮清汤，加点豆腐丝和白萝卜丝。炖猪蹄和红烧排骨不吃了，改成烤熟去皮的鸡腿肉。再说还有那

么多牛奶、酸奶、鱼类、豆制品，少吃几口肉，蛋白质也是不会缺的。

——吃大量蔬菜。每餐之前先吃一碗煮熟的蔬菜，大白菜、小白菜、油菜、茼蒿等加一点香油，洒一点鲜味酱油，吃惯了觉得味道很好。然后再一边吃饭一边吃其他炒菜、炖菜，每天吃的蔬菜都超过600g。

——主食大部分用杂粮。每天早饭1碗牛奶冲燕麦片，加上蒸甘薯或蒸土豆；中午是大米小米饭；晚上喝两碗浓稠的杂粮豆粥，里面有小米、糙米、燕麦片、红小豆、花芸豆、芝麻、莲子等，感觉胃肠特别舒服。

——考虑到水果和酸奶也含糖分，琴琴把它们放在两餐之间作为加餐吃，比如上午吃个苹果，下午喝1杯酸奶。其他零食就一律不吃了。

——家务活儿尽量自己干。丈夫负责做早饭和晚饭，琴琴白天自己在家照顾宝宝，收拾屋子打扫卫生，中午还要自己做饭，忙得团团转。等宝宝睡熟，抽空她还要下楼买个菜，走走路。

自从调整了生活状态之后，琴琴的便秘很快就解决了，每天都很顺畅。最开心的是母乳非常充足，三餐吃饱的同时，人还慢慢变瘦了，特别是肚子明显缩小了，皮肤也变得更为细腻。丈夫和她一起按这种方式饮食，加上勤奋做家务，也同样收到了瘦身的效果。有点空闲，她就铺开瑜伽垫，在家里做各种腰腹肌肉练习，做哑铃操，让自己松弛的腹部逐渐紧实起来。锻炼胸部肌肉之后，胸部也保持紧实，没有出现明显的下垂。

到了产后6个月的时候，琴琴完全恢复到了孕前的体重。一起生产的姐妹们大部分身上的肥肉都缠绵不去，看到琴琴的苗条辣妈状态，都非常羡慕。琴琴把自己的经验传授给她们，还鼓励她们说："其实你们也一定能够做到！"

特别关注：小心"糖妈妈"升级为糖尿病患者

随着妊娠糖尿病越来越普遍，医院对血糖不合格的孕妇加强管理，准妈妈们也都认真配合，力求保证胎儿的健康。但是，在分娩之后，新妈妈和家人的注意力都集中在宝宝身上，往往会把曾经患过妊娠糖尿病这件事丢到脑后，不太关心血糖控制和糖尿病预防。很多妈妈说，孩子已经健康地生下来了，自己也算是完成任务了。现在带孩子很忙，没时间考虑去医院检测血糖控制能力，没时间做运动，还在哺乳期不能控制饮食，一边育儿一边工作很疲劳，等等。

不能忽视！半只脚已经踏入糖尿病

然而，做妈妈的人真的不能这么轻率地放弃自身的健康管理，因为控制血糖不是小事。有研究表明，曾经患妊娠糖尿病的女性，和妊娠全程血糖正常的女性相比，未来患糖尿病的风险增高7倍以上[80]。妊娠糖尿病意味着女性很可能存在胰岛素敏感性低或胰岛细胞功能不正常的情况，随着年龄增加和体重上升，这种情况往往会持续恶化，从而带来糖尿病的高发。同时，如果不及时管理好饮食和运动，这些女性也更容易出现脂肪肝、高血脂、高血压等情况。

妊娠糖尿病在世界各国都很常见，但令人意想不到的事实是，发病率最高的，并不是欧美国家，而是亚洲地区，特别是东南亚国家。研究发现，这些国家的女性和我国女性较为类似，在同样的体重下，体脂肪比例显著高于欧美女性，肌肉比例却相对较低。日常很少运动、体能比较差的女性特别容易出现这种情况。也就是说，她们看起来不显得很肥胖，实际上却很容易"偷着胖"。这样的体质特点意味着女性在孕期如果增重明显，比欧美女性更容易患上孕期糖尿病；而孕期一旦患上糖尿病，后期转为真正的临床糖尿病的概率就会更高。

产后繁忙，别忘控血糖

所以，曾经患有妊娠糖尿病的新妈妈，应当把控制血糖的各项措施从产前延续到产后，适当削减能量供应，避免"坐月子"的过程中体重增加，控制甜食和精白淀粉食物，减少油腻食物。新妈妈和准妈妈一样，都应当经常监控自己的血糖状况，而不能因为已经完成生育大事就懈怠下来。

在产后3个月之内，最好能去医院进行糖尿病风险的评估，不仅检查空腹血糖，还要检查葡萄糖耐量，评估胰岛细胞功能和胰岛素敏感度。最好能测定一下糖化血红蛋白（HbA1c）这个指标，因为它的水平和变化趋势是长期糖尿病风险的重要指示。同时，也要监测自己的体重、腰围和体脂肪含量，因为这些指标与糖尿病和其他多种慢性疾病的风险有密切关系。特别是有糖尿病家族史的新妈妈，一定要定期监测自己的糖尿病风险情况。

多项研究发现，即便只是在产后3个月时筛查，也能发现有相当高比例的新妈妈存在胰岛素敏感度低、葡萄糖耐量异常的情况，甚至有少数新妈妈已经达到了糖尿病的诊断标准。而在产后12个月时检查，会发现有些产后3个月检查时血糖基本正常的新妈妈也出现了血糖异常状态。这些新妈妈多半还存在一项乃至多项体格生化指标异常的情况，如过高的BMI、过高的甘油三酯水平、过高的LDL水平、过低的HDL水平、瘦素和脂联素水平异常，等等[81]。同时研究者还发现，如果在产后3个月的时候做葡萄糖耐量测试，发现血糖峰后移，而且血糖峰面积较大，是此后糖尿病发展进程的重要预测指标。

国外调查发现，即便产后检查没有发现自己血糖相关指标异常，在未来的5～10年中，也会有30%～50%的妊娠糖尿病女性陆续患上糖尿病[82]。因此，如果曾经患上妊娠糖尿病的准妈妈不去做产后检查，不能定期检查相关体格和生化指标，不能做好日常血糖控制，那么未来的病程发展令人担心。如果打算生育二胎，那么就要更加重视血糖控制，因为再次生育很可能会让糖尿病风险进一步加大，而在患上糖尿病之后，没有及时控制好血糖就再次怀孕生子，新生儿发生出生缺陷的风险也将大大增加。

少吃主食不是解决方案

虽然妊娠糖尿病是一个无法改变的风险因素，有关产后对妊娠糖尿病妇女的干预研究也比较少，但现有的资料表明，如果帮助曾经的"糖妈妈"进行饮食和运动方面的调整，有可能帮助她们降低未来患上糖尿病的风险[83]。这就要求新妈妈们能够在产后适度降低热量摄入，加强运动健身，避免发胖，把腰围减下来，把空腹血糖值和餐后2小时血糖值控制好。从产前到产后，一直持续到哺乳期的全程干预能有效地控制糖尿病相关指标。其中包括了膳食内容的调整，包括每周至少参加150分钟的体力活动，也包括鼓励母乳喂养[84]。

可是，国际上的研究发现，可能是由于女性自己主观不重视，或者相关知识不正确，或者是医院的指导不够到位等原因，很多曾经的糖妈妈预防糖尿病的成效不太理想。

有一部分曾经的糖妈妈错误地认为，自己只要少吃一些主食，减少碳水化合物，就能解决血糖问题，将来也不会患上糖尿病。医生有时也会提出忠告，让她们重点少吃主食。也有很多新妈妈认为，在哺乳期结束之后，就可以通过低碳水化合物减肥法来快速减肥，把自己身上的肥肉丢掉，然后糖尿病的危险也会跟着一起远离自己。这种方式虽然能够在短期内起到降低血糖指标的作用，但是长期效果令人担忧。

所谓低碳水化合物饮食，就是很少吃主食（各种粮食和淀粉豆类），土豆、甘薯之类的薯类食物也不要吃，甚至水果和奶类也只能少量吃，因为它们含有碳水化合物。主要的食物是鱼肉蛋类加上蔬菜。这样的减肥方法，可以在2~3个月内带来快速的体重下降，但是它不可持续，会造成营养不平衡，还会增加身体的代谢负担。

在4000多名曾经的妊娠糖尿病患者中所做的跟踪调查发现，和正常吃碳水化合物的女性相比，少吃碳水化合物，吃较多动物性蛋白质和脂肪的女性，未来转变成糖尿病的比例更高。相比之下，如果减少一部分碳水化合物，但增加植物性蛋白质，同时吃大量蔬菜，则患糖尿病的危险不会增加[85]。

总体而言，在6个月以下的时间段内，少吃主食多吃鱼肉蛋的饮食方式似乎对避免患糖尿病有所帮助，但12个月以上的研究从未证明这种吃法有好处。实际上，动物性蛋白质摄入过多，特别是红色肉类摄入过多，长期而言会增加罹患糖尿病的风险。

相比而言，按照地中海膳食模式，或者按照DASH饮食模式（一种基本上没有白米白面和红肉，但有丰富的全谷、薯类、豆类、蔬菜、水果、坚果、鱼类、奶类等食物的膳食），虽然不会瘦得那么快，但患过妊娠糖尿病的女性如果能够长期坚持健康的饮食模式，和那些放任自己饮食的人相比，能有效降低患上高血压[86]和糖尿病[87]的风险。对中国女性而言，遵循《中国居民膳食指南》中的饮食建议，也可以起到这样的作用（见附录）。

逃脱糖尿病，从改变饮食开始

对大部分中国人来说，早已习惯了主食配菜肴的饮食方式，淀粉类食物吃得太少，感觉会难以接受。实际上，吃主食并不意味着无法控制血糖。正如在孕期给出的各项控血糖的建议那样，只要注意吃营养丰富、消化吸收速度较慢、餐后血糖上升较慢的主食，加上大量蔬菜，以及少量的鱼肉蛋类，就可以形成非常健康的膳食模式。这种模式不仅在孕期能够帮助控制血糖，在产后也一样可以帮助曾经的糖妈妈预防糖尿病。这种吃法无碍健康，可以长期坚持。

有研究提示，采用控制主食血糖指数（GI）的饮食可以帮助糖尿病患者有效降低体重，实验期间，膳食中的GI值每降低一个点，受试者体重就能降低0.2kg[88]。这个思路也可以用在控制有糖尿病的新妈妈身上。有研究证据显示，在保证整体饮食营养平衡的前提下，低GI的饮食在患糖尿病的亚洲人中能够较好地控制血糖水平，并降低患2型糖尿病的比例。

马来西亚研究者在有妊娠糖尿病史的孕妇中进行了一项随机对照研究，他们发现，坚持低GI的饮食，能够让超重、腰围肥胖、葡萄糖耐量受损的产后女性提高血糖控制能力[89]。

参加这项研究的77名新妈妈年龄在20~40岁之间，体质指数（BMI）在23以上，腰围在80cm以上，葡萄糖耐量试验2小时值在7.8~11.1之间，空腹血糖值在5.6以上，或者有糖尿病的家族史。

按基础代谢值、体力活动量和要减少的体重目标，每个参加研究的新妈妈都拿到了一份由营养学家为她们量身定制的食物单，上面规定了每类食物的具体数量。由营养学家一对一地对每个受试者进行教育，教她们如何安排饮食，并提供了一份一日饮食的样本，教会她们食物份量的概念，以及食物交换份的替换方式。

按照研究者的要求，如果新妈妈不哺乳，那么她每天就不能多吃，要比哺乳妈妈的一日总能量减少500kcal。哺乳6个月之内的新妈妈，如果体重基本正常，体力活动量也不大，那么最多只能吃到1800kcal（中国的健康哺乳妈妈一日能量标准是2300kcal）。

这些新妈妈分成两个组，其中"传统组"进行传统的健康饮食教育：要求饮食必须低脂、低糖、低盐、高纤维，鼓励多吃蔬果。每周做5次运动，每次不少于30分钟。

另一组叫做"低GI组"，在传统组的基础上，再加入餐后血糖控制方面的教育，要求她们在正常吃主食的前提下，把日常吃的高GI食物替换为低GI食物。

专家把当地常见高碳水化合物的食物按GI值划分为高、中、低3个组，不要求她们把每一种食物的GI值背下来，但要求她们必须知道每一种食物属于哪个组。由于当地的大米都是高GI品种，专家要求她们每天只吃一餐白米饭，鼓励她们尽量吃GI值较低的面条、通心粉、全谷杂粮等主食。每餐的食物中都必须含有一种低GI的主食。专家定时电话联系，调查了解新妈妈们的饮食执行情况。

除此之外，参加研究的两组新妈妈每天的饮食能量差不多，吃进去的蛋白质、脂肪、淀粉的数量都大同小异。哺乳妈妈们也都正常喂奶，并没有因为参加减肥控血糖的研究而断奶。

在6个月之后对新妈妈们进行测试，结果低GI组的新妈妈们腰围平均下降了3cm，而另一组的腰围几乎没有变化。在低GI组当中，1/3的人实现了自己的减肥目标，而传统组只有8%的人实现了这个目标。从葡萄糖耐量测试来看，低GI组和刚生完孩子的时候相比没有明显变化，而另一组还有上升，也就是说，她们距离糖尿病更近了一步。研究者详细分析之后发现，那些原来空腹胰岛素水平较高的新妈妈，也就是胰岛素敏感性特别低的那些人，在吃低GI食物之后的体重下降得比较多，膳食后的2小时血糖值下降得也更明显。

提到这项研究，是想强调一个关键要点，那就是新妈妈要长期控制好体重和血糖，不仅需要减少能量摄入，而且需要明智选择主食，习惯于吃各种低GI的主食，避免顿顿白米饭、白馒头的高GI饮食模式。

在这方面，我国传统饮食具有很大优势，因为中国饮食的食材丰富，目前市场食物供应丰富，只要合理安排，多供应营养价值高、富含膳食纤维、饱腹感较强而血糖上升较慢的食物组合，就能够充分满足新妈妈的营养需要，而且能够做到让妈妈们减能量而不挨饿，肥肉慢慢消失，乳汁丰富供应，宝宝健康成长。

有关便于操作的控血糖饮食方式，可以参见第二部分的相关内容。

了解你的食物 GI 值

能够升高血糖的食物，主要是含有碳水化合物的食材，也就是含淀粉和糖的食物。

那些淀粉含量很低的食物，比如黄豆、黑豆等，它们的碳水化合物主要是人体不能消化吸收的非淀粉多糖和低聚糖，而妨碍消化吸收的因素很多，所以餐后的血糖上升速度微乎其微。比如豆浆、豆腐脑、水豆腐、腐竹之类，都不用考虑它们的GI值。大部分坚果和油籽，比如核桃、杏仁、松子、榛子、芝麻之类，也是可消化碳水化合物含量较低，而妨碍消化吸收的因素很多，所以也基本上不用考虑GI值。

又比如说，高蛋白质食物如鸡蛋、肉类、鱼类、虾蟹类等，所含的碳水化合物数量也是微乎其微，基本可以忽略，因此也不用考虑它们的血糖上升速度。事实上，把粮食类主食和高蛋白食物一起吃，反而是有利于控制餐后血糖上升的。

奶类中是含有糖的，但因为乳糖本身的血糖反应低，而奶里的蛋白质又有延缓餐后血糖上升的作用，因此奶类也是低GI值食物。

所以，人们主要关注的是粮食、薯类、淀粉豆类、水果，以及各种经过加工制成的淀粉食品的餐后血糖反应。它们餐后升高血糖的能力用GI值来表示。GI值的意思是在同样的碳水化合物含量的前提下（一般按同样50g碳水化合物来比较），某种食物餐后升高血糖的效果和参比食物（通常是葡萄糖或柔软的无糖白面包）升高血糖效果的比值。

下面列出了各种富含碳水化合物食材的GI值分类。

极高GI（GI值超过80）：

白米粥（包括皮蛋瘦肉粥、青菜粥、鱼片粥等各种以大米为基础的花色粥）、精白面粉制作的主食面包（不加糖或加糖）、白馒头（包括奶黄包、包子皮等）、软面条、糯米饭*、汤圆、粽子、年糕*、油糕*、米饼（包括其他膨化的大米制品）、醪糟、新煮的白米饭、山药干、薏仁米、小黄米（黏性小米）*、大黄米（黏性黍子）*、卜卜米（早餐谷物）、即食燕麦片等。

较高GI（GI值在70～80之间）：

小米饭、放冷的米饭、烙饼、玉米片、土豆泥、蒸甘薯（红薯）、可可米（早餐谷物）、芡实*、西瓜、无花果干*

中等GI值（GI值在55～70之间）：

面条、大麦粉、荞麦面、莜麦面、燕麦麸、玉米糁粥、小米粥、整粒燕麦粥*、披萨饼、纯全麦面包、黑麦面包、煮甜玉米、煮土豆、蒸土豆、菠萝、芒果、杏干*、葡萄干*、干红枣*

低GI值：（GI值在40～55之间）：

煮整粒小麦、意大利面、煮荞麦、通心粉、拉面、鸡蛋面、蒸芋头、蒸山药、鹰嘴豆罐头、芸豆罐头、莲子*、猕猴桃、柑、香蕉、加糖酸奶

极低GI值：（GI值低于40）：

煮绿豆、煮红小豆*、煮鹰嘴豆、煮芸豆、整粒大麦、绿豆挂面、五香蚕

豆、藕粉、红薯粉条、土豆粉条、苹果、梨、桃、杏干、李子、柚子、樱桃、无糖酸奶、原味牛奶

注：带*的数据来自本实验室在健康人中的实测结果，其余为《中国食物成分表》中的数据[90]，均以葡萄糖为参比食物（葡萄糖的GI=100）。高脂肪食物、高糖食物、油炸食品、甜饮料等未包括在内，因为这些食物无论GI值如何，都不推荐给需要控制血糖的人食用。

当然，在同样的GI值时，一种食物吃得越少，它引起的血糖反应就会越低。所以，高GI的食物需要严格限量，而中GI的食物可以略微放松，低GI的食物不用严格限量。

然而，也一定要注意，即便GI值低，也不等于能量低，脂肪少，营养价值高。所以，GI值不是选择食物的唯一标准，还要和其他营养标准结合使用。

2 我的食物吃对了

　　薇薇生完宝宝，刚小睡了一会儿，妈妈就把热腾腾的饭送到她的床边了。妈妈给的是小米粥，熬得软软的，加了红枣肉和桂圆碎，味道微甜，很好喝。喝了一碗粥之后，产后非常疲惫的她，一下子就感觉精神好了不少。

　　薇薇早就嘱咐过妈妈，因为自己有妊娠糖尿病，不吃加了糖的东西。不过妈妈坚持让她产后第一口要喝小米粥，因为这是自己家乡祖祖辈辈的规矩。传统上是加红糖，但既然薇薇不同意，妈妈就提出把红糖换成枣和桂圆干，只有淡淡的甜味，这个方案她同意了。

　　过了一天，等到薇薇有了点胃口，妈妈就开始给她做营养师设计的月子餐了。

　　薇薇每天早上喝过水之后，先吃半碗用脱脂奶替代水蒸的鸡蛋羹（1个较大的蛋），上面还点缀了两个虾仁；然后吃一碗稠稠的红小豆燕麦紫米小米粥，还有一碗撒上炒香芝麻、海苔和花生碎的焯拌菠菜碎作为配菜。仅这一餐，就吃进去11种食材呢。据说营养非常好，而且味道也特别好，薇薇觉得真心很享受。

　　上午喝一大杯暖到室温的木糖醇酸奶，再加上几粒大樱桃。味道都是甜的，但营养师向她保证不会明显升高血糖。血糖计的测定结果的确如此，她才相信，原来酸奶升高血糖的幅度比吃饭低多了，是控血糖的好食品。樱桃也是低GI的水果，少量吃几个是没有问题的。

　　薇薇的午餐主食是多半碗糙米二米饭，其中有1/3糙米，1/3小米，还有1/3大米。糙米和小米一早就在冰箱里浸泡吸水，临煮的时候再加大米，用电饭锅做出来其实还挺好吃的。菜肴有三菜一汤，颜色非常漂亮：一个

第三部分　产后　如何保证泌乳和恢复体形？

163

翠绿的白灼菜心，一个红色的加番茄酱调味的番茄冬笋丁虾仁，一个彩色的青椒胡萝卜炒肉末，还有一个乳白色的萝卜丝鲫鱼汤。营养师嘱咐过，炒菜油只用茶籽油，因为它的脂肪酸比例和橄榄油一样，而且耐热性较好。

妈妈煎鱼的时候用了不粘锅，只放了少量油。但因为放了一杯豆浆，汤也是乳白色的。放纯番茄酱而没放糖的炒虾仁味道酸鲜开胃，薇薇特别爱吃。不过她记得营养师的话，先吃半盘菜心和几口鱼肉，才开始吃饭。饭要小口吃，菜要大口吃。

下午5点钟喝一杯牛奶，就算是下午点了。这样，直到6点钟吃晚饭之前，一直都不觉得饿。

晚餐主食吃的是多半碗什锦饭，里面有红小豆、花芸豆（提前在冰箱里泡一夜）和一半大米，最上面撒了一层红薯丁，还撒了炒香的芝麻，味道香甜可口。一个香菇海带炖鸡块（去浮油），一个豌豆蛤肉炒豆腐，一个焯拌油麦菜，还有两碗用去油鸡汤煮的口蘑冬瓜汤。

晚上9点吃个蟠桃作夜宵，就结束了一天的美食生活。

这三顿饭，一共吃了33种食材（糙米和大米算一种），看似没有高大上的海参燕窝鱼肚等，也没有传统的黄豆猪蹄汤，其实内容非常全面：其中的各种杂粮食材供应了丰富的B族维生素和膳食纤维，还帮助延缓血糖反应；鱼肉蛋奶和豆制品坚果油籽都齐了，虽然鱼、虾、鸡块和瘦肉末每样只吃了少量，但加起来蛋白质已经非常丰富了。一天当中共有500g奶类，包括了脱脂奶、全脂奶和酸奶，加上豆腐和菜心，能供应足够多的钙。蔬菜共有13种，包括了绿叶菜、橙黄色蔬菜、浅色蔬菜、豆类蔬菜、菌类蔬菜、藻类蔬菜等，提供了多种维生素和抗氧化物质，也能吃进不少的膳食纤维。有了无糖酸奶和应季水果，连甜食都不缺。

1个月过去，薇薇感觉很好。因为营养很全面，她的奶水从来没有缺过，宝宝长得很好。她也经常在餐后两小时做一做血糖测试，一直控制得比较稳定。最让她开心的是，孕前和孕期她都经常便秘，月子里反而排便很顺畅。营养师告诉她，因为产后运动量减少，特别容易发生便秘，所以需要使用多种杂粮和蔬菜来增加纤维供应，帮助预防便秘。

不过，营养师还嘱咐薇薇，出了月子之后，杂粮粥糙米饭还要继续吃，少油烹调还要继续坚持。因为作为曾经的妊娠糖尿病患者，她患糖尿病的风险很高，需要长期控制。坚持哺乳可以帮助她继续瘦身收腰，减小将来的患病风险。好在吃了1个月之后，薇薇和全家人已经习惯了这种吃法，薇薇也跟妈妈学会了杂粮饭杂粮粥和少油菜的做法。

同时，薇薇也开始考虑健身运动，收紧肌肉。除了每天带宝宝，饭后总会勤做家务，每周有3次在健身中心接受教练指导。她在家放了个瑜伽垫，抽空就做做原地跑、哑铃操和腹肌运动。原来力气不足的她，逐渐变得强健起来，把宝宝抱半小时都不费劲。

3个月之后，薇薇去医院检查血糖，结果所有数据正常，而且做体格检查时发现，她比刚分娩的时候瘦了4kg，腰围小了5cm，医生表扬了她。

薇薇的丈夫去单位体检，回来之后很高兴地说："陪你吃了3个月杂粮和少油菜，加上每天走路5km，我的轻度脂肪肝没了。"

薇薇的妈妈说："以前我一听说吃杂粮就反感，现在陪你吃了3个月，觉得也挺好吃的。社区老年人体检结果出来了，我原来略微超标的甘油三酯也正常了。看来，吃对食物真的很重要啊！"

我是辣妈我自豪

//@ 想飞的大笨熊忽忽: 产后看到你写的坐月子的饮食建议，力排众议，没大鱼大肉狂补，一直比较控制，纯母乳喂养。现在 3 个月了，宝宝身高体重都优，我也由生产前的 75kg 减到 58.5kg。营养知识很重要呀，感谢！我原来以为几年都瘦不下来！

范老师回复: 恭喜你，靠理性饮食，恢复了美好身材！

//@ 球球娇娇: 关注您的微博是在怀孕后期，用杂粮粥和地瓜代替晚餐的主食，36 ~ 41 周体重一点没长，孩子出生 4kg，头发长得非常好，不知有没有关系。产假期间午餐、晚餐主食都是杂粮粥。3 个月恢复到孕前体重，5 个月又减重 5kg，奶水充足。

范老师回复: 很高兴您在哺乳期间身材恢复得这么好，多和大家分享经验吧。

//@ 画檐蛛网 v: 我就是受益者！怀孕、生产、产后按范老师博文建议的正常饮食、适当锻炼，孕期增重 12.5kg，顺产，入院到生不到 7 小时。月子里照常杂粮粥、大量蔬菜水果，母乳喂养顺利，孕期产后（包括生产后当天）无便秘，皮肤比孕前更好。

范老师回复: 因为更注重健康饮食，生育可以是女人身体变好变美的契机！

//@ 潘太太不是胖太太：看过您博客的一篇文章，里面讲到长胎不长肉的孕期营养问题。我也是按您的建议，健康饮食，合理运动，孕期只重了 8kg，产后两个月就恢复了身材，完全没有妊娠纹。现在腹部就像怀孕之前一样。真心感谢您！

//@ 杨彦1982：关注范老师近 3 年，健康的观念已慢慢渗入骨髓。怀老二的整个孕期，不忌口健康控制体重，增重 6kg；产后 5 天恢复孕前体重；月子期间没有大鱼大肉依旧奶水很足，完全纯母乳；产后 2 个月体力基本恢复；现在产后 4 个月，保持每月自然减重 1kg（基础体重略高），一人带俩娃，活力依旧。

//@ 邓媛之 Jessica：生完娃来汇报一声，怀孕体重增长 12.5kg，出院时轻了 7.5kg，出月子时恢复原状。其间食欲变化不大，正常吃饭，尽量多样化，猪蹄什么的还一次没吃过，母乳质量也很高，娃体检身高、体重都在中上水平。这很大程度上得益于孕前早已养成良好的饮食习惯。

//@ 漂亮羽毛的小母鸡：学习您的科普文章，让我受益匪浅。我 39 岁刚生完二胎，体重孕期增长了 5.5kg，孕期检查所有项目都很正常。出月子时已经比怀孕当月还轻了 7kg，体质也比前几年好了很多。谢谢范老师！

//@ 午后阳光 _Grace：36 岁高龄产妇头胎，孕前偏胖，孕早期血糖略微偏高。然后严格按照糖尿病孕妇营养要求控制饮食，每天详细记录饮食内容加自测血糖 1～6 次，根据血糖值修正饮食内容，加上合理运动成功控制血糖，整个孕期体重一共增加 7kg。40 周 +2 天顺产 3500g 男宝，纯母乳喂养，出月子时体重比孕前还少了整 4kg！

范老师回复：自我管理饮食，不仅对孕期控血糖非常重要，也是终生受益的。

//@ 断舍离控 --- 莫小离：自从微博认识您，每天看您的科普贴，哺乳期已经恢复孕前美好身材，而且孩子一周岁多还坚持母乳喂养，宝宝也很健康。最关键的是一辈子吃白米饭白馒头的爸爸妈妈现在时不时地做杂粮饭、各种薯粥等来吃，偶尔几天没吃，老人家就会说"明天吃杂粮粥啊""对小孩子身体好啊"这样的话。

范老师回复：有全家人的支持是成功的关键啊！

//@ 雨尐魚：我是产后妈咪，看了您的微博以后开始吃粗粮代替部分米饭，食物改蒸煮，每天吃饱，运动 1 小时，到今天正好进行了两个月，体重从 66kg 掉到 59kg，腰围从 80cm 掉到 71cm。会继续坚持下去的！

范老师回复：太好啦！以后可能体重降得慢些，别为此焦虑。一定要保证无饥饿。

//@Stephanie 啊璇：孕前 70kg，自妊娠糖尿病后饮食调整。孕中一直科学饮食控制血糖，一直到生产，产后 65kg。然后一直母乳＋科学饮食。现在 55kg 了，还需要运动，让肌肉紧实。看老师微博帮助很大！

范老师回复：孕前体重高者，孕期在胎儿正常发育的前提下要少增重。相信你孕期合理饮食减的都是多余脂肪，才能做到宝宝健康，妈妈变瘦！

在所有食物中，

食物营养素成分数据的来源主要为

《中国食物成分表（第二版）》和《中国食物成分表（2004）》，

少数食材的数据来源于美国农业部食物成分数据库。

第四部分

食谱

育龄女性营养食谱和制作详解

食谱使用说明

1. 所有食谱都是按育龄女性的营养素需求制作的，但其中的食物适合全家人食用，只是具体数量需要按个人的胃口和生理状况进行调整。其中的食材数量比例主要起示范作用，以便家庭中参考这些食谱，按自己的饮食习惯为孕妇和产妇设计更合口味的营养膳食。

2. 备孕食谱的设计目标是供怀孕之前的女性调整身体状态，它适合没有怀孕的女性日常使用，稍作调整也适合孕1~3月的孕妇使用。

3. 所有食谱都不适合需要快速减肥的人，设计热量至少是1700kcal，但由于孕中后期和哺乳期热量需求增加，1700~1900kcal的食谱已经可以达到控制体重的效果。

4. 所有食谱都不能替代医学治疗。如果经过医院检查证明不是缺铁性贫血或贫血状况严重，请遵循医生的治疗意见。如果患有消化吸收系统疾病或消化吸收功能明显弱于正常人，请按医嘱进行必要的治疗，并请医生和营养师共同协商，调整饮食方案。

5. 如对食谱中的某些食材有过敏、不耐受反应和消化不良情况，需要咨询营养师，进行食材替换。食谱中也提示了大致的同类食物替换方案。

6. 所有食材的数量必须准确掌握，因为食物的数量决定了一餐的总热量，而食物的品种和比例决定了营养平衡的状态。请按食谱中的份量进行烹调，否则热量值和营养素含量会有较大误差。然而，如果因为孕妇身体状况，实在吃不下食谱中建议的数量，则不必过于勉强，按实际胃口食用即可。

7. 由于各个食谱中的早餐、午餐、晚餐热量接近，使用者还可以在各个食谱中进行替换，比如用1号食谱的早餐，加上2号食谱的午餐，再加上3号食谱的晚餐，等等，而不至于明显影响一日热量的总数。只是要注意，食材来源要尽可能丰富。

8. 在所有食谱中，食物营养素成分数据的来源主要为《中国食物成分表（第二版）》和《中国食物成分表（2004）》，少数食材的数据来源于美国农业部食物成分数据库。这些数据和目前市售产品的营养素含量可能存在一定差异，但不会影响食谱的整体营养质量。

9. 推荐使用食谱中推荐的烹调方法。如果烹调时不控制烹调油的用量，热量会有很大的变化，会影响食谱的效果。烹调油不仅会带来大量的热量，而且油脂所带来的香气会使人无法控制食欲，从而难以避免地摄入过多的热量。

10. 凉拌菜肴或做油煮菜时，优先使用芝麻油和初榨橄榄油，它们味道较好。炒菜时建议优先选择茶籽油和精炼橄榄油，也可以考虑用花生油。用大豆油、玉米油和葵花籽油炒菜时，注意不要明显冒油烟。

11. 鼓励使用各种烹调电器，如电蒸锅、电压力锅、电饭锅、电炖锅、电烤箱、豆浆机、打浆机等。善用烹调电器能使食物烹调变得轻松方便，还能增加食材多样性，特别有利于烹调杂粮、豆类和蔬菜。

12. 孕期和哺乳期要高度注意食品安全问题。食物原料要选市场上能买到的最优质产品。如果烹调好的食物剩下，请及时装入保鲜盒，放入冰箱冷藏，不要在室温下存放超过2小时。取出再次食用时要再次加热杀菌。凉拌菜要一次吃完不剩菜。

13. 本书中的食谱可以提供充足的各类营养素供应，但如果使用食谱之前已经存在明显的营养不足情况，仅靠食谱不一定能够快速弥补此前长期营养缺乏所带来的损失，可以咨询医生和营养师，进行额外的营养素补充。

14. 鉴于孕期和哺乳期容易出现B族维生素和钙元素供应不足的问题，孕期和哺乳期可以正常使用我国合法销售的复合维生素矿物质补充剂，但数量不要超过产品说明中的建议。在使用营养食谱之外，每日可服用200～400mg钙片。注意以上营养补充剂都应随餐服用，而不要空腹服用。

15. 孕期和哺乳期不建议在正常饮食之外随意自行服用保健品和药品，部分保健品和药品可能对胎儿或泌乳产生影响，或损害胃肠功能和营养平衡。确有需要服用时，请咨询医生和药师的建议。

备孕营养食谱（1900kcal）

食谱目标

食谱能量目标为1900kcal，适用于没有高血脂、高血压和糖尿病问题，消化能力偏弱，不需要减肥，或者需要略微增加体重的备孕女性。

食谱内容

健康女性备孕保健食谱：1900kcal

餐次	食物安排	食材和数量
早餐	枸杞小米大黄米粥2小碗	小米20g，大黄米（黍）10g，枸杞子10g
	较小馒头1个或大馒头半个	富强粉馒头，熟重80g
	脱脂奶蒸蛋羹半碗	鸡蛋1只带壳重60g，脱脂奶100g，香油1g，盐或鸡精0.5g
	香油拌胡萝卜四川泡菜	乳酸发酵的胡萝卜泡菜30g，香油1g
上午点	麦维面包1/3个（总重100g）	重约30g，或1片主食面包
	葡萄干1把	未加盐和其他调味品的葡萄干15g
午餐	山楂苹果大枣汤（饭前喝）	苹果半个100g，大枣（带核）20g，山楂肉5g
	大米糯米饭半碗	精白米25g，糯米25g
	咖喱炒鸡丁	鸡胸肉50g，洋葱50g，土豆50g，嫩豌豆20g，橄榄油8g，咖喱粉1g，盐少量，鸡精少量
	芝麻酱拌焯菠菜	菠菜120g，芝麻酱10g，生抽酱油4g
下午点	葵花籽仁约2平汤匙	去壳重20g
晚餐	山楂苹果大枣汤（饭前喝）	同午餐
	大米糯米饭半碗	同午餐
	排骨炖藕	带骨猪大排100g，藕100g，胡萝卜30g，盐和其他调料少量
	鸡汤煮小白菜	鸡汤100g，小白菜150g，盐和胡椒粉少量
夜宵	酸奶	1小杯100g
饮料	淡柠檬水	
运动		饭后做15~20分钟的中低强度运动（如散步、做操），到身体发热的程度即可。随体能增强逐渐增加强度，以改善血液循环，有利于消化吸收。每周3次20分钟左右的增肌运动，提高肌肉力量，帮助提升代谢率。增肌运动之后需额外补充1杯牛奶，增加蛋白质

食谱制作

营养食谱

早餐

枸杞小米大黄米粥+馒头+脱脂奶蒸蛋羹+香油拌胡萝卜四川泡菜

枸杞小米大黄米粥

原料：小米20g，大黄米（黍）10g，枸杞子10g。

做法：（1）小米、大黄米放8倍水中，煮沸后小火煮15分钟。

（2）再加入枸杞子继续煮5分钟，即可食用。

贴心叮咛：大黄米如果当地买不到，可以网购或换成等量糯米。但糯米最好先泡一下，没有大黄米那么好煮。如果早上有胃口，可以比食谱规定的量多吃些。

脱脂奶蒸蛋羹

原料：脱脂奶100g（脂肪含量低于0.5%），中等大鸡蛋1个60g，香油1g。

做法：（1）鸡蛋打入碗中，用脱脂奶替代水，搅匀鸡蛋，加0.5g盐或鸡精，

营养食谱

滴几滴香油。

（2）上笼蒸6分钟，再焖几分钟，即可取出食用。或者碗上面加个盘子，直接放入微波炉，中高火1～2分钟，解冻挡3～4分钟（具体根据微波炉的功率而定），凝固时即可取出食用。

贴心叮咛：①用全脂奶也可，但会带来奶膻味。不喜欢这种味道的朋友用脱脂奶较好。

②鸡蛋选择较新鲜的效果好。

③注意控制蒸制时间，根据自家烹具的火力进行调整。蒸的时间长了蛋羹凝冻会收缩、塌陷、出水，影响美味。

上午点 麦维面包30g+葡萄干15g。

贴心叮咛：所谓麦维面包，是注明添加了B族维生素的面包。大型超市里经常能看到这类产品，仔细看看包装上的配料表和营养成分表就能知道。如果没有，用配料中加了牛奶或奶酪的切片面包也可以，但不能用分层的牛角面包之类的高饱和脂肪产品。

午餐

山楂苹果大枣汤+大米糯米饭+咖喱炒鸡丁+芝麻拌焯菠菜+葵花籽仁

山楂苹果大枣汤

原料： 苹果100g，大枣带核20g，鲜山楂肉5g。

做法：（1）苹果去核切块，山楂和大枣去核，加入100g（半杯）水。

（2）放入电压力锅煮10分钟，待恢复常压后即可食用。或者用砂锅小火炖30分钟。

贴心叮咛： ①苹果质地软烂、颜色变黄、香气浓郁则最好。不要加入任何糖和蜂蜜。

②如果没有鲜山楂，可以用3～4片干山楂片来调整酸味。如此少量的山楂并不会引起流产之类的麻烦。如果备孕者对山楂有担心，可以替换为干酸枣（网上有售）5～10粒，营养价值更高。

大米糯米饭

原料： 精白米25g，糯米25g。

做法： 和煮普通大米饭一样，只是把一半大米换成糯米，如果糯米提前浸泡2

小时则效果更好。

贴心叮咛: ①糯米饭必须要趁热食用才特别容易消化,冷后则不适合消化不良的人。

②用糙米替代精白米,健身效果会更好,但需要先泡2小时再煮。

③如果胃口好,主食可以多吃些,不必拘泥于半碗。

咖喱炒鸡丁

原料: 鸡胸肉50g,洋葱50g,土豆50g,嫩豌豆20g,橄榄油8g,咖喱粉1g,盐少量。

做法: (1)将鸡胸肉、洋葱、土豆切丁;若为速冻豌豆需化冻。

(2)土豆先用微波炉加热3~4分钟,使其半熟。

(3)不粘锅中放油,加一半咖喱粉,先炒洋葱和鸡丁。

(4)待洋葱透明出香味,加入土豆和豌豆一起翻炒,再加另一半咖喱粉和少量盐。

(5)最后用1汤匙水溶解鸡精,洒入锅中,混匀后即可盛出食用。

贴心叮咛: 使用鸡胸肉,如果感觉能消化,可以换成羊肉或牛肉,但最好不换成鸭肉、猪肉等,和咖喱的味道不配。

芝麻酱拌焯菠菜

原料: 菠菜120g,芝麻酱10g,生抽酱油4g。

做法: (1)菠菜洗净拆散,放沸水中焯2分钟,捞出放大碗中,控去水分。

(2)1汤匙芝麻酱加少量热水搅开,加入生抽酱油拌匀,浇在菠菜上即可。

(3)菠菜可以换成其他浓绿色的绿叶菜,如苋菜、木耳菜、番杏、苜蓿芽(草头)、西洋菜(水田芥)等。略带涩味的菜焯一下即可去掉草酸。

贴心叮咛: 对消化不良者来说,菠菜要略煮软一点才好。可以在煮菜水里加半汤匙香油,这样菜叶就会非常柔软,消化不良者吃了之后胃里不感觉堵。

下午点 葵花籽仁20g（约2平汤匙）。也可以换成其他不太咸的坚果，如核桃仁或花生仁，选自己吃了比较容易消化的品种。

晚餐

山楂苹果大枣汤+大米糯米饭+排骨炖藕+鸡汤煮小白菜

排骨炖藕

原料： 带骨猪大排100g，藕100g，胡萝卜30g，盐和其他调料少量。

做法：（1）排骨沸水焯去腥味，放电炖锅或砂锅中，加姜片和花椒粒，慢炖1~2小时。

（2）加入藕块再煮20分钟，最后加入胡萝卜焖5~8分钟，加盐调味即可。

第四部分 **食谱** 育龄女性营养食谱和制作详解

179

贴心叮咛：①至少选择排酸肉，如果选择无公害或经有机认证的肉，则最为理想。②肉要炖得软烂一点，以便消化，咸味淡一点，多体会藕本身的鲜甜。

鸡汤煮小白菜

原料：鸡汤100g，小白菜150g，盐和胡椒粉少量。

做法：（1）鸡汤去部分浮油，小白菜去根洗净切段。

（2）汤放锅中煮沸，加入小白菜一起煮2分钟，调味后即可食用。

贴心叮咛：①汤中留一点油，把小白菜略煮软一点，食用起来更感觉轻松。

②鸡汤也可以换成排骨汤，同样很有营养。

夜宵 酸奶1小杯（100g）。

饮料 淡柠檬水（1片柠檬泡1大杯水的浓度），随意饮用。

营养分析

按照2014年修订的轻体力活动女性（18~49岁）营养素参考摄入量标准，对该食谱进行营养评价。

● 能量、三大营养素和膳食纤维供应量

这份食谱一天当中的总能量和蛋白质均超过轻体力活动女性的蛋白质推荐供应量（见下表），蛋白质供应量达到推荐值的135.8%，其中动物性蛋白质共35.8g，占蛋白质总量74.7g的47.9%。考虑到消化不良和胀气问题，本食谱中未使用豆类蛋白，优质蛋白质来源于肉类和蛋奶。说明食谱中的能量和蛋白质非常充足，蛋白质的质量非常好，适合需要增重和原本营养不良，需要通过增加营养来改善体质的备孕女性使用。

备孕女性需要理解的是，孕早期胚胎非常小，消耗的能量和蛋白质也少，故孕期前3个月不需要大幅度增加食量。只要备孕期间的营养供应和身体储备充足，就能保证孕期前3个月胚胎正常生长发育。

据营养成分数据库不太全面的膳食纤维数据（大部分数据只有不可溶纤维，而未给出低聚糖、果胶等可溶性纤维数值）显示，这份食谱中供应的膳食纤维数量为20.1g，加上没有纳入数据的可溶性纤维，肯定可以达到每日25～35g的世界卫生组织推荐范围，大幅度高于我国居民摄入的平均值。对瘦弱者来说，既要考虑到消化不良和容易胀气的问题，避免食用过于粗糙的食物，也要考虑纤维对大肠通畅的必要作用，纤维总量并非越少越好。

食谱中的能量、三大营养素和膳食纤维供应量评价

项目	总能量 /kcal	蛋白质 /g	脂肪 /g	碳水化合物 /g	膳食纤维 /g
食谱总量	1919	74.7	57.6	286.6	20.1
参考值	1800	55	—	—	25～35
设计目标	1900	70	>50	>250	>15
评价	达标	达标	达标	达标	达标

注：本食谱给瘦弱备孕者设计，故营养素设计目标值超过同年龄成年女性的参考值。评价是指是否达到食谱设计的各项营养目标。下同。

🍽 三餐供能比和营养素分布评价

食谱中的三大营养素供能比例分别为：蛋白质15.2%，脂肪26.4%，碳水化合物58.4%。健康人的推荐范围分别是10%～20%、20%～30%、50%～65%。本食谱的营养素供能比在推荐的比例范围当中，蛋白质供能比略高于标准范围0.2%，对于补充营养期间的人是有利的。

这份食谱各餐次能量、蛋白质和碳水化合物供应合理，三餐的能量分布符合非减肥膳食供能推荐比例。其中蛋白质和碳水化合物的三餐分布较为均匀，能够有效保证各餐次蛋白质的利用率，也有利于控制餐后血糖尽量减小波动，避免低血糖状态和高血糖状态。不用担心消化能力不足，早餐供应了较少的脂肪。待消化能力提升后可以增加早餐脂肪供应量。

食谱中的三餐供能比和营养素分布评价

项目	能量比例目标（占总量）/%	实际能量比例（占总量）/%	能量/kcal	蛋白质/g	脂肪/g	碳水化合物/g
早餐	25~35	28.6	549	22.2	10.2	95.4
午餐	30~40	37.3	715	28.0	27.1	95.5
晚餐	30~35	34.1	655	24.5	20.3	95.7
评价		合理	合理	均衡	早餐偏少	均衡

注：早餐中含上午点、午餐中含下午点，晚餐中含夜宵。下同。

🌱 维生素和矿物质供应量评价

维生素A、维生素B_1和维生素B_2均为我国居民膳食中容易缺乏的营养素，充足的维生素C还有利于非血红素铁的吸收利用。下表中的数据表明，该食谱维生素和矿物质供应量足够充足，符合备孕女性和孕早期女性的需求。尽管计算结果为食材原料的营养素含量，未考虑烹调损失，但推荐供应量已经考虑到了烹调损失，而且本食谱中设计的烹调方法可以保存蔬菜食材中50%以上的维生素C，以及水果食材中的全部维生素C，故烹调后营养素的数量仍能充分满足膳食需求。

食谱中的维生素和矿物质供应量评价

项目	维生素A/μgRE	维生素C/mg	维生素B_1/mg	维生素B_2/mg	钙/mg	钾/mg	镁/mg	铁/mg	锌/mg
供应量	1633	156	1.66	1.43	772	3013	460	24.7	10.4
目标值	700	100	1.20	1.20	800	2000	330	20	7.5
满足比例	233.3%	156.0%	138.3%	119.2%	96.5%	150.7%	139.4%	123.5%	138.7%

注：维生素A的供应来源中包括了植物性食品中能转化为视黄醇的类胡萝卜素和维生素A两类。计算时按照食物成分表中的视黄醇当量数据统一两种来源（下同）。

食物选择和制作方法分析

1. 这份食谱考虑到了烹调方法问题，未使用煎炸爆炒的方法，也没有使用大量凉拌菜。食物口感以质地柔软为主，符合消化不良者的需求。

2. 这份食谱考虑到了食材的消化难度问题，未使用含有较高植酸、草酸和蛋白酶抑制剂的大豆、黄豆芽等食材。杂粮的选择是质地柔软容易消化的小米和大黄米，还使用了糯米和熟藕等有利于胃酸分泌的食材。面食选择了经过发酵容易消化的馒头。

3. 这份食谱考虑到了降低食物饱腹感、提高食欲等措施，以便增加食物的摄入量，改善食物的消化效果。其中，午餐和晚餐前各使用了半碗山楂苹果大枣汤，用酸甜口味来起到开胃作用；早餐则使用了胡萝卜四川泡菜来搭配小米粥，也有开胃效果。合理制作的泡菜是乳酸菌发酵的，并不会带来过量的亚硝酸盐和致癌物，即便不使用纯菌种，也可以通过保证20天发酵时间的方式来确保安全性。

4. 这份食谱使用了杂粮、薯类、肉类、奶类、蛋类、蔬菜、水果、水果干等共计21种天然食材，其中含有270g深绿色叶菜，对保障叶酸的供应起到重要作用。食材多样化程度高，而且口味良好。

备孕营养食谱（1800kcal）

食谱目标

本食谱的能量目标为1800kcal，适合无高血压、高血脂、糖尿病，但存在贫血、低血压、怕冷、消化不良等问题的备孕女性使用。需要增加体重的瘦弱备孕女性亦可使用，只需在本食谱的食物品种基础上增加主食的数量即可。

食谱内容

健康女性备孕保健食谱（1800kcal）

餐次	食物安排	食材和数量
早餐	芝麻麦胚枸杞糊2小碗	黑芝麻10g，麦胚5g，小米10g，枸杞子10g
	烤馒头片	标准面粉或全麦粉制作的馒头100g，橄榄油3g
	蒸蛋羹1小碗	鸡蛋1个带壳重60g，盐0.3g
	香油拌圆白菜四川泡菜	圆白菜泡菜50g，香油2g
上午点	坚果和水果干1把	干枣带核30g，榛仁10g
午餐	紫糯米饭浅浅1碗	特级粳米40g，紫红糯米40g
	胡萝卜山药炖羊肉	肥瘦羊肉50g，洋葱50g，铁棍山药30g，胡萝卜50g，其他调料适量
	姜汁拌焯菠菜	菠菜120g，芝麻酱10g，陈醋1汤匙15g，鸡精2g，姜汁少量，香油少量
	鲜桂圆	带壳桂圆100g
下午点	甜食：醪糟牛奶	市售醪糟100g，全脂牛奶100g
晚餐	紫糯米饭半碗	特级粳米25g，紫红糯米25g
	蒸铁棍山药	山药80g
	鸡心煮茼蒿	鸡心50g（8～10个），茼蒿200g，水发木耳20g，其他调料适量
夜宵	红酒酸奶	酸奶1小杯100g，干红10g
饮料	柠檬红茶	
运动	每天两次，每次15～20分钟的中低强度运动（如散步、做操），到身体发热的程度即可。随体能增强逐渐增加强度，以改善血液循环，有利于消化吸收。每周3次20分钟左右的增肌运动，提高肌肉力量，帮助改善低血压和怕冷的问题。增肌运动之后额外补充一杯牛奶或其他富含蛋白质的食物	

食谱制作

早餐

芝麻麦胚枸杞糊+烤馒头片+蒸蛋羹+香油拌圆白菜四川泡菜

芝麻麦胚枸杞糊

原料：黑芝麻10g，麦胚5g，小米10g，枸杞子10g。

做法：小米、黑芝麻、麦胚、枸杞子一起放豆浆机中，加水到300ml，打匀后食用（约300g）。

贴心叮咛：黑芝麻可以换成白芝麻。麦胚如果当地买不到，可以网购。或者换成榛子、松子等坚果也可，但不及麦胚所含微量元素丰富。

185

烤馒头片

馒头烤前熟重100g切片，平锅或电饼铛烤盘上均匀涂上橄榄油3g，烤到两面金黄色即可。可以用烤全麦面包、发面饼、发糕等容易消化的主食来替代。

蒸蛋羹

原料： 中等大鸡蛋1个60g。

做法：（1）鸡蛋打入大碗中，加等量的水，搅匀鸡蛋，加0.3g盐或鸡精，滴几滴香油。

（2）上笼蒸6~8分钟，再于蒸锅里焖几分钟，即可取出食用。或者碗上面加个盘子，直接放入微波炉，中高火2分钟，解冻挡3~4分钟（具体根据微波炉的功率而定），凝固时即可取出食用。也可以用稀豆浆替代水来做蛋羹。

上午点 干枣30g，榛仁10g。可以等量替换为其他坚果和水果干，比如葡萄干和核桃仁。

注意： 干枣要仔细咀嚼二三十下，否则没有煮过的枣不容易消化。坚果也要认真咀嚼，而且尽量选新鲜原味不加盐的品种。

午餐

紫糯米饭+胡萝卜山药炖羊肉+姜汁拌焯菠菜

胡萝卜山药炖羊肉

原料： 肥瘦羊肉50g，洋葱50g，铁棍山药30g，胡萝卜50g，其他调料适量。

做法：（1）羊肉切块，洋葱、胡萝卜、山药切丁。

（2）羊肉加姜片、小茴香和几粒花椒，先放入电炖锅中，或在砂锅中炖到熟。

（3）然后取一部分肉和约2小碗汤，去掉大部分浮油，加入洋葱丁、胡萝卜丁和山药丁，再一起小火炖10分钟，加盐调味后即可盛出食用。

紫糯米饭

原料： 特级粳米（优质东北大米）40g，紫红糯米40g。

做法： 和煮普通大米饭一样，只是把一半白米换成紫红糯米，需要提前浸泡至少2小时到吸饱水，再和白米一起放入电饭锅煮饭。或者直接用电压力锅烹调，加水量为1份干米加1.6倍水，无需预先浸泡。

贴心叮咛： 需要注意的是，含有糯米或其他杂粮的米饭，必须要趁热食用才容易消化，冷后则不适合消化不良的人。

第四部分 **食谱** 育龄女性营养食谱和制作详解

姜汁拌焯菠菜

原料： 菠菜120g，芝麻酱10g，陈醋1汤匙15g，鸡精2g，姜汁少量，香油少量。

做法： 菠菜洗净拆散，放入加了半汤匙香油的沸水中煮沸，继续滚沸1分钟，捞出放入大盘中平铺，控去水分，装入大碗中。拌入鸡精2g，陈醋1汤匙，取鲜姜用压蒜器挤出两滴姜汁滴入其中，再加几滴香油，拌匀即可食用。

贴心叮咛： 注意菠菜必须煮软，香油要先放在煮菜水里，这样菠菜的质地就会油润柔软。放了醋之后要当餐吃完，否则叶绿素遇到酸性物质容易使绿菜变色发黄。

菠菜可以替换成其他深绿色的叶菜，比如苋菜、茼蒿、空心菜、木耳菜等。

餐后水果 鲜桂圆100g。可以替换成其他自己吃了感觉舒服的应季水果。

下午点 醪糟牛奶1碗。

原料： 市售醪糟100g，全脂牛奶100g。

做法： 先加热醪糟，然后倒入牛奶或者冲入奶粉。

晚餐

紫糯米饭+蒸铁棍山药+鸡心煮茼蒿。

蒸铁棍山药

原料： 山药80g。

做法： 山药洗净，切8～10cm的段，蒸熟，去皮。

贴心叮咛： 山药含有皂苷类物质，削皮时可能引起手上的皮肤发痒。可先用刷子把它洗净，蒸熟，然后再削皮，就不会有手痒的问题了。可以替代为等量的土豆或很软糯的老藕。

鸡心煮茼蒿

原料： 鸡心50g（8～10个），茼蒿200g，水发木耳20g，其他调料适量。

做法： 鸡心切半，洗净放水中，加姜片、葱段和几粒花椒，煮沸后转小火，再煮5分钟，加入洗净的茼蒿和木耳一起煮2分钟，关火，加盐和胡椒粉调味，即可食用。鸡心含有少量脂肪，所以菜里不用放油。没有鸡心时可以用鸡肝、鸭心等替代。若都没有，可以用100g鸡翅中来替代。

第四部分

食谱 育龄女性营养食谱和制作详解

营养食谱

夜宵

红酒酸奶

原料： 酸奶1小杯100g，干红10g。

做法： 酸奶暖到室温，搅入1汤匙红酒即可。

贴心叮咛： 酒类营养价值很低，大量的酒精对消化系统有害。但是，极少量的酒精可以改善血液循环，对低血压者是有益的。也可以用1汤匙的黄酒或糯米酒来替代红葡萄酒（酒精度在10～15度之间可以用）。如果担心不知不觉受孕，而孕期不宜饮酒，可以直接去掉红酒，喝一小杯酸奶即可。

饮料

柠檬红茶

制法： 1片柠檬，泡入较淡的红茶中，加几片枣干或桂圆，两餐之间随意饮用。

贴心叮咛： 如对咖啡因敏感，喝茶会影响睡眠，建议下午4点之后不喝任何茶，更不要喝咖啡。

营养素增补： 建议在每一餐用餐过程中服用100mg维生素C片。维生素C可提高非血红素铁（植物性食物中的铁）的吸收利用率，和食物混合在一起的时候可以发挥最好的作用。

营养分析

按照2014年修订的轻体力活动女性（18~49岁）的能量和营养素参考摄入量标准，对该食谱进行营养评价。

🍃 能量、三大营养素和膳食纤维供应量

这份食谱一天当中的总能量为1797kcal。蛋白质71.6g，达到了轻体力活动女性的蛋白质推荐供应量（55g）的130.2%。一日总脂肪52.8g，碳水化合物256.1g。这说明食谱中的能量充足，相当于标准体重轻体力活动女性的推荐数值，不需要减肥的女性可以使用。蛋白质的供应量达到备孕女性和孕早期女性的推荐供应量。

食谱中动物性蛋白质共30.2g，占总蛋白质71.6g的42.2%。考虑到消化不良和胀气问题，本食谱中未使用豆类蛋白，优质蛋白质来源于肉类和蛋奶。蛋白质的质量非常好，总量亦不过多。

据营养成分数据库不太全面的膳食纤维数据（大部分数据只有不可溶纤维，而未给出低聚糖、果胶等可溶性纤维数值），这份食谱中供应的膳食纤维数量为16.3g，考虑到过多纤维不利于微量元素吸收利用的问题，尽量避免了高纤维食物的使用，但也能保障纤维对大肠通畅的必要作用。本食谱使用的纤维来源均不易引起肠道不适。

考虑到贫血者大部分存在消化不良的情况，对食物的消化能力有限，故未提供过高的能量，而是重点保证容易吸收的铁、锌、维生素C、优质蛋白等营养素的供应量，通过增加营养素的利用率来提高健康水平。

食谱中的能量、三大营养素和膳食纤维供应量评价

项目	总能量 /kcal	蛋白质 /g	脂肪 /g	碳水化合物 /g	膳食纤维 /g
食谱总量	1797	71.6	52.8	256.1	16.3
参考值	1800	55	—	—	25~35
设计目标	1800	70	>50	>250	>15
评价	达标	达标	达标	达标	略低

三餐供能比和营养素分布评价

该食谱中的三大营养素供能比例分别为：蛋白质16.0%，脂肪26.6%，碳水化合物57.4%。健康人的推荐范围分别是10%～20%、20%～30%、50%～65%。本食谱的营养素供能比接近健康人的推荐比例范围，而且在补充营养的时期，蛋白质比例略高于15%是有利于健康的。

这份食谱各餐次能量、蛋白质和碳水化合物供应合理，三餐的能量分布符合非减肥膳食供能推荐比例。其中蛋白质和碳水化合物的三餐分布较为均匀，能够有效保证各餐次蛋白质的利用率，也有利于控制餐后血糖尽量减小波动，避免低血糖状态和高血糖状态。不用担心消化能力不足，晚餐供应了较少的脂肪。待消化能力提升后可以增加脂肪供应量。

食谱中的三餐供能比和营养素分布评价

项目	能量比例目标（占总量）/%	实际能量比例（占总量）/%	能量/kcal	蛋白质/g	脂肪/g	碳水化合物/g
早餐	25~35	31.8	554	22.8	20.6	80.5
午餐	30~40	37.1	670	29.9	18.3	101.1
晚餐	30~35	31.1	573	18.9	13.9	74.5
评价		合理	合理	均衡	晚餐略少	均衡

维生素和矿物质供应量评价

维生素A、维生素B_1和维生素B_2均为我国居民膳食中容易缺乏的营养素，充足的维生素C还有利于非血红素铁的吸收利用。下表中的数据表明，该食谱维生素和矿物质供应量充足，符合备孕女性和孕早期女性的需求。尽管计算结果为食材原料的营养素含量，未考虑烹调损失，但推荐供应量已经考虑到烹调损失，而且本食谱中设计的烹调方法可以保存蔬菜食材中50%以上的维生素C，以及水果食材中的全部维生素C，故烹调后营养素的数量仍能充分满足膳食需求。

项目	维生素A /µgRE	维生素C /mg	维生素B$_1$ /mg	维生素B$_2$ /mg	钙 /mg	钾 /mg	镁 /mg	铁 /mg	锌 /mg
供应量	1946	136	1.50	1.73	836	3109	416	28.2	13.3
目标值	700	100	1.20	1.20	800	2000	330	20	7.5
满足情况	278.0%	136.0%	125.0%	144.2%	104.5%	155.5%	126.1%	141.0%	177.3%

食物选择和制作方法分析

1. 这份食谱考虑到了烹调方法问题，未使用煎炸爆炒的方法，也没有使用大量凉拌菜。食物以口感质地柔软为主，符合消化不良者的需求。

2. 这份食谱考虑到了食材的消化难度问题，未使用含有较高植酸、草酸和蛋白酶抑制剂的大豆、黄豆芽等食材。杂粮的选择是质地柔软容易消化的紫红糯米，还使用了山药这种有利于胃酸分泌的食材。面食选择了经过发酵容易消化的馒头。

3. 这份食谱考虑到了降低食物饱腹感、提高食欲、降低抗营养因素等措施，以便增加食物的摄入量，改善食物的消化吸收效果。

4. 这份食谱提供的肉类高于膳食指南的每日75g水平，是考虑到备孕女性需要保障优质蛋白质供应，以及贫血备孕女性需要重点供应血红素的问题。考虑到增加植物性铁的供应，采用了麦胚、芝麻、榛子、木耳等富含铁的食物。

5. 这份食谱使用了杂粮、薯类、肉类、奶类、蛋类、蔬菜、水果、坚果、水果干等共计24种天然食材，其中含有350g深绿色叶菜，对保障备孕女性叶酸的供应起到重要作用。食材多样化程度高，而且口味良好。

第四部分 **食谱** 育龄女性营养食谱和制作详解

备孕营养食谱（1700kcal）

食谱目标

食谱能量目标为1700kcal，适用于超重，有高血脂、高血压或脂肪肝等问题，消化能力良好，需要降低体脂的备孕女性。在增加体力活动量的情况下，亦可用于健康女性的健康减肥，可以保证营养供应充足，维持较高代谢率。

食谱内容

高体脂女性备孕保健食谱（1700kcal）

餐次	食物安排	食材和数量
早餐	亚麻籽南瓜豆浆1大碗	南瓜100g，亚麻籽仁5g，黄豆10g
	土豆鸡蛋软饼	全麦面粉50g，土豆50g，鸡蛋1个，茶籽油4g，其他调料适量
	五香煮花生	花生10g
上午点	热牛奶半杯，水果少量	热牛奶半杯100g，草莓100g
午餐	双薯米饭1碗	特级粳米40g，红心甘薯丁60g，土豆丁60g
	香菇冬笋炒豆腐	北豆腐50g，冬笋50g，干香菇10g，茶籽油6g，其他调料适量
	拌蒸豆角	豆角150g，香油4g，其他调料适量
下午点	水果和坚果	大脐橙半个150g，甜杏仁10g（去壳约12粒）
晚餐	红豆莲子紫米粥2小碗	紫米20g，莲子10g，红小豆20g
	白灼菜心	油菜薹200g，橄榄油4g
	三蔬炒虾仁	河虾仁70g，胡萝卜50g，芦笋50g，鲜百合半头20g，茶籽油6g，其他调料适量
夜宵	牛奶半杯	牛奶100g
饮料	乌龙茶或其他茶类	不限量
运动	每天至少45分钟中强度有氧运动，如快走、慢跑、跳操，以消耗能量，减少脂肪；运动强度以平均心率达到120次/分钟为好。每周3次增肌运动，以加强核心肌肉和主要大肌群力量，帮助提高基础代谢率	

食谱制作

营养食谱

亚麻籽南瓜豆浆+土豆鸡蛋软饼+五香煮花生

亚麻籽南瓜豆浆

原料： 南瓜100g，亚麻籽仁5g，黄豆10g。

做法： 南瓜预先蒸熟，去皮取肉。市售烤亚麻籽仁和黄豆与南瓜一起放入豆浆机中，加水到300ml，打匀后食用（约300g）。

贴心叮咛： 果蔬在打豆浆之前需要提前加热灭酶，蒸、煮、微波都可以。否则豆浆容易发生絮凝情况，影响口感。亚麻籽仁如果当地买不到，可以网购。或者换成生的杏仁、榛子等也可，但没有亚麻籽仁当中的ω-3脂肪酸含量丰富。如果胃酸偏多，南瓜100g可以替换为燕麦片1汤匙（10g）。

土豆鸡蛋软饼

原料： 全麦面粉50g，土豆50g，鸡蛋1个，茶籽油4g，其他调料适量。

做法：（1）全麦面粉放入大碗中，打入鸡蛋，加水、少量盐或鸡精搅匀。

（2）土豆去皮切丝（不要去掉其中的淀粉）。平锅中放少量茶籽油，加入土豆丝翻炒半分钟，把土豆丝拢在一起，立刻在土豆丝上面倒入鸡蛋面糊，上面撒上一点葱花或洋葱丁。小火加盖焖2分钟。

（3）待下面凝固之后，翻面，再焖1分钟。打开盖子，两面凝固并散发香气时，即可装盘食用。土豆丝可以换成红薯丝、芋头碎、甜豌豆蓉等其他含淀粉蔬菜。

贴心叮咛： 这个饼可以提前做好，分成两份冷藏，每次早上取一份，在平锅上烤热即可食用。除土豆外还可以加入其他各种蔬菜。

上午点 热牛奶半杯100g，草莓100g。

贴心叮咛： 两者不一定同时吃。草莓也可以换成桑葚、樱桃、蓝莓等其他富含花青素的水果。

午餐

双薯米饭+香菇冬笋炒豆腐+拌蒸豆角

双薯米饭

原料：特级粳米40g，红心甘薯丁60g，土豆丁60g，其他调料适量。

做法：和煮普通大米饭一样，只是减少一半的大米，在米饭上面加入土豆丁和甘薯丁，直接用电饭锅煮熟即可。

贴心叮咛：吃的时候也很简单，一口饭一口菜吃就可以了。没有调味的土豆丁配菜吃口感很好。如果把精白米换成糙米或黑米，则效果更好。

拌蒸豆角

原料：豆角150g，香油4g。

做法：（1）豆角去筋洗净，切碎（或整根），放入蒸锅中，蒸10分钟左右，软熟后放入大碗中，控去水分。

（2）拌入半汤匙香油，放入盐或鸡精、香醋，拌匀即可食用。可替换为芝麻酱、生抽、蒜蓉和香醋的混合调味汁。也可换成长豇豆、扁豆角等其他嫩豆类食材。

香菇冬笋炒豆腐

原料： 北豆腐50g，冬笋50g，干香菇10g，茶籽油6g，其他调料适量。

做法：（1）香菇水发切丁，冬笋焯过（或直接购买袋装煮冬笋）切丁，北豆腐（卤水豆腐）切丁。

（2）不粘锅中加少量茶籽油，放少量花椒粉中火炒香，马上加入葱花和香菇丁翻炒一下，再加入豆腐丁和冬笋丁，翻炒3～4分钟。

（3）表面水分蒸干之后，加低钠盐或1汤匙鲜味生抽调味，即可盛盘食用。

贴心叮咛： 少量花椒粉可以带来香气，如果不喜欢吃花椒，可以不放。

下午点 大脐橙半个150g（也可替换成等量其他柑橘类水果），甜杏仁10g（去壳约12粒）

晚餐

红豆莲子紫米粥+白灼菜心+三蔬炒虾仁

红豆莲子紫米粥

原料：紫米20g，莲子10g，红小豆20g。

做法：红小豆和莲子预先泡过夜，加入紫米，一起放入电饭锅或压力锅中，加8倍水，用杂粮粥程序煮熟即可。

三蔬炒虾仁

原料：河虾仁70g，胡萝卜50g，芦笋50g，鲜百合半头20g，茶籽油6g，其他调料适量。

做法：（1）百合洗净拆成片，胡萝卜切小片，芦笋切小段。

（2）三种蔬菜分别放入加有少量油的沸水中焯烫半分钟捞出。

（3）虾仁加料酒、姜汁拌过，也放入沸水中焯10秒钟。用水淀粉、胡椒粉和鸡精拌成调味汁。

（4）锅中放少量油，放虾仁翻炒1分钟，加其他配料翻匀，最后加调味汁勾薄芡，关火翻匀，即可食用。

贴心叮咛：虾仁也可替换为鲜贝、螺肉等水产品。菜心可以替换成其他深绿色的绿叶菜，如豌豆尖、红薯叶、菠菜、木耳菜等，注意所有菜肴的烹调必须少油。

夜宵 牛奶半杯（可替换为早上的亚麻籽豆浆1杯，早上做豆浆时可按原料配比多做一些）。

饮料 乌龙茶，两餐之间随意饮用。可替换为绿茶、红茶、普洱茶等其他无糖茶类。

营养分析

按照2014年修订的轻体力活动女性（18～49岁）的能量和营养素参考摄入量标准，对该食谱进行营养评价。

能量、三大营养素和膳食纤维供应量

这份食谱一天当中的总能量为1733kcal。蛋白质78.8g，达到了轻体力活动女性的蛋白质推荐供应量（55g）的143.3%。一日总脂肪58.6g，碳水化合物226.6g。食谱中的能量比标准体重轻体力活动女性的推荐数值（1800kcal）略低，蛋白质的供应量超过备孕女性和孕早期女性的推荐供应量。

食谱中动物性蛋白质共24.9g，占总蛋白质78.8g的31.6%。豆类蛋白13.0g，总优质蛋白质比例为48.1%。一日中供应蛋白质的质量优良，分布均匀。

据营养成分数据库不太全面的膳食纤维数据（大部分数据只有不可溶纤维，而未给出低聚糖、果胶等可溶性纤维数值），这份食谱中供应的膳食纤维数量为28.6g，达到了每日25～35g的世界卫生组织推荐范围，如果加上可溶性纤维，每日超过30g。考虑到超重、高血脂、脂肪肝患者需要大力提高膳食纤维的摄入量，本食谱在供应丰富微量元素的基础上重点强化了膳食纤维和抗营养物质的供应，这对控制血糖、血脂，降低肝脏脂肪积累，促进大肠通畅，平衡激素，以及提高饱腹感，都有重要的意义。

食谱中的能量、三大营养素和膳食纤维供应量评价

项目	总能量 /kcal	蛋白质 /g	脂肪 /g	碳水化合物 /g	膳食纤维 /g
食谱总量	1734	78.8	58.6	226.6	28.6
参考值	1800	55	—	—	25～35
设计目标	1700	70	<60	>200	>20
评价	合理	丰富	适当	充足	丰富

三餐供能比和营养素分布评价

该食谱中的三大营养素供能比例分别为：蛋白质18.0%，脂肪30.2%，碳水化合物51.8%。减肥者的推荐范围分别是10%～20%、20%～30%、

50%~65%。本食谱的营养素供能比接近推荐的比例范围，蛋白质比例略高，有利于控制餐后血糖，也有利于运动增肌。

三餐的能量分布符合早餐25%~30%、午餐35%~40%、晚餐30%~35%的非减肥膳食供能推荐比例。其中蛋白质和碳水化合物的三餐分布比较均匀，能够有效保证各餐次蛋白质的利用率，也有利于控制餐后血糖尽量减小波动，避免低血糖状态和高血糖状态。考虑到午餐和晚餐时间间隔较长，晚餐后活动时间较短，故设计午餐碳水化合物比例略大，晚餐比例略小。

食谱中的三餐供能比和营养素分布评价

项目	能量比例目标（占总量）/%	实际能量比例（占总量）/%	能量/kcal	蛋白质/g	脂肪/g	碳水化合物/g
早餐	25~35	32.5	564	25.7	21.5	72.0
午餐	30~40	36.1	626	23.6	18.1	96.8
晚餐	30~35	31.4	544	29.5	19.0	57.8
评价		合理	合理	均衡	均衡	均衡

🐾 维生素和矿物质供应量评价

该食谱中维生素和各矿物质元素的供应十分充足，钾和镁的供应量特别丰富，能够满足预防糖尿病、高血压等慢性疾病的需求。维生素A、维生素B_1和维生素B_2均为我国居民膳食中容易缺乏的营养素，食谱中供应也很充足。数据表明，该食谱的微量营养素供应量能充分满足备孕女性和孕早期女性的需求。

食谱中的维生素和矿物质供应量评价

项目	维生素A/μgRE	维生素C/mg	维生素B_1/mg	维生素B_2/mg	钙/mg	钾/mg	镁/mg	铁/mg	锌/mg
供应量	713	336	1.27	1.33	1143	3962	476	28.4	12.58
目标值	700	100	1.20	1.20	800	2000	330	20	7.5
满足情况	101.9%	336.0%	106.0%	110.8%	142.9%	198.1%	144.2%	142.0%	167.7%

食物选择和制作方法分析

1. 这份食谱未使用煎炸烧烤的方法，尽量减少营养素的损失。烹调方法注意控制油和盐的用量，口味清淡，以便容易控制食量，并避免出现血压升高和水肿情况。

2. 这份食谱使用了含有较高膳食纤维的大豆、亚麻籽仁、芦笋、竹笋、香菇、红小豆、全麦面粉等食材，提供了大量的深绿色叶菜和嫩豆类蔬菜。

3. 这份食谱考虑到了延缓餐后血糖反应的问题，使用了红小豆、莲子、全麦面粉、百合等低血糖反应主食食材，并与黄豆、亚麻籽仁、豆腐、虾仁等富含蛋白质的食物及大量蔬菜混合食用，能够较好地降低餐后血糖反应。

4. 这份食谱中使用的烹调油为茶籽油，还提供了亚麻籽仁，更有利于平衡ω-3和ω-6脂肪酸的比例，对控制血脂和降低炎症反应有所帮助。

5. 这份食谱使用了杂粮、薯类、水产类、奶类、蛋类、蔬菜、菌类、水果、坚果等共计27种天然食材。其中含有8种含淀粉食材、9种蔬菜和2种水果，包括200g深绿色叶菜，食材多样化程度高，类胡萝卜素、多酚类物质等各种抗氧化物质的供应非常丰富。

孕4~6月营养食谱（2000kcal）

食谱目标

本食谱的能量目标为2000kcal，适合无高血压、高血脂、糖尿病，但存在贫血、低血压、营养不足等问题的孕4~6月女性使用，特别适合贫血缺锌者和消化功能较弱者。需要增加体重的未孕瘦弱女性亦可使用。在使用它的基础上，减少10%的食量，就可以用于不需要增重的备孕女性和孕1~3月的女性；增加5%~10%的食量，就可以用于孕7~9月的大月龄准妈妈。

食谱内容

需要补充营养的孕4~6月女性营养食谱（2000kcal）

餐次	食物安排	食材和数量
早餐	三宝香豆浆1大杯	混合豆浆300g，其中含有白芝麻5g、麦胚5g、炒黄豆10g、炒花生5g
	馒头片夹肉菜	标准粉馒头或全麦馒头100g，橄榄油5g，酱牛肉30g，生菜50g
上午点	橙子1个，酸奶1小杯	橙子带皮250g，酸奶100g
午餐	杞子金银饭1小碗	粳米50g，小米20g，大黄米20g，枸杞子10g
	茴香鸡蛋炒豆腐	茴香100g，鸡蛋半个30g，北豆腐50g，油8g，其他调料适量
	盐水鸭肝1块	鸭肝30g
	麻酱拌蒸茄子	紫皮长茄100g，陈醋10g，芝麻酱10g，其他调料适量
下午点	牛奶枣肉南瓜糊1杯	蒸南瓜150g，牛奶100g，枣肉30g
晚餐	鸭血汤面	鸡汤200g，挂面50g，鸭血30g，小油菜150g，其他调料适量
	葱香土豆泥1碗	牛奶60g，土豆120g，小葱10g，花生油4g，其他调料适量
	草莓几个	草莓60g
夜宵	三宝香豆浆浅浅1杯	约180g
饮料	白开水，水果片泡水等	
运动	孕期仍应保持一定的运动量。除非有医嘱卧床保胎，否则每天应保持30分钟的运动，如走路、慢跑、孕妇操等。餐后轻松散步有利于消化吸收。除运动外，可以正常做家务，以维持体能，改善血液循环，消耗多余热量，避免孕期体重增加过多。运动和做家务时要避免跌倒和碰撞，以不感觉疲劳为度	

第四部分 **食谱** 育龄女性营养食谱和制作详解

203

食谱制作

早餐

三宝香豆浆+馒头片夹肉菜

三宝香豆浆

原料： 白芝麻5g，麦胚5g，黄豆10g，花生5g。

做法： 黄豆、花生用铁锅小火炒香，或低温焙烤（烤箱90℃烤30分钟，再用120℃烤15分钟），然后加上麦胚、白芝麻，一起放入豆浆机中，用"浓豆浆"程序打浆。制作300ml即可。也可以用烤过的亚麻籽仁替代麦胚。

馒头片夹肉菜

原料： 标准粉馒头或全麦馒头100g，橄榄油5g，酱牛肉30g，生菜50g。

做法：（1）标准粉馒头或全麦馒头切片，在平锅中放入橄榄油或茶籽油，将馒头片烤香，也可用烤面包机烤脆。

（2）每2片馒头片夹入1片酱牛肉和一片生菜。配豆浆吃即可。如果没有全麦馒头或标准粉馒头，也可以用添加维生素、麦胚、全麦面粉的烤面包片替代。

上午点 橙子1个（带皮250g），酸奶1小杯100g。也可以用其他富含维生素C的水果来替代。

午餐

杞子金银饭+茴香鸡蛋炒豆腐+盐水鸭肝+麻酱拌蒸茄子

杞子金银饭

原料： 粳米50g，小米20g，大黄米20g，枸杞子10g。

做法： 粳米（普通短粒大米）、小米、大黄米一起放电饭锅中，比正常略多加20%的水，上面再撒上枸杞子，启动煮饭程序即可。如果提前浸泡30分钟再煮，口感更好。

麻酱拌蒸茄子

原料： 紫皮长茄100g，陈醋10g，芝麻酱10g，其他调料适量。

做法：（1）长茄子切条或切圆片，蒸20分钟，使其软烂。

（2）芝麻酱加少量盐、醋和热水调开，洒在茄子上即可食用。也可加入少量香菜碎或小葱碎。

茴香鸡蛋炒豆腐

原料： 茴香100g，鸡蛋半个30g，北豆腐50g，油8g，其他调料适量。

做法：（1）茴香去掉根，切碎。北豆腐切碎。鸡蛋加少量盐和白胡椒粉打匀。

（2）不粘锅中放少量油，炒鸡蛋液，嫩嫩凝固时立即取出。

（3）再放少量油炒茴香，加入北豆腐混匀，放入少量盐，最后加入鸡蛋，捣碎混匀即可。

贴心叮咛： 因为茴香本身有淡淡的咸味，也有特殊香味，盐只需放正常量的一半即可，葱姜蒜等香辛料都不用放。茴香可以用其他有香味的蔬菜替代，如香菜（芫荽）、芹菜等，不喜欢浓味的人用其他深绿色叶菜替代亦可。

下午点 牛奶枣肉南瓜糊1杯。

原料： 蒸南瓜150g，牛奶100g，枣肉30g。

做法： 南瓜蒸熟（可以和茄子一起蒸），去皮取肉，放入打浆机中，加牛奶和去核的枣肉，一起打成糊即可。

晚餐

鸭血汤面+葱香土豆泥

鸭血汤面

原料： 鸡汤200g，挂面50g，鸭血30g，小油菜150g，其他调料适量。

做法： 市售盒装鸭血洗净切块；小油菜择好洗净；鸡汤煮沸，放入挂面煮开4分钟，再加入鸭血和小油菜煮2分钟，即可盛出调味。除了盐、酱油、醋等，还可以按喜好加入白胡椒粉、香菜末、小葱花、木耳、鸡丝、辣椒油等其他配料，但油不要多放。

贴心叮咛： 如果没有鸭血，可以用猪血、鸡血替代，也可以直接用容易消化的红色肉类，如鸡肝、鸭心、牛肉片、羊肉丝等。小油菜可用其他绿叶菜替代。

葱香土豆泥

原料： 牛奶360g，土豆120g，小葱10g，花生油4g，其他调料适量。

做法：（1）土豆去皮切大片蒸熟，压成泥。小葱切成葱花。

（2）锅中放入花生油，加葱花1小碗，小火煎2～3分钟，等葱花微微变色，产

生香气时停火。取其中的葱花1勺用来做土豆泥，油留着做其他凉拌菜用。

（3）土豆泥放入打浆机中，加入牛奶、葱花、盐和胡椒粉，搅匀即可食用。也可以加入黑胡椒粉、鼠尾草粉、百里香粉等其他香辛料。若不想做葱油，也可以直接加半片奶酪（8g）一起搅匀，增加奶香味。

夜宵 早上做三宝香豆浆的时候，可按原料配比多做一些，此时再取1小杯（180g）饮用（含麦胚3g，芝麻3g，花生3g，黄豆6g）。反过来，也可晚上做好豆浆，用干净的杯子装上，冷藏到次日早上，加热杀菌后作为早餐饮用。

饮料 白开水，或用水果切片、干枣切片泡沸水制成水果茶。

贴心叮咛： 本食谱的目标是为了补充营养，对所有富含蛋白质的食品都不限量，如果感觉不足，可以比食谱中的内容多吃。如果有饥饿感，随时可以喝牛奶或豆浆。

营养分析

　　按照2014年修订的轻体力活动孕4~6月女性的能量和营养素参考摄入量标准，对该食谱进行营养评价。

🍚 能量、三大营养素和膳食纤维供应量

　　这份食谱一天当中的总能量为2027kcal，达到能量供应推荐值2100kcal的96.5%。蛋白质85.6g，达到孕4~6月女性的蛋白质推荐供应量（70g）的122.3%。一日总脂肪56.4g，碳水化合物285.2g。蛋白质的供应量超过孕中期女性的推荐供应量，能充分满足胚胎发育的需要。

　　食谱中动物性蛋白质共31.2g，占总蛋白质85.6g的36.4%。豆类蛋白11.7g，总优质蛋白质比例为50.1%，达到孕妇营养膳食所要求的40%以上优质蛋白质比例。一日中供应蛋白质的质量优良，分布均匀，能够得到高

效利用。

据营养成分数据库不太全面的膳食纤维数据（大部分数据只有不可溶纤维，而未给出低聚糖、果胶等可溶性纤维数值），这份食谱中供应的膳食纤维数量为20.3g，未达到每日25～35g的世界卫生组织推荐范围，但已经高于我国居民日常摄入量。考虑到过多的膳食纤维可能妨碍矿物质的吸收率，并可能影响食欲，但过少的纤维可能造成便秘问题，也不利于餐后血糖控制，本食谱在保证营养素充足供应的基础上，选择了质地柔软的南瓜、土豆、小米、大黄米等来增加膳食纤维供应，没有选用质地过于粗糙的食材。

食谱中的能量、三大营养素和膳食纤维供应量评价

项目	总能量/kcal	蛋白质/g	脂肪/g	碳水化合物/g	膳食纤维/g
食谱总量	2027	85.6	56.4	285.2	20.3
参考值	2100	70	——	——	25～35
设计目标	2000	>80	>50	>250	>15
评价	合理	丰富	适当	充足	适当

🔖 三餐供能比和营养素分布评价

该食谱中的三大营养素供能比例分别为：蛋白质17.2%，脂肪25.5%，碳水化合物57.3%。推荐范围分别是10%～20%、20%～30%、50%～65%。本食谱的营养素供能比达到推荐的比例范围，蛋白质总量亦合理。

三餐的能量分布基本符合早餐25%~30%、午餐35%~40%、晚餐30%~35%的非减肥膳食供能推荐比例。其中蛋白质和碳水化合物的三餐分布比较均匀，能够有效保证各餐次蛋白质的利用率。三餐之间加餐的设计既有利于控制餐后血糖波动，又有利于避免食欲不佳、消化能力较弱的孕妇一次食物量摄入过多，造成消化负担太重的问题。

食谱中的三餐供能比和营养素分布评价

项目	能量比例目标（占总量）/%	实际能量比例（占总量）/%	能量/kcal	蛋白质/g	脂肪/g	碳水化合物/g
早餐	25~30	31.4	636	29.0	19.3	89.5
午餐	30~40	38.3	776	33.2	21.0	117.6
晚餐	30~35	30.3	615	23.4	16.1	78.1
评价		合理	合理	均衡	均衡	均衡

● 维生素和矿物质供应量评价

从下表中可见，各维生素和矿物质元素的供应十分充足，符合孕中期女性的需求。其中维生素A供应量较多，但仍然远低于3000μgRE的高限，而且因为是从食物中摄入，胡萝卜素在摄入量大时转化为维生素A的比例会下降，不存在安全性问题。食谱中的铁和锌供应量也特别丰富，而且其中来自于动物性食品的比例较大，吸收利用率高，能够帮助贫血、缺锌的女性纠正营养缺乏情况。钾、钙、镁的丰富供应，对胎儿的骨骼发育和孕妇预防骨质疏松十分有益，对预防孕期高血压等问题也有很大好处。

食谱中的维生素和矿物质供应量评价

项目	维生素A/μgRE	维生素C/mg	维生素B$_1$/mg	维生素B$_2$/mg	钙/mg	钾/mg	镁/mg	铁/mg	锌/mg
供应量	1828	201	1.46	1.90	1122	4065	528	44.1	15.32
目标值	770	115	1.40	1.40	1000	2000	370	24	9.5
满足情况	237.4%	174.8%	104.3%	135.7%	112.2%	203.3%	142.7%	183.8%	161.3%

食物选择和制作方法分析

1. 这份食谱未使用煎炸烧烤的方法，尽量减少营养素损失。考虑到贫血缺锌孕妇的消化功能往往较弱，选择烹调方法时特别注意避免孕妇食用时口感坚硬，使用了发酵（馒头）、打浆（三宝香豆浆）、打糊（土豆泥、南瓜糊）和蒸煮（蒸茄子、煮汤面）等质地柔软容易消化的烹调方式。为了使豆浆更便于消化，采用了先炒/烤、后打糊的方式，能够更好地降低大豆中的抗营养物质含量，并增加美食感。

2. 这份食谱考虑到贫血缺锌孕妇需要重点供应微量元素的问题，使用了多种富含铁的食材，特别是富含血红素铁和其他多种微量元素的酱牛肉、鸭血、鸭肝等。其铁利用率不受膳食中干扰因素的影响，能够最大效率地起到补铁补锌的作用。同时，还配合了富含锌的麦胚、芝麻、黄豆、花生等食材，提供了足够的深绿色叶菜和水果，以维生素C的供应来帮助植物性铁的吸收。

3. 这份食谱考虑到了钙供应的问题。由于我国传统膳食中钙摄入量较低，而大部分人膳食中的钾、镁元素也不足，使母亲孕期和哺乳期往往会出现钙负平衡状况。食谱中使用了乳制品、豆制品和绿叶蔬菜来增加钙的供应，而且特别设计了把牛奶加入到土豆泥、南瓜糊中的做法，口味更容易为孕妇所接受，也不容易发生乳糖不耐受问题。

4. 这份食谱使用了杂粮、薯类、蔬菜、菌类、水果、坚果、肉类、奶类、蛋类等共计28种天然食材。其中含有570g蔬菜（不包括土豆），包括250g绿叶蔬菜和150g橙黄色蔬菜；310g水果，40g水果干；45g坚果（包括油籽和谷胚）；90g肉类和动物血；260g奶类。食材多样化程度高。

5. 这份食谱的调味品可以按个人喜好调节，添加各种香辛料、辣椒等都可以，但应控制油和盐的用量。孕期肾脏负担较重，也容易发生水肿情况，需要控制盐分，应从怀孕早期，甚至备孕期间开始调整口味，保持清淡饮食习惯。

孕4~6月营养食谱（1900kcal）

食谱目标

本食谱的能量目标为1900kcal，适合既需要控制体重过快增长，又要保持充足营养供应的孕4～6月女性使用。它的食物搭配方案也适合需要控制体重、控制血脂和消除脂肪肝的未孕女性使用，但需要在本食谱的基础上减少10%的食量。

食谱内容

需要控制体重的孕4～6月女性营养食谱（1900kcal）

餐次	食物安排	食材和数量
早餐	亚麻籽豆浆1大杯	焙烤过的亚麻籽5g、燕麦粒5g、干黄豆10g
	薯泥豆浆全麦煎饼	全麦面粉60g，甘薯泥60g，鸡蛋半个30g，橄榄油5g，如上亚麻籽豆浆100g
	拌蔬菜丁	生胡萝卜丁30g，生芹菜丁30g，煮冬笋丁30g，香油3g，盐少量
上午点	水果和酸奶	草莓5粒约120g，酸奶1小杯约100g
午餐	三彩米饭	粳米50g，藕丁30g，嫩甜豌豆20g，甜玉米粒20g
	香菇肉末炒豆腐	瘦猪肉末30g，干香菇5g（水发），北豆腐80g，水发木耳30g，茶籽油或橄榄油8g，其他调料适量
	白灼蘑菇芥蓝	芥蓝150g，鲜蘑50g，橄榄油5g，生抽或豉汁1汤匙
下午点	牛奶和苹果	全脂奶200g，大苹果半个约100g
晚餐	茄汁虾仁通心面	通心粉70g，河虾仁50g，樱桃番茄100g，无糖无添加剂的纯番茄酱1袋35g，洋葱50g，橄榄油8g，其他调料适量
	鸡汤煮鸡毛菜1碗	带少量油的鸡汤100g，鸡毛菜200g，盐少量
夜宵	亚麻籽豆浆1大杯	同早上的豆浆
饮料	白开水，淡柠檬水	

餐次	食物安排	食材和数量
运动	孕期仍应保持一定量的运动，除非有医嘱卧床保胎，否则需要控制体重的孕妇每天至少应有40分钟有氧运动，如快走、慢跑、孕妇操等，亦可在教练的指导下进行器械锻炼减脂增肌。除运动外，可以正常做家务，在室内不应长时间坐着不动。体力活动可以维持体能，改善血液循环，消耗多余热量，避免孕期体重增加过多	

食谱制作

营养食谱

早餐

亚麻籽豆浆+薯泥豆浆全麦煎饼+拌蔬菜丁

亚麻籽豆浆

原料： 焙烤过的亚麻籽5g，燕麦粒5g，干黄豆10g。

做法： 黄豆、亚麻籽和燕麦粒一起放入豆浆机中，打成浓豆浆，制作300ml即可，留其中一部分用来做煎饼。

第四部分 **食谱** 育龄女性营养食谱和制作详解

213

营养食谱

贴心叮咛：制作豆浆时，黄豆不用炒，也可以不提前浸泡。豆渣不必过滤，上面较稀的部分直接饮用，下面较浓的部分用来制作煎饼。

薯泥豆浆全麦煎饼

原料：全麦面粉60g，甘薯泥60g，鸡蛋半个30g，橄榄油5g，之前做好的亚麻籽豆浆100g。

做法：（1）全麦面粉或标准粉，加入提前蒸熟的甘薯做成的甘薯泥中（红薯或紫薯均可）。

（2）加豆浆和鸡蛋混合成面糊，放橄榄油或茶籽油，在平锅中煎熟即可。如果没有甘薯泥，也可用土豆泥替代。

拌蔬菜丁

原料：生胡萝卜丁30g，生芹菜丁30g，煮冬笋丁30g，香油3g，盐少量。

做法：将胡萝卜丁、芹菜丁、冬笋丁混合，放入香油和盐搅拌均匀即可。

贴心叮咛：不喜欢生芹菜的，可用沸水烫半分钟再切丁拌。也可以换成其他绿叶蔬菜。冬笋要提前煮，去掉涩味的草酸，或者直接购买超市中的袋装水煮笋。

上午点 草莓5粒（约120g），酸奶1小杯（100g）。也可以用其他抗氧化物质丰富的水果如蓝莓、桑葚、樱桃等来替代，但均要注意控制数量。

午餐

三彩米饭+肉末香菇炒豆腐+白灼蘑菇芥蓝

三彩米饭

原料：粳米50g，藕丁30g，嫩甜豌豆20g，甜玉米粒20g。

做法：粳米（普通短粒大米）加正常量的水，和去皮藕丁、嫩甜豌豆、甜玉米粒一起放入电饭锅中，启动煮饭程序即可。无需添加调味品。

肉末香菇炒豆腐

原料：瘦猪肉末30g，干香菇5g（水发），北豆腐80g，水发木耳30g，茶籽油或橄榄油8g，其他调料适量。

做法：（1）香菇、木耳水发后洗净切碎。北豆腐切碎，葱花切碎。

（2）不粘锅中先放少量油，炒葱花、肉末和香菇碎，再加入北豆腐和木耳混匀，放入少量盐炒匀即可。

贴心叮咛：豆腐要用比较"实在"的北豆腐，才能供应足够的钙元素和镁元素。

下午点 牛奶1杯（全脂奶200g），大苹果半个（100g）。

第四部分 **食谱** 育龄女性营养食谱和制作详解

215

 营养食谱

晚餐

茄汁虾仁通心面+鸡汤煮鸡毛菜

茄汁虾仁通心面

原料： 通心粉70g，河虾仁50g，樱桃番茄100g，无糖无添加剂的纯番茄酱1袋35g，洋葱50g，橄榄油8g，其他调料适量。

做法：（1）虾仁洗净，用姜汁腌20分钟。洋葱切碎，樱桃番茄切半，纯番茄酱打开。

（2）锅中放橄榄油，加洋葱小火煎3分钟，加入虾仁，再加入樱桃番茄炒软，放入番茄酱混匀，最后关火加盐、黑胡椒粉等调味即可。

贴心叮咛： 不需要控制体重的孕妇可以再加入1片奶酪，增加奶香味。通心粉另用锅煮熟，拌在上面的虾仁番茄酱中一起吃即可。

鸡汤煮鸡毛菜

原料： 带少量油的鸡汤100g，鸡毛菜200g，盐少量。

做法： 去掉部分浮油的鸡汤煮沸，加入洗净的鸡毛菜一起煮沸1~2分钟，加少量盐，即可食用。

贴心叮咛： 如果没有鸡毛菜，可以用其他没有涩味的绿叶菜如小油菜、小白菜、莴笋叶等来替代。若没有鸡汤，可以直接用清水加几粒花椒煮开，加半汤匙香油，再加蔬菜一起煮2分钟。

夜宵 早上做亚麻籽豆浆时可以按配方比例多做1份，留作夜宵用。反过来，也可晚上做好豆浆，用干净杯子装上，冷藏到次日早上，加热杀菌后供早餐饮用。夜宵吃得太晚可能影响睡眠，建议以9点为好。这份豆浆在供应营养的同时，还可以很好地预防睡前出现饥饿感。

营养分析

按照2014年修订的轻体力活动孕4～6月女性的能量和营养素参考摄入量标准，对该食谱进行营养评价。本食谱的目标是为了控制体重上升，因此食谱设计方案在温和减少总能量供应的前提下，努力保证蛋白质和其他营养素的供应量。

🍂 能量、三大营养素和膳食纤维供应量

这份食谱一天当中的总能量为1897kcal，比孕中期的能量供应推荐值2100kcal少约200kcal，有利于控制体重上升的速度。蛋白质89g，超过孕中期女性的推荐供应量，能充分满足胚胎发育的需要。其中动物性蛋白质共28.0g，动物性蛋白质加上豆类蛋白质比例为50.2%，达到孕妇营养膳食所要求的40%以上优质蛋白质比例。一日中供应蛋白质的质量优良，分布均匀，能够得到高效利用。

这份食谱中供应的膳食纤维数量为27.5g（大部分数据只有不可溶纤维，而未给出低聚糖、果胶等可溶性纤维数值），达到每日25～35g的世界卫生组织推荐范围，远高于我国居民日常摄入量。较多的膳食纤维有利于控制食欲和

延缓餐后血糖血脂上升速度。

食谱中的能量、三大营养素和膳食纤维供应量评价

项目	总能量/kcal	蛋白质/g	脂肪/g	碳水化合物/g	膳食纤维/g
食谱总量	1897	89	61.6	265.4	27.5
参考值	2100	70	——	——	25~35
设计目标	1900	>80	>50	>250	>20
评价	合理	丰富	适当	充足	充足

🍂 三餐供能比和营养素分布评价

该食谱中的三大营养素供能比例分别为：蛋白质18.1%，脂肪28.2%，碳水化合物53.7%。推荐范围分别是10%~20%、20%~30%、50%~65%。本食谱的营养素供能比达到推荐的比例范围。

三餐的能量分布基本符合早餐25%~30%、午餐35%~40%、晚餐30%~35%的膳食供能推荐比例。其中蛋白质和碳水化合物的三餐分布比较均匀，能够有效保证各餐次蛋白质的利用率。三餐之间加餐的设计既有利于控制餐后血糖波动，又有利于避免一次食物量摄入过多，造成消化负担太重的问题。

食谱中的三餐供能比和营养素分布评价

项目	能量比例目标（占总量）/%	实际能量比例（占总量）/%	能量/kcal	蛋白质/g	脂肪/g	碳水化合物/g
早餐	25~30	31.4	595	21.5	18.5	91.2
午餐	30~40	36.7	696	34.8	26.5	83.6
晚餐	30~35	31.9	606	32.7	16.6	89.6
评价		合理	合理	均衡	均衡	均衡

🍂 维生素和矿物质供应量评价

该食谱中维生素和矿物质供应量足够充足，符合孕中期女性的需求。其中维生素A摄入量较多，但仍然远低于3000μgRE的高限，而且因为是从食物中摄入，胡萝卜素在摄入量大时转化为维生素A的比例会下降，不存在安全性问题。钙和钾供应量特别丰富，而且由于绿叶蔬菜选择了草酸含量较低的品种，不会妨碍钙的吸收利用，对胎儿的骨骼发育和孕妇预防骨质疏松十分有益，对预防孕期高血压等问题也有很大好处。

食谱中的维生素和矿物质供应量评价

项目	维生素A /μgRE	维生素C /mg	维生素B$_1$ /mg	维生素B$_2$ /mg	钙 /mg	钾 /mg	镁 /mg	铁 /mg	锌 /mg
供应量	1478	273	1.49	1.54	1174	3194	392	28.6	13.16
参考值	770	115	1.40	1.40	1000	2000	370	24	9.5
满足情况	191.9%	237.4%	106.4%	110%	117.4%	159.7%	105.9%	119.2%	138.5%

食物选择和制作方法分析

1. 这份食谱考虑到了孕妇控制体重时需要减少精白主食，增加膳食纤维供应，延缓餐后血糖上升速度的问题。食谱中使用了大量含淀粉的高纤维食品，同时使用了通心粉和全麦面粉这样的餐后血糖反应较低的面食。这些含淀粉食材与蛋白质食材和大量蔬菜相配，可以更好地缩小餐后的血糖波动，在避免高血糖的同时也避免出现低血糖的风险。

2. 这份食谱考虑到了碳水化合物供应的均衡问题，一日六餐，两餐间提供加餐，三餐的碳水化合物总量接近，虽然能量比推荐值减少，但不会带来饥饿感，全天的血糖水平均能处于平稳状态。水果供应选择了血糖反应最低的苹果，以及含糖量较低的草莓，既满足口味，又避免给血糖带来不良影响。

3. 这份食谱考虑到了脂肪酸平衡问题，使用了亚麻籽、黄豆、豆制品，并配合了水产品，烹调油使用茶籽油或橄榄油，加上少量香油，以单不饱和脂肪酸为主，避免过多的ω-6脂肪及饱和脂肪的摄入。

4. 这份食谱考虑到了钙供应的问题。由于我国传统膳食中钙摄入量较低，而大部分人膳食中的钾、镁元素也不足，使母亲孕期和哺乳期往往出现钙负平衡状况。食谱中使用了乳制品、豆制品和绿叶蔬菜来增加钙的供应。对乳糖不耐受的孕妇可以把牛奶全部换成酸奶，或将牛奶添加进食物当中，减轻食用后的不适。

5. 这份食谱使用了杂粮、薯类、蔬菜、菌类、水果、油籽、肉类、水产品、奶类、蛋类等共计27种天然食材。其中含有700g蔬菜（不包括130g含淀粉蔬菜，如藕、甘薯、甜玉米、甜豌豆），其中有350g绿叶蔬菜；220g水果，56g坚果和豆制品（包括油籽和大豆）；30g肉类，50g水产品，30g蛋类，以及300g奶类。食材多样化程度高。

孕7～9月营养食谱（1900kcal）

食谱目标

本食谱的能量目标为1900kcal，适合有血糖控制和体重控制问题的孕7～9月女性使用，特别适合妊娠糖尿病的准妈妈。需要控制体重和血糖的未孕备孕女性亦可使用，但需要在它的基础上，减少10%的食量。

食谱内容

需要控制体重和血糖的孕7～9月女性营养食谱（1900kcal）

餐次	食物安排	食材和数量
早餐	亚麻籽核桃仁燕麦豆浆1大杯	亚麻籽仁5g，核桃仁10g，燕麦粒5g
	枸杞黑米莲子饭	黑米20g，特级粳米20g，莲子5g，枸杞子5g
	虾皮蒸蛋半碗	虾皮2g，鸡蛋半个，其他调料适量
	酱牛肉大拌菜	酱牛肉30g，樱桃番茄40g，黄瓜30g，生菜50g，香油4g，柠檬汁、蒜泥、黑胡椒碎、低钠盐等调料适量
上午点	水果和酸奶	橙子1个250g，酸奶1小杯100g
午餐	三文鱼炒金银饭1大碗	特级粳米30g，小米30g，三文鱼60g，西蓝花碎60g，熟冬笋碎30g，水发木耳碎30g，橄榄油8g，低钠盐1g，小茴香、白胡椒粉、葱花适量
	焯拌老醋菠菜	菠菜150g，陈醋10g，烤香芝麻多半汤匙5g，香油半汤匙4g，低钠盐0.5g或鸡精1g
下午点	牛奶半杯，坚果1汤匙自制烤甘薯片	低脂牛奶（脂肪含量2%）半杯100g，腰果1汤匙10g，烤甘薯片120g
晚餐	肉末豆腐卤荞麦面	荞麦面60g（含标准面粉30g，荞麦粉30g），面卤（含北豆腐50g），瘦猪肉末20g，大酱（或黄豆酱）10g，虾皮3g，鸡汤2汤匙，橄榄油8g，其他调料适量。
	鸡汤煮小油菜	小油菜150g，少油鸡汤100g
夜宵	低脂奶半杯，苹果半个	低脂奶（脂肪含量2%）100g，富士苹果100g
饮料	不含糖和脂肪的饮料	白开水，淡柠檬水，淡大麦茶，淡乌龙茶均可
运动		除非有医嘱卧床保胎，否则需要控制体重的孕妇每天应有40分钟有氧运动，如快走、慢跑、孕妇操等，亦可在教练指导下进行器械锻炼减脂增肌。除运动外，可以正常做家务，在室内不应长时间坐着不动。体力活动可以维持体能，改善血液循环，消耗多余热量，避免孕期体重增加过多

食谱制作

营养食谱

早餐

亚麻籽核桃仁燕麦豆浆（做法可参照上一食谱）+枸杞黑米莲子饭+虾皮蒸蛋+酱牛肉大拌菜

枸杞黑米莲子饭

原料： 黑米20g，特级粳米20g，莲子5g，枸杞子5g。

做法： 黑米、莲子提前泡4小时，和特级粳米、枸杞子一起放在电饭锅里煮饭即可。用电压力锅更好。比普通米饭多放1/3的水。

贴心叮咛： 黑米皮中的花青素易溶于热水，所以整个米饭都会被染成紫黑色，不用害怕。黑米可以换成燕麦粒。

虾皮蒸蛋

原料： 虾皮2g，鸡蛋半个，其他调料适量。

做法：（1）虾皮反复洗净烤干（或直接购买没有腥味、没有沙子味道也不咸的清洁虾皮产品），用打粉机打碎或者用刀切碎，备用。

（2）取半匙虾皮粉，放在蛋液中搅匀，加相当于蛋液1.2倍的水，不放盐，蒸到凝固马上取出即可。

贴心叮咛：蒸蛋时间要恰当，否则受热过长蛋羹凝胶会收缩、出水。蒸好后加几滴鲜味生抽酱油调味，口味尽量淡一些。

酱牛肉大拌菜

原料：酱牛肉30g，樱桃番茄40g，黄瓜30g，生菜50g，香油4g，柠檬汁、蒜泥、黑胡椒粉、低钠盐等调料适量。

做法：（1）酱牛肉切条；生菜撕碎，黄瓜切片，樱桃番茄切半，一起放入大碗中。

（2）蒜加盐捣成泥，拌入菜中，加半匙香油，撒入黑胡椒碎，最后再挤入一个柠檬角就可以食用了。

贴心叮咛：不喜欢蒜泥的可以直接加少量盐或鸡精。注意盐一定要放得很少（0.5g即可，最好用低钠盐），不能提前腌制蔬菜。

上午点 橙子1个250g，酸奶1小杯100g。

贴心叮咛：为了控制血糖反应和热量值，市售酸奶要选择碳水化合物含量不超过11%的品种，最好能选择低糖、无糖酸奶。自制酸奶加糖量不超过酸奶总量的6%。

营养
食谱

午餐

三文鱼炒金银饭+焯拌老醋菠菜

三文鱼炒金银饭

原料： 特级粳米30g，小米30g，三文鱼60g，西蓝花碎60g，熟冬笋碎30g，水发木耳碎30g，橄榄油8g，低钠盐1g，小茴香碎、白胡椒碎、葱花适量。

做法：（1）头一天晚上的二米饭打散放入冰箱中。中午取出来再次打散。

（2）三文鱼切小丁，西蓝花去梗切碎，焯烫过的木耳和冬笋切碎。

（3）不粘锅中放油，加少量葱花和小茴香碎炒香，再放入三文鱼和西蓝花碎，炒到鱼丁变色，再加入冬笋碎、木耳碎，加入二米饭混匀，加盐和白胡椒粉再次混匀，即可盛出当主食食用。

贴心叮咛： 如果没有三文鱼，可以换成其他海鱼碎或者鲜虾仁。

焯拌老醋菠菜

原料： 菠菜150g，陈醋10g，烤香芝麻多半汤匙5g，香油半汤匙4g，低钠盐0.5g或鸡精1g。

做法： 菠菜洗净，在加了半汤匙香油的沸水中焯1分钟，捞出摊放在大盘上降温，然后转移到沙拉碗中，加入陈醋、烤香芝麻、低钠盐或鸡精拌匀。

贴心叮咛：如果水中不加入香油，菠菜焯后会比较坚韧，菜筋塞牙。捞出后要在平盘上摊开降温，不要过冷水。过冷水会使菜变韧，而且不入味。菠菜可以替换成其他深绿色的叶菜。

下午点 低脂牛奶（脂肪含量2%）半杯100g，腰果1汤匙10g（可换成其他坚果），烤甘薯片120g。

晚餐

肉末豆腐卤荞麦面+鸡汤煮小油菜

荞麦面卤

原料：瘦猪肉末20g，大酱（或黄酱）10g，虾皮3g，鸡汤2汤匙，橄榄油8g，其他调料适量。

做法：（1）葱姜蒜等调料切碎末，北豆腐（卤水豆腐）切碎，虾皮磨粉半汤匙备用。

（2）不粘锅中放橄榄油，加入葱姜蒜炒香，加入肉末和虾皮粉，炒变色，加入豆腐丁炒干。

（3）同时大酱加鸡汤和开，倒入锅中，沸腾即可关火。其中还可以加入少量胡萝卜丁、豌豆丁、香菇丁等配料。

营养食谱

荞麦面

原料： 荞麦面（含标准面粉30g，荞麦粉30g）。

做法： 荞麦面外购，其中含一半面粉和一半荞麦粉。具体烹调方法看包装上的说明。如果是速食荞麦面，通常需要烧水沸腾，再放入荞麦面，关火，盖上盖子焖20分钟，捞出，拌入做好的卤子，再加上鸡汤里烫熟的小油菜当面码，即可食用。如果没有荞麦面，可以换成杂豆面条，煮得较筋道的市售乌冬面（消化也比较慢，但营养价值低于荞麦面），或者用燕麦米饭替代。

鸡汤煮油菜

原料： 小油菜150g，鸡汤100g。

做法： 鸡汤半碗煮沸，加入小油菜翻匀，加盖子焖煮1分钟即可盛出，调味后食用。

贴心叮咛： 油菜本身有淡淡的咸味，所以需要少放盐。可以直接用鲜味酱油或少油的调味酱料蘸食。煮油菜的汤不要放盐，也一起喝掉。油菜含草酸极少，喝菜汤不妨碍营养吸收，还能避免维生素浪费。

夜宵 低脂奶（脂肪含量2%）半杯100g，富士苹果半个100g。

饮料 白开水、淡柠檬水、淡大麦茶、淡乌龙茶均可。浓茶和咖啡不宜饮用。每日酒精摄入量控制在3g以内（用少量黄酒做菜，吃两勺醪糟或腐乳，或食用表面喷过少量酒精的市售冷藏拉面是无妨的）。

营养分析

按照2014年修订的轻体力活动孕7～9月女性的能量和营养素参考摄入量标准，对该食谱进行营养评价。本食谱的目标是为了控制血糖和控制体重上升，因此食谱设计方案是在温和减少总能量供应的前提下，努力保证蛋白质和其他营养素的供应量。

🌑 能量、三大营养素和膳食纤维供应量评价

这份食谱一天当中的总能量为1933kcal，比孕后期的能量供应推荐值2250kcal少约300kcal，有利于控制体重上升的速度。蛋白质85.2g，达到孕7～9月女性的蛋白质推荐供应量（85g）的100.2%。一日总脂肪73.8g，碳水化合物243.8g。蛋白质的供应量达到孕后期女性的推荐供应量，能充分满足胚胎发育的需要。

食谱中动物性蛋白质共39.5g，豆类蛋白质7.3g，总优质蛋白质比例为55.0%，达到孕妇营养膳食所要求的40%以上优质蛋白质比例。一日中供应蛋白质的质量优良，分布均匀，能够得到高效利用。

食谱中供应的膳食纤维数量为22.6g（大部分数据只有不可溶纤维，而未给出低聚糖、果胶等可溶性纤维数值），加上可溶性纤维，已经达到每日25～35g的世界卫生组织推荐范围，远高于我国居民日常摄入量。食谱在保证具有较好口感的同时，提供了较多的膳食纤维，有利于延缓餐后血糖血脂上升速度，也有利于预防便秘。

食谱中的能量、三大营养素和膳食纤维供应量评价

项目	总能量 /kcal	蛋白质 /g	脂肪 /g	碳水化合物 g/	膳食纤维 /g
食谱总量	1933	85.2	73.8	243.8	22.6
参考值	2250	85	—	—	25～35
设计目标	1900	>80	>50	>200	>20
评价	减少	充足	适当	充足	充足

🍐 三餐供能比和营养素分布评价

　　该食谱中的三大营养素供能比例分别为：蛋白质17.2%，脂肪33.5%，碳水化合物49.3%。我国健康人的推荐范围分别是10%~20%、20%~30%、50%~65%，但为控制血糖和体重，略微降低了碳水化合物的供能比，但仍然在非常安全的范围中。

　　三餐的能量分布和早餐25%~30%、午餐35%~40%、晚餐30%~35%的膳食供能推荐比例略有差异，提升了早餐的比例，降低了晚餐的比例，以达到控制体重的目标。其中蛋白质的三餐分布比较均匀，能够有效保证各餐次蛋白质的利用率。三餐之间加餐的设计既有利于控制餐后血糖波动，又有利于避免餐前和睡前感到饥饿。

食谱中的三餐供能比和营养素分布评价

项目	能量比例目标（占总量）/%	实际能量比例（占总量）/%	能量/kcal	蛋白质/g	脂肪/g	碳水化合物/g
早餐	25~30	31.9	616	27.2	23.5	79.5
午餐	30~40	40.9	791	33.1	31.2	98.1
晚餐	30~35	27.2	526	24.9	19.1	66.2
评价		合理	合理	均衡	均衡	均衡

🍐 维生素和矿物质供应量评价

　　该食谱维生素和矿物质的供应量足够充足，符合孕后期女性的需求。其中维生素A摄入量较多，但仍然远低于3000μgRE的高限，而且因为主要是从西蓝花和菠菜两种绿叶菜中摄入，其中有一部分实际上不是胡萝卜素而是叶黄素，转化为维生素A的比例较低，不存在安全性问题。这里的钙、钾、镁元素供应量非常丰富，而且由于菠菜经过焯水处理，其他品种绿叶蔬菜的草酸含量均较低，不会妨碍钙的吸收利用，对胎儿的骨骼发育和预防孕妇骨质疏松十分有益，对预防孕期高血压等问题也有很大好处。

食谱中的维生素和矿物质供应量评价

项目	维生素A /μgRE	维生素C /mg	维生素B₁ /mg	维生素 B₂ /mg	钙 /mg	钾 /mg	镁 /mg	铁 /mg	锌 /mg
供应量	2472	218	1.43	1.73	1120	2948	540	31.1	14.59
参考值	770	115	1.50	1.50	1000	2000	370	29	9.5
满足情况	321.0%	189.6%	95.3%	115.3%	112.0%	147.4%	145.9%	107.2%	153.6%

食物选择和制作方法分析

1. 这份食谱考虑到了孕妇控制血糖和控制体重时需要减少精白主食，增加膳食纤维供应，延缓餐后血糖上升速度的问题。食谱中一共使用了170g粮食（包括莲子），其中只使用了50g精白米，其余均为全谷杂粮或加工度较低的标准面粉。同时用含碳水化合物的薯类、水果、奶类等来弥补主食的不足，碳水化合物供应量足以维持正常代谢而不会发生酮症。

2. 这份食谱考虑到减小血糖波动的问题，一日六餐，两餐间提供加餐，三餐的碳水化合物总量接近，虽然能量比正常减少，但不会产生明显的饥饿感，全天的血糖水平均能处于较为平稳的状态。水果食材选择了血糖反应较低的苹果和橙子，奶类选择低脂奶和酸奶，它们的血糖指数均在40以下。

3. 这份食谱考虑到脂肪酸平衡问题，使用了亚麻籽、芝麻、核桃、腰果等作为脂肪来源，在提供脂肪的同时还提供了大量的维生素E和微量元素。食谱中加入了三文鱼、虾皮等水产品和亚麻籽，增加了ω-3脂肪酸的供应。烹调油使用茶籽油或橄榄油，加上少量香油，以单不饱和脂肪酸为主，避免过多的饱和脂肪和ω-6脂肪。我国的meta分析研究表明亚洲人摄入充足的ω-3脂肪有利于预防糖尿病，而单不饱和脂肪酸有利于控制血脂，也有利于平衡膳食中ω-3和ω-6的比例。

4. 这份食谱考虑到了合理烹调的问题，没有煎炸熏烤，以煮、焯、凉拌等烹调方式为主。虽然有炒饭和面卤，但提示使用不粘锅，控制油脂的使用量。

在烹调配料中不使用精制糖类，避免孕妇摄入过多的油脂、糖和添加物质。过多的烹调油脂，既不利于长期血糖控制，又不利于控制体重上升速度。

5. 这份食谱考虑到了钙供应的问题。由于我国传统膳食中钙摄入量较低，而大部分人膳食中的钾、镁元素也不足，孕期容易出现钙负平衡状况。食谱中使用了乳制品、豆制品和绿叶蔬菜来增加钙、钾、镁元素的综合供应，也提供了大量的维生素K。对乳糖不耐受的孕妇可以把牛奶全部换成酸奶，或将牛奶加入主食、蛋羹等食品当中，减轻食用后的不适。在烹调方法方面，菠菜、竹笋两种食材的烹调均采用预先水煮、焯煮方式，可以大大减少草酸的不利影响。虾皮虽然富含钙，但不容易嚼碎，故使用预先打粉的方法，再混入食物当中，可以大大提高它的消化率。

6. 这份食谱使用了杂粮、薯类、蔬菜、菌类、水果、油籽、肉类、水产品、奶类、蛋类等共计32种天然食材。其中含有550g蔬菜（不包括薯类），其中有360g绿叶蔬菜、350g水果、30g坚果（包括油籽）和50g豆制品；还有50g肉类、60g鱼类、30g蛋类，以及300g奶类。食材多样化程度高。

新妈妈营养食谱（2100kcal）

食谱目标

本食谱的能量目标为2100kcal，适合产后第一周的产妇，以及消化能力较弱的产褥期新妈妈使用，其各种营养素的供应量都充分达到产后1个月内哺乳母亲的需求。需要改善营养供应、消化能力较弱的未孕备孕女性亦可使用，但需要在它的基础上，减少10%的食量。

食谱内容

需要补充营养的产后女性营养食谱（2100kcal）

餐次	食物安排	食材和数量
早餐	小米大黄米甘薯粥约1碗半	小米20g，大黄米10g，红心甘薯50g
	维生素面包1片	重约30g
	葡萄干1小把	葡萄干15g
	海苔肉松蛋羹	鸡蛋1个60g，海苔碎1g，猪肉松1勺10g
上午点	醪糟牛奶1大碗	市售醪糟半杯100g，全脂牛奶1杯200g，枸杞子10g
午餐	炒糙米糯米枣肉豌豆大米饭1碗	甜豌豆20g，白糯米20g，炒过的糙米30g，去核大枣3个约20g
	菠菜肉丸汤	三肥七瘦的猪肉30g，鸡胸肉30g，洋葱20g，菠菜150g，部分去油鸡汤100g，其他调料适量
	麻酱拌蒸茄子	紫色长茄子1大根250g，芝麻酱10g，其他调料适量
下午点	山楂苹果桂圆酸枣汤	大苹果半个100g，鲜山楂3个10g，带核酸枣1汤匙10g，桂圆半汤匙10g
	酸奶1小杯	
晚餐	炒糙米糯米枣肉豌豆大米饭1碗	同中午主食
	花生蘑菇鲫鱼汤	花生1小把20g，鲫鱼1条150g，鲜蘑30g，茶籽油4g
	鸡汤煮油菜碎	部分去油的鸡汤100g，嫩油菜200g
夜宵	核桃芝麻山药浆	核桃仁10g，白芝麻5g，山药干10g
饮料	白开水和脱脂牛奶	

食谱制作

早餐

小米大黄米甘薯粥（做法可参照前面的食谱）+麦维面包（也可换成长方形小面包，市售含维生素面包均可使用）+葡萄干+海苔肉松蛋羹

海苔肉松蛋羹

原料：鸡蛋1个60g，海苔碎1g，猪肉松1勺10g。

做法：鸡蛋打匀，加海苔碎和猪肉松混匀，蒸到嫩嫩凝固即可食用。海苔碎和猪肉松有咸味，不用加盐。

上午点 醪糟牛奶1大碗。

原料：市售醪糟半杯100g，全脂牛奶1杯200g，枸杞子10g。

做法：醪糟和枸杞子一起加热到沸腾，立刻关火，略凉，倒入牛奶混匀，不烫嘴时即可食用。

贴心叮咛：市售醪糟本身酒精含量仅为0.5%，经过加热挥发掉大部分酒精后，仅剩极少一部分，不会因摄入大量酒精而给产妇和婴儿带来危害。发酵后的米极易消化，味道甜美，替代甜食食用，可以提供愉快的心情和口感。如果用甜酒酿等糖分和酒精含量更高的原料，需要经过稀释再用。

午餐

炒糙米糯米枣肉豌豆大米饭+菠菜肉丸汤+麻酱拌蒸茄子

炒糙米糯米枣肉豌豆大米饭

原料：甜豌豆20g，白糯米20g，炒过的糙米30g，去核大枣3个约20g。

做法：（1）市售新鲜糙米放入铁锅中，中火翻炒到微微发黄、有香气时，即可停火盛出备用。

（2）将所有原料一起加水煮成米饭，趁热吃。甜豌豆可以使用超市里售卖的速冻豌豆。

第四部分 **食谱** 育龄女性营养食谱和制作详解

菠菜肉丸汤

原料：三肥七瘦的猪肉30g，鸡胸肉30g，洋葱20g，菠菜150g，部分去油鸡汤100g，其他调料适量。

做法：（1）猪肉和鸡胸肉一起剁碎，加少量盐搅上劲，加洋葱、姜末一起剁，做成丸子。

（2）菠菜提前在沸水中焯半分钟捞出。锅中加入鸡汤和水，烧沸，加入丸子煮到变色，加入焯好的菠菜，再煮至沸腾，即可关火盛出食用。

贴心叮咛：洋葱可以用小葱、大葱替代。注意尽量少放盐。

麻酱拌蒸茄子

原料：紫色长茄子1大根250g，芝麻酱10g，其他调料适量。

做法：（1）将茄子切6～7cm的条，放蒸锅中蒸15分钟至软烂。

（2）芝麻酱加热水和半汤匙生抽酱油，拌匀浇在茄子上即可。

下午点 酸奶1小杯，放到室温后食用。山楂苹果桂圆酸枣汤1碗。

山楂苹果桂圆酸枣汤

原料：大苹果半个100g，鲜山楂3个10g，带核酸枣1汤匙10g，桂圆半汤匙10g。

做法：苹果切块，鲜山楂去核，与带核酸枣、桂圆一起放在锅里煮20分钟即可。用压力锅压5分钟后自然降压，然后打开食用，效果更佳。若没有鲜山楂，也可以用干的山楂片煮。一次可以多煮一些，全家人分享，也可以冷藏一半，次日加热杀菌后继续吃。

晚餐

炒糙米糯米枣肉豌豆大米饭+花生蘑菇鲫鱼汤+鸡汤煮油菜碎

花生蘑菇鲫鱼汤

原料： 花生1小把20g，鲫鱼1条150g，鲜蘑30g，茶籽油4g。

做法： 锅内少放油，将鲫鱼轻轻煎一下就可以，加水和花生、鲜蘑一起煮25分钟做成汤。

贴心叮咛： 汤只需淡白色，不要浓稠，否则脂肪含量太高，既不利于消化，又增肥。同时，由于一天中汤水总量较大，烹调中切忌在汤里多加盐，否则盐的总量会很大，增加肾脏负担，亦不利于补钙和泌乳。

鸡汤煮油菜碎

原料： 部分去油鸡汤100g，嫩油菜200g。

做法： 将去掉大部分浮油的鸡汤煮沸，加入洗净切碎的油菜一起煮3分钟即可食用。可以按口味喜好加入一点花椒、姜丝或一个干辣椒同煮，或撒入一点白胡椒粉等。

第四部分

食谱 育龄女性营养食谱和制作详解

235

営养
食谱

夜宵 核桃芝麻山药浆。

原料: 核桃仁10g,白芝麻5g,山药干10g。

做法: 将所有原料放豆浆机中,加水打成1碗浆。如果豆浆机容量为900ml,可以按比例安排原料,做出3～4碗浆,全家人分享,或放在冷藏室中,次日加热杀菌后继续食用。

营养分析

按照2014年修订的轻体力活动哺乳期女性的能量和营养素参考摄入量标准,对该食谱进行营养评价。本食谱的目标是为体力和消化能力较弱的产后2周内女性提供容易消化的食物,食谱设计方案的总能量目标为2100kcal,同时有充足的蛋白质和其他营养素供应。

🌰 能量、三大营养素和膳食纤维供应量评价

这份食谱一天当中的总能量为2104kcal,比哺乳期的平均能量供应推荐值2300kcal少约200kcal,是因为考虑到产后2周内体力活动很少,以及泌乳量很少,能量消耗下降的因素,同时也考虑到消化能力较弱的女性如果骤然提供高能量食物,消化系统可能不堪重负。

总蛋白质供应量为90.5g,超过哺乳期女性的推荐供应量,能充分满足身体恢复和泌乳的需要。食谱中动物性蛋白质共42.7g,豆类蛋白质3.0g,总优质蛋白质比例为50.5%,达到哺乳期女性营养膳食所要求的40%以上优质蛋白质比例。

食谱中供应的膳食纤维数量为26.5g(大部分数据只有不可溶纤维,而未给出低聚糖、果胶等可溶性纤维数值),达到每日25～35g的世界卫生组织推荐范围,远高于我国居民日常摄入量。考虑到产妇卧床期间体力活动量较小,供应丰富的膳食纤维有利于预防便秘。同时通过合理烹调保持了较好的饮食口感,产妇完全不会感觉到粗硬难嚼。

食谱中的能量、三大营养素和膳食纤维供应量评价

项目	总能量/kcal	蛋白质/g	脂肪/g	碳水化合物/g	膳食纤维/g
食谱总量	2104	90.5	71.0	288.1	26.5
参考值	2300	80	—	—	25~35
设计目标	2100	>80	>60	>250	>20
评价	减少	充足	适当	充足	充足

🍄 三餐供能比和营养素分布评价

　　该食谱中的三大营养素供能比例分别为：蛋白质16.8%，脂肪29.7%，碳水化合物53.5%。我国健康人的推荐范围分别是10%~20%、20%~30%、50%~65%，本食谱符合推荐的比例范围。

　　三餐的能量分布接近早餐25%~30%、午餐35%~40%、晚餐30%~35%的膳食供能推荐比例。其中蛋白质的三餐分布比较均匀，能够有效保证各餐次蛋白质的利用率。三餐之间加餐液体或半固体食物的设计既增加了食物多样性，增加了水分的摄入量，又有利于避免一次食物量摄入过多，造成消化负担太重的问题。

食谱中的三餐供能比和营养素分布评价

项目	能量比例目标（占总量）/%	实际能量比例（占总量）/%	能量/kcal	蛋白质/g	脂肪/g	碳水化合物/g
早餐	25~30	31.2	657	26.1	15.9	103.6
午餐	30~40	37.8	795	31.5	27.1	112.7
晚餐	30~35	31.0	651	32.9	28.0	71.8
评价		合理	合理	均衡	均衡	均衡

◆ 维生素和矿物质供应量评价

该食谱中维生素和矿物质供应量足够充足，符合哺乳期女性的需求。充足的维生素A供应有利于产道黏膜的修复，而供应充足的B族维生素和维生素C尤其重要，因为新妈妈的食物供应量与乳汁中的水溶性维生素含量有密切关系。B族维生素供应不足会导致哺乳期婴儿的维生素摄入量减少，甚至出现维生素缺乏症。钙、钾、镁元素供应量非常丰富。较丰富的钾不仅有利于钙的利用，而且有利于消除水肿状态。充足的钾、钙、镁元素还有利于消除神经紧张状态，帮助产妇保持平和的心情，并帮助产妇预防失眠，有利于产妇的身体恢复。

食谱中的维生素和矿物质供应量评价

项目	维生素A /μgRE	维生素C /mg	维生素B$_1$ /mg	维生素B$_2$ /mg	钙 /mg	钾 /mg	镁 /mg	铁 /mg	锌 /mg
供应量	1397	211	1.47	2.12	1162	4062	513	32.5	12.55
参考值	1300	150	1.50	1.50	1000	2400	330	24	12.0
满足情况	107.5%	140.7%	98.0%	141.3%	116.2%	169.3%	155.5%	135.4%	104.6%

食物选择和制作方法分析

1. 这份食谱考虑到了消化能力较差的产妇要改善消化吸收功能的需求，使用了容易消化的小米、大黄米、糯米、炒糙米等食材，提升肠胃的接受度。虽然食谱中的主食2/3为全谷杂粮和薯类，但质地柔软，趁热食用后肠胃感觉会非常舒服。

2. 这份食谱考虑到了营养供应的均衡问题，一日六餐，两餐间提供加餐，使全天的血糖水平处于平稳状态，也使产妇不至于因为一餐吃得过多而胃肠不堪重负。考虑到分泌乳汁需要较多水分供应，在加餐内容方面，更多地选择了富含水分的液体食物。

3. 这份食谱中的烹调方法较为清淡，没有煎炸熏烤，以煮、焯、蒸等烹调方式为主，有利于预防发胖。蔬菜、水果和水果干以温热形式食用，即便是体弱者，也不会影响消化功能。待产妇消化吸收功能加强、体能恢复之后，即可过渡到正常吃生水果。

4. 由于我国传统膳食中钙摄入量较低，钾、镁元素也往往不足，使母亲孕期和哺乳期往往会出现钙负平衡状况。食谱中使用了乳制品、绿叶蔬菜和坚果等食材来增加钙、钾、镁元素的综合供应，也提供了大量的维生素K和钾、镁元素。

5. 这份食谱考虑到膳食铁的供应问题，使用了瘦猪肉、鸡胸肉和猪肉松等含血红素铁的食材，以及水果干、坚果等植物性食材，加上充足的维生素C，有利于非血红素铁的吸收利用。小米和大黄米都是主食中含铁元素较多的品种，也是传统的产妇主食食材。

6. 这份食谱使用了杂粮、薯类、蔬菜、菌类、水果、水果干、坚果、油籽、肉类、鱼类、奶类、蛋类等共计31种天然食材。其中含有740g蔬菜（不包括薯类），包含350g绿叶蔬菜；100g水果、95g水果干、45g坚果油籽、70g肉类、80g鱼（去骨）、80g蛋类，以及300g奶类。食材多样化程度高。

新妈妈营养食谱（2000kcal）

食谱目标

本食谱的能量目标为2000kcal，适合孕期增重基本正常，但希望缓慢降低体脂，而又不影响给婴儿哺乳的新妈妈使用，也适合曾经出现妊娠糖尿病情况，但体重超标不多的新妈妈。体型偏小而体重不高的女性可以在本食谱的基础上减少10%的食量，将能量供应降低到1800～1900kcal。备孕女性亦可使用这个食谱，但有减重要求的人需要在本食谱建议数量的基础上减少10%～15%的食量。

食谱内容

需要控体重控血糖的产后女性营养食谱（2000kcal）

餐次	食物安排	食材和数量
早餐	小米燕麦片甘薯粥约2小碗	小米20g，生燕麦片10g，红心甘薯50g，枸杞子10g，花生仁10g
	胡萝卜泡菜丁1小碟	胡萝卜泡菜30g
	蛤蜊肉蛋羹	鸡蛋1个60g，蛤蜊肉干1汤匙20g，其他调料适量
	热牛奶1杯	全脂巴氏奶200g
上午点	核桃3个，黑加仑干1小把	核桃仁15g，黑加仑干15g
午餐	豆浆煮紫米饭	豆浆100g，特级粳米30g，紫红糯米30g
	菠菜排骨汤	带骨猪大排100g，干黄花菜10g，水煮冬笋50g，菠菜150g（焯过）
	粉丝虾皮蒸丝瓜	长丝瓜1大根200g，虾皮4g，干粉丝10g（泡发），橄榄油5g，其他调料适量
下午点	大苹果1个或小苹果2个	苹果带皮核250g
晚餐	小米豌豆南瓜粥1碗	小米20g，生燕麦片10g，甜豌豆20g，去皮南瓜50g
	蒸藕片	鲜藕100 g
	香菇芦笋炒三文鱼	干香菇10g，三文鱼60g，芦笋尖100g，茶籽油5g，其他调料适量
	鸡汤煮小白菜	去掉部分浮油的鸡汤100g，小白菜150g

餐次	食物安排	食材和数量
夜宵	原味全脂酸奶1杯	约200g
饮料	淡柠檬水或玫瑰花蕾茶	不加糖和蜂蜜,随意饮用
运动	子宫复原之后,需要减肥的哺乳妈妈每天建议做45分钟以上的中强度有氧运动,如快走、慢跑、跳操等,以消耗能量,减少脂肪;运动强度可以逐渐增加,以平均心率达到120次/分钟为好。最好在教练的指导下每周做3次增肌运动,以加强核心肌肉和主要大肌群力量,帮助提高基础代谢率,收紧身体线条	

食谱制作

小米燕麦片甘薯粥+胡萝卜泡菜丁+蛤蜊肉蛋羹+热牛奶(加热到50℃左右饮用)

小米燕麦片甘薯粥

原料：小米20g，生燕麦片10g，红心甘薯50g，枸杞子10g，花生仁10g。

做法：锅中煮沸水，加入小米、生燕麦片、花生仁一起煮沸，然后小火煮20分钟，再加入切丁的红心甘薯和枸杞子，煮5分钟，即可食用。

蛤蜊肉蛋羹

原料：鸡蛋1个60g，蛤蜊肉干1汤匙20g，其他调料适量。

做法：（1）蛤蜊肉干提前从冰箱里拿出来放在水里泡一夜，剁碎。

（2）鸡蛋打匀，加蛤蜊肉、几滴料酒和少量生抽混匀，蒸到嫩嫩凝固即可食用。

上午点 核桃仁（3个核桃，取核桃仁15g）配黑加仑干（1小把15g）。两者一起嚼很美味哦！

豆浆煮紫米饭+菠菜排骨汤+粉丝虾皮蒸丝瓜

豆浆煮紫米饭

原料： 豆浆100g，特级粳米30g，紫红糯米30g。

做法：（1）豆浆可以自己做，50g豆子加1000ml水（豆与水的比例为1：20），也可以用市售品。

（2）将紫红糯米提前泡3小时，用100g豆浆替代水，将所有原料放入电饭锅里煮成米饭。

贴心叮咛： 用豆浆做出来的米饭很香，营养价值更高，但会更加有咀嚼性。要注意豆浆不过浓，添加量大致按这里的推荐量，不能过少，以免米饭难熟。

菠菜排骨汤

原料： 带骨猪大排100g，干黄花菜10g，水煮冬笋50g，菠菜150g（焯过）。

做法：（1）带骨猪大排提前炖熟，干黄花菜提前水发去掉硬根，冬笋提前焯过，或购买超市的水煮冬笋产品。菠菜先择去根和老叶，洗净，用沸水焯半分钟捞出摊平凉凉。

（2）锅中放入去油的排骨汤，加入切片的煮冬笋，以及水发去梗洗净的黄花菜，煮沸后加入猪大排，煮3分钟后，再加入菠菜，再次沸腾时立刻关火，盛出食用。

贴心叮咛： 菠菜可以用其他绿叶蔬菜替代。注意尽量少放盐，可以加少量姜片、胡椒粉等香辛料。冬笋和菠菜一定要先焯过，去掉其中过多的草酸。

粉丝虾皮蒸丝瓜

原料： 长丝瓜1大根200g，虾皮4g，干粉丝10g（泡发），橄榄油5g，其他调料适量。

做法：（1）丝瓜刮去靠梗的硬皮部分，切6～7cm长的条。

（2）汤盘下面垫上粉丝，放入丝瓜条，上面撒上洗净的虾皮，加多半汤匙橄榄油，放入蒸锅中，蒸10～15分钟至变软。

（3）加半汤匙生抽酱油，即可食用。

下午点 大苹果1个或小苹果2个，带皮核250g。也可换成其他使血糖上升较慢的水果，如桃子、橘子、木瓜等。

晚餐

小米豌豆南瓜粥+蒸藕片+香菇芦笋炒三文鱼+鸡汤煮小白菜

小米豌豆南瓜粥

原料： 小米20g，生燕麦片10g，甜豌豆20g，去皮南瓜50g。

做法： 南瓜切块，和小米、生燕麦片一起，加8倍水，放入锅中煮沸，小火慢煮约10分钟，加入速冻甜豌豆，再煮10分钟即可食用。

蒸藕片

原料： 鲜藕100g。

做法： 鲜藕去皮切片，蒸20分钟到全熟，不调味，直接作主食食用。

香菇芦笋炒三文鱼

原料： 干香菇10g，三文鱼60g，芦笋尖100g，茶籽油5g，其他调料适量。

做法：（1）三文鱼切丁，用少量胡椒粉和料酒略拌，芦笋尖切段；香菇水发后切条。

（2）不粘锅中放茶籽油，加入香菇条和芦笋段炒2分钟，加入三文鱼丁，炒到变色，关火，洒半汤匙生抽拌匀，即可盛出。三文鱼可以用金枪鱼、黑鱼、鲈鱼等其他少刺鱼类替代。

鸡汤煮小白菜

原料： 去掉部分浮油的鸡汤100g，小白菜150g。

做法： 将新鲜小白菜洗净切段。去掉大部分浮油的鸡汤或肉汤煮沸，加入洗净切段的小白菜一起煮2分钟即可食用。可以按口味喜好加入几粒花椒、姜丝或1个干辣椒同煮，或撒入一点白胡椒粉等。小白菜可以用其他深绿色的叶菜替代，鸡汤可以用肉汤替代，或者用白水加香油来替代。

夜宵 原味全脂酸奶1杯200g。可以放在室温下，温度不凉的时候饮用。

贴心叮咛：酸奶最好选择无糖品种，如果没有，则选碳水化合物含量低于11.0%的产品。

日间饮料 淡柠檬水（1片柠檬泡一大杯水）；玫瑰花花蕾（几朵）冲成淡玫瑰花茶；不加糖和蜂蜜，随意饮用。

贴心叮咛：注意烹调中切忌多加油和盐。盐的总量大了会增加肾脏负担，亦不利于补钙和泌乳。油增加之后一方面会不利于减肥，另一方面会降低胰岛素敏感性，不利于血糖控制。

第四部分 **食谱** 育龄女性营养食谱和制作详解

营养分析

按照2014年修订的轻体力活动哺乳期女性的能量和营养素参考摄入量标准，对该食谱进行营养评价。本食谱的目标是为体重增加过多的女性提供产后哺乳期间营养平衡的饮食，适合从产后到哺乳期一年之内使用。食谱设计方案的总能量目标为2000kcal，同时有充足的蛋白质和其他营养素供应。

🔵 能量、三大营养素和膳食纤维供应量评价

这份食谱一天当中的总能量为1976kcal，比哺乳期的平均能量供应推荐值2300kcal少约330千卡。这是因为一方面考虑到产假期间体力活动少，能量消耗下降，另一方面也考虑到需要减肥。这个能量值可以一直持续至哺乳期结束。在宝宝1岁以后哺乳量减少时，如果体重仍未恢复正常，需要再减到1600~1700kcal。如果哺乳过程中体重已经恢复正常，则可回归轻体力活动未孕女性的1800kcal。

总蛋白质供应量为86.0g，超过哺乳期女性的推荐供应量，能充分满足身体恢复和泌乳的需要。食谱中动物性蛋白质共46.5g，豆类蛋白3.3g，总优质蛋白质比例为57.9%，达到哺乳期女性营养膳食所要求的40%以上优质蛋白质比例。

食谱中供应的膳食纤维数量为24.1g（大部分数据只有不可溶纤维，而未给出低聚糖、果胶等可溶性纤维数值），接近每日25~35g的世界卫生组织推荐范围，远高于我国居民日常摄入量。考虑到产妇体力活动量较小，供应丰富的不溶性膳食纤维有利于预防便秘。

食谱中的能量、三大供能营养素和膳食纤维供应量评价

项目	总能量 /kcal	蛋白质 /g	脂肪 /g	碳水化合物 /g	膳食纤维 /g
食谱总量	1976	86.0	72.1	255.7	24.1
参考值	2300	80	—	—	25~35
设计目标	2000	>80	50~75	>250	>20
评价	减少	充足	适当	充足	充足

🍂 三餐供能比和营养素分布评价

该食谱中的三大营养素供能比例分别为：蛋白质17.1%，脂肪32.2%，碳水化合物50.7%。我国正常成人的推荐范围分别是10%~20%、20%~30%、50%~65%，但本食谱为控血糖哺乳期食谱，按国际上的相关研究，可以略微调低碳水化合物主食的比例，而提高来自坚果等富含脂肪食材的比例。本食谱符合这种类型食谱的能量来源构成。

三餐的能量分布接近早餐25%~30%、午餐35%~40%、晚餐30%~35%的膳食供能推荐比例。其中蛋白质的三餐分布比较均匀，能够有效保证各餐次蛋白质的利用率。一日六餐的设计使一天中碳水化合物摄入较为均匀，既增加了食物多样性，又有利于避免一次食物量摄入过多，造成血糖和血脂上升过高的问题。

食谱中的三餐供能比和营养素分布评价

项目	能量比例目标 （占总量）/%	实际能量比例 （占总量）/%	能量 /kcal	蛋白质 /g	脂肪 /g	碳水化合物 /g
早餐	25~30	32	632	25.1	27.4	72.9
午餐	30~40	36.3	717	30.1	21.7	104.8
晚餐	30~35	31.7	627	30.8	23.0	78.0
评价		合理	合理	均衡	均衡	均衡

🍂 维生素和矿物质供应量评价

该食谱中维生素和矿物质的供应量非常充足，符合哺乳期女性的需求，即便是哺乳量最大的情况也能完全满足。充足的维生素A供应有利于产道黏膜的修复，而供应充足的B族维生素和维生素C尤其重要，因为新妈妈的食物供应量与乳汁中的水溶性维生素含量有密切关系。B族维生素供应不足会导致哺乳期婴儿的维生素摄入量减少，甚至发生维生素缺乏症。钙、钾、镁元素供应量非常丰富。丰富的钾不仅有利于钙的利用，而且有利于消除水肿状态。充足的钾、钙、镁元素还有利于消除神经紧张状态，帮助产妇保持平和的心情，并有助于预防失眠，有利于产妇的身体恢复。丰富的镁元素还有利于保持胰岛素敏感性，对控制血糖也十分重要。

食谱中的维生素和矿物质供应量评价

项目	维生素A /μgRE	维生素C /mg	维生素B₁ /mg	维生素B₂ /mg	钙 /mg	钾 /mg	镁 /mg	铁 /mg	锌 /mg
供应量	1848	220	1.86	1.89	1031	4320	477	27.4	14.84
参考值	1300	150	1.50	1.50	1000	2400	330	24	12.0
满足情况	142.1%	146.7%	124.0%	126.0%	103.1%	180.0%	144.5%	114.2%	123.7%

食物选择和制作方法分析

1. 这份食谱考虑到了新妈妈需要控制体重和血糖的要求，降低了精白主食的数量，使用了血糖上升速度比白米白面慢的全谷杂粮食材，但食物质地并不粗硬，烹调食用后肠胃感觉会比较舒服。

2. 本食谱中加入了少量生燕麦片，它所含的β-葡聚糖可以提供较好的黏稠感，并延缓餐后血糖上升速度，也不会妨碍哺乳。坊间传说燕麦回奶，实际上是一种讹传。我国传统养生中说到回奶的食物是大麦芽，即大麦发的芽。燕麦和大麦根本不是一种植物，燕麦片也没有发过芽，不存在妨碍泌乳的问题。燕麦营养价值很高，饱腹感强，餐后血糖上升较慢，欧美国家的营养学家都鼓励孕妇和哺乳母亲经常食用。

3. 本食谱中加入了富含碳水化合物的黑加仑干、枸杞干和桂圆等水果干，作为碳水化合物的补充来源。这些食材同时含有丰富的B族维生素和矿物质，有利于帮助新妈妈保证体能，也有利于增加抗氧化物质的供应。其中枸杞干纤维特别丰富，糖分又少，其中所含的枸杞多糖在动物实验中还表现出降血糖的生理作用，适合控制血糖者少量食用。黑加仑干在葡萄干中抗氧化物质最为丰富，其中的花青素有降低消化酶活性的作用，对血糖有正面影响。桂圆干糖分含量虽然很高，但它富含维生素B₂，而且粗纤维含量较高，混合在主食中少量食用时不至于明显影响餐后血糖。

4. 这份食谱考虑到了加餐的血糖反应问题，选择了饱腹感较强、消化速度较慢的苹果、坚果加水果干和酸奶。苹果是水果中血糖上升较慢的品种之一，而坚果加水果干的组合有利于降低血糖反应（本实验室研究数据，尚未发表），而且味道非常适口。原味酸奶虽然含有少量糖分，但由于乳酸有延缓血糖上升的作用，而乳清蛋白也有促进胰岛素分泌的作用，故即便是淡甜味的酸奶，仍不会引起快速的血糖上升。

5. 主食中使用白米和紫糯米的时候，为了延缓消化速度，避免血糖上升过快，特意用豆浆来替代白水煮饭。本实验室体外胰酶模拟小肠消化的实验数据显示，用豆浆煮饭可以显著降低米饭的消化速度，有利于餐后血糖控制，口味也很香，食用者容易接受。

6. 由于我国传统膳食中钙摄入量较低，而大部分人膳食中的钾、镁元素也不足，使母亲孕期和哺乳期往往会出现钙负平衡状况。食谱中使用了乳制品、绿叶蔬菜和坚果等食材来增加钙、钾、镁元素的综合供应，也提供了大量的维生素K和钾、镁元素。

7. 这份食谱使用了杂粮、薯类、蔬菜、菌类、水果、水果干、坚果、油籽、肉类、鱼类、奶类、蛋类等共计28种天然食材。其中含有770g蔬菜（不包括薯类），其中有300g绿叶蔬菜；250g水果、25g水果干、25g坚果油籽、100g带骨肉类、60g鱼（去骨）、60g蛋类，以及400g奶类。食材多样化程度高。

第四部分

食谱 育龄女性营养食谱和制作详解

249

新妈妈营养食谱（1800kcal）

食谱目标

本食谱的能量目标为1800kcal，适合需要减肥的哺乳期女性使用，包括孕期体重增加较多，或者月子期间体重上升，肥肉缠绵不去的新妈妈，也适合曾经患有妊娠糖尿病的新妈妈。未孕的备孕女性亦可使用本食谱中的食物配合方式，但如果需要降低体重，需要在本食谱的基础上减少10%的食量。

食谱内容

需要减肥的哺乳期女性营养食谱（1800kcal）

餐次	食物安排	食材和数量
早餐	全麦豆渣鸡蛋饼卷蔬菜	全麦粉60g，鸡蛋1个带壳60g，自制豆浆所剩豆渣10g，虾皮2g，茶籽油6g，焯黄豆芽50g，煮冬笋丝50g，小葱（切葱花）10g，其他调料适量
	麻仁豆浆1大碗	亚麻籽5g，白芝麻5g，黄豆10g
上午点	原味酸奶1小杯	酸奶100g
午餐	花生小米粥1大碗	小米25g，花生10g，枸杞子5g
	双薯蔬菜烤奶酪1盘	切达奶酪1片16g，去皮红薯丁100g，去皮土豆丁100g，胡萝卜丁50g，甜豌豆20g
	肉菜沙拉1碗	番茄150g，叶用莴苣60g，紫甘蓝60g，鸡肉碎30g，初榨橄榄油或香油半汤匙4g，其他调料适量
下午点	原味酸奶1小杯，水果	酸奶100g，小甜橙1个或大脐橙半个150g
晚餐	红豆杂粮粥2碗	红小豆20g，小米20g，紫米10g，燕麦粒10g
	白灼西蓝花	西蓝花200g，香油4g，其他调料适量
	虾仁炒豆腐	北豆腐50g，河虾仁30g，芦笋50g，草菇30g，茶籽油8g，其他调料适量
夜宵	全脂牛奶半杯	牛奶100g
饮料	白水，淡茶水	白开水，荞麦茶，淡乌龙茶等
运动	每天至少45分钟中强度有氧运动，如快走、慢跑、跳操，以消耗能量，减少脂肪；运动强度以平均心率达到120次/分钟为好。每周3次增肌运动，以加强核心肌肉和主要大肌群力量，帮助提高基础代谢率	

食谱制作

早餐

全麦豆渣鸡蛋饼卷蔬菜+麻仁豆浆

麻仁豆浆

原料： 亚麻籽5g，白芝麻5g，黄豆10g。

做法： 烤熟的亚麻籽、白芝麻、黄豆混合，加300ml水，用家用豆浆机打成浆，饮用即可。渣子用来做下面的卷饼。烤熟的亚麻籽在网上可以买到。

全麦豆渣鸡蛋饼卷蔬菜

原料： 全麦粉60g，鸡蛋1个带壳60g，自制豆浆所制豆渣10g，虾皮2g，茶籽油6g，焯黄豆芽50g，煮冬笋丝50g，小葱（切葱花）10g，其他调料适量。

做法：（1）豆渣混入全麦粉，打入鸡蛋，加入洗净切碎的虾皮和葱花，加水和成面糊，放少量茶籽油，在平锅上煎成软煎饼。

（2）在饼上涂半勺甜面酱调味，放入切好焯熟的笋丝和焯熟的黄豆芽，卷成卷，切成段食用。调味方式和蔬菜品种可以调换，但其中不能放土豆丝，否则能量过高。

贴心叮咛： 若买不到全麦粉，可以用不太精的普通面粉配合少量荞麦粉、玉米粉、豆粉等。做煎饼的时候不要放太多油，尽量用不粘锅来烹调。

营养
食谱

上午点 全脂原味酸奶1小杯100g。

午餐

花生小米粥+双薯蔬菜烤奶酪+肉菜沙拉

双薯蔬菜烤奶酪

原料：切达奶酪1片16g，去皮红薯丁100g，去皮土豆丁100g，胡萝卜丁50g，甜豌豆20g。

做法：（1）去皮红薯丁和去皮土豆丁放入微波炉中加热到熟，或用蒸锅蒸熟。

（2）速冻甜豌豆和胡萝卜丁同样蒸熟或焯熟。市售切达奶酪切丁。

（3）薯类和胡萝卜原料混在一起，放入平底不粘煎锅内，不加油，小火烤到产生香味，加入豌豆丁和奶酪碎，到奶酪碎化开，把其他蔬菜粘在一起即可。

（4）可按口味撒入少量胡椒盐、花椒盐，也可不加。蔬菜和薯类本身就有甜味，奶酪有咸味。

贴心叮咛：奶酪选择自己口味能接受的品种，蛋白质含量要在12%以上。如果是再制奶酪，最好用标明脂肪含量降低的品种。在烤蔬菜之前，锅里先加入一点小茴香或其他香辛料烤香，再放入蔬菜和奶酪，味道会更好。

花生小米粥

原料： 小米25g，花生10g，枸杞子5g。

做法： 锅中烧开水，加入小米和花生，一起小火煮30分钟，再投入枸杞子，即可食用。

肉菜沙拉

原料： 番茄150g，叶用莴苣60g，紫甘蓝60g，鸡肉碎30g，初榨橄榄油或香油半汤匙4g，其他调料适量。

做法：（1）鸡肉碎是将鸡胸肉烤、烧或煮熟，撕碎制成的，也可用去皮鸡腿肉。

（2）将番茄切块、莴苣切段、紫甘蓝切丝。

（3）所有材料放入碗中，撒入少量胡椒盐，挤入少量柠檬汁或酸橘汁。也可加入香葱花、香菜碎等。

下午点 全脂原味酸奶1小杯100g，小甜橙1个或大脐橙半个。也可换成其他应季水果。

晚餐

红豆杂粮粥+白灼西蓝花+虾仁炒豆腐

红豆杂粮粥

原料：红小豆20g，小米20g，紫米10g，燕麦粒10g。

做法：（1）红小豆和燕麦粒提前浸泡一夜。

（2）小米、紫米和泡好的燕麦粒、红小豆一起放入电压力锅，连泡豆水一起，共加相当于粮食干重8倍的水，用杂粮粥程序煮熟即可食用。

白灼西蓝花

原料：西蓝花200g，香油4g，其他调料适量。

做法：（1）西蓝花洗净，去梗切成小朵。

（2）锅中烧水到沸腾，加入半汤匙香油，然后投入西蓝花翻匀，盖上盖子大火焖1分钟，然后打开盖子，再翻匀，然后盛盘。

（3）用鲜味酱油、花生粒大的一点白糖、几滴醋、几滴香油（或辣椒油）和少量胡椒粉拌匀做成汁，浇在西蓝花上面，即可食用。

虾仁炒豆腐

原料： 北豆腐50g，河虾仁30g，芦笋50g，草菇30g，茶籽油8g，其他调料适量。

做法：（1）鲜品或速冻河虾仁洗净，放入加了少量油的沸水中焯到变色立刻捞出。草菇、芦笋和北豆腐也同样在沸水中烫过捞起。

（2）烫过的芦笋切成短段或丁，北豆腐切丁。

（3）不粘炒锅中放1汤匙油，加入少量葱花、一丁点姜粉，放入北豆腐、草菇翻炒，加入河虾仁和芦笋，加1小勺生抽，最后用少量水淀粉和盐勾薄芡。

贴心叮咛： 少量的生抽酱油可以让颜色更温暖，也能增加鲜味。勾芡可以帮助入味，并减少对油的需求。先吃西蓝花，然后配着杂粮粥吃虾仁炒豆腐。锅上和盘子里所粘的油尽量不要吃进去。

夜宵 全脂牛奶半杯100g。

饮料 白开水、淡乌龙茶、荞麦茶等无糖饮料。

贴心叮咛： 在哺乳期间需要增加水分供应，故每一餐都有粥或豆浆，两餐之间用牛奶、酸奶作加餐，也能供应水分。此外还应当多饮白开水。浓茶含有较多咖啡因和茶碱，哺乳期不宜饮用。淡茶可以饮用，如只用0.5g茶叶放在1杯水中，比白开水有味道，但不会带来不良影响。

营养分析

按照2014年修订的轻体力活动哺乳期女性的能量和营养素参考摄入量标准，对该食谱进行营养评价。本食谱的目标是为体重增加过多的女性提供产后哺乳期间营养平衡的饮食，食谱设计方案的总能量目标为1800kcal，同时有充足的蛋白质和其他营养素供应。

这个食谱适合从产后第二个月到哺乳期2年之内的饮食。在宝宝1岁后哺乳量减少时，如果体重仍未恢复正常，建议再减到1700kcal（参见备孕女性食谱）。

🍵 能量、三大营养素和膳食纤维供应量评价

这份食谱一天当中的总能量为1802kcal，比哺乳期的平均能量供应推荐值2300kcal少约500kcal。

总蛋白质供应量为85.6g，超过哺乳期女性的推荐供应量，能充分满足身体恢复和泌乳的需要。食谱中动物性蛋白质共30.3g，占总蛋白质85.5g的35.4%。豆类蛋白15.1g，总优质蛋白质比例为53.1%，达到哺乳期女性营养膳食所要求的40%以上优质蛋白质比例。食谱中的脂肪主要来自坚果油籽类食物，有利于丰富营养素供应。

这份食谱中供应的膳食纤维数量为28.5g（大部分数据只有不可溶纤维，而未给出低聚糖、果胶等可溶性纤维数值），达到每日25~35g的世界卫生组织推荐范围，远高于我国居民日常摄入量。对需要减肥的哺乳母亲来说，供应丰富的膳食纤维不仅有利于预防便秘，还能大幅度提高饱腹感。通过合理烹调保持了较好的饮食口感，不会感觉到粗硬难嚼。

食谱中的能量、三大营养素和膳食纤维供应量评价

项目	总能量 /kcal	蛋白质 /g	脂肪 /g	碳水化合物 /g	膳食纤维 /g
食谱总量	1802	85.5	63.5	236.8	28.5
参考值	2300	80	—	—	25~35
设计目标	1800	>80	50~65	>250	>20
评价	减少	充足	适当	充足	充足

🍴 三餐供能比和营养素分布评价

该食谱中的三大营养素供能比例分别为：蛋白质18.4%，脂肪30.7%，碳水化合物50.9%。我国正常成人的推荐范围分别是10%~20%、20%~30%、50%~65%，本食谱十分接近这种类型食谱的能量来源构成。

早餐（含上午点）能量553（481+72）kcal，碳水化合物69.1g，脂肪21.1g，蛋白质26.9g。早餐占一日能量的30.7%。

午餐（含下午点）能量699（574+125）kcal，碳水化合物107.2g，脂肪20.4g，蛋白质26.6g。午餐占一日能量的38.8%。

晚餐（含夜宵）能量550（482+68）kcal，碳水化合物60.5g，脂肪22.0g，蛋白质32.0g。晚餐占一日能量的30.5%。

三餐的能量分布接近早餐25%~30%、午餐35%~40%、晚餐30%~35%的膳食供能推荐比例。其中蛋白质的三餐分布比较均匀，能够有效保证各餐次蛋白质的利用率。三餐之间加餐的设计既增加了食物多样性，又有利于避免后一餐之前和晚上睡觉之前感觉饥饿而难以控制食欲的问题。

食谱中的三餐能量和营养素分布评价

项目	能量比例目标（占总量）/%	实际能量比例（占总量）/%	能量/kcal	蛋白质/g	脂肪/g	碳水化合物/g
早餐	25~30	30.7	553	26.9	21.1	69.1
午餐	30~40	38.8	699	26.6	20.4	107.2
晚餐	30~35	30.5	550	32.0	22.0	60.5
评价		合理	合理	均衡	均衡	均衡

🍴 维生素和矿物质供应量评价

该食谱维生素和矿物质供应量非常充足，符合哺乳期女性的需求，即便是哺乳量最大的情况也能完全满足。

食谱中维生素A总量显得比较高的原因是食物成分表数据中西蓝花的胡萝卜素含量较大，而实际上绿叶菜中的维生素A利用率偏低，因此并不会引起维生素过量的问题。供应充足的B族维生素和维生素C尤其重要，因为新妈妈的食物供应量与乳汁中的水溶性维生素含量有密切关系。膳食中不存在从食物中摄取维生素C过量的问题，因为食谱中的数据为新鲜原料数据，烹调加工过程中都会造成损失，供应略充裕一些是有益健康的。

食谱中的钙、钾、镁元素供应量非常丰富。丰富的钾和镁不仅有利于钙的利用，而且有利于消除水肿状态。充足的钾、钙、镁元素还有利于消除神经紧张状态，帮助保持平和的心情，并帮助预防失眠情况。

食谱中的维生素和矿物质供应量评价

项目	维生素A /μgRE	维生素C /mg	维生素B$_1$ /mg	维生素B$_2$ /mg	钙 /mg	钾 /mg	镁 /mg	铁 /mg	锌 /mg
供应量	3631	319	1.61	1.65	1117	3891	431	23.5	13.19
参考值	1300	150	1.50	1.50	1000	2400	330	24	12.0
满足情况	279.3%	212.7%	107.3%	110.0%	111.7%	162.1%	130.6%	97.9%	109.9%

食物选择和制作方法分析

1. 这份食谱考虑到了哺乳母亲需要控制体重的要求，减少了主食的数量，较多地使用了血糖指数较低、膳食纤维含量较高的全谷杂粮。虽然食谱中的主食加入了全谷杂粮、豆类和薯类，但质地并不粗硬，烹调食用后肠胃感觉会比较舒服。

2. 食谱中使用的是完整的燕麦粒，不仅有β-葡聚糖可以提供较好的黏稠感，还能更好地延缓餐后消化速度。坊间传说的燕麦回奶，实际上是一种讹传。我国传统养生中说到回奶的食物是大麦芽，即大麦发的芽。燕麦和大麦根本不是一种植物，燕麦片也没有发过芽，不存在妨碍泌乳的问题。

3. 本食谱中使用了超过300g的乳制品，因为在同样的能量和蛋白质供应水平下，从乳制品中摄入充足的钙有利于体重控制。原味酸奶的饱腹感较高，血糖反应较低。其中虽然有少量奶酪，但因为是在烹调中替代油脂使用，并不会额外增加膳食中的脂肪总量。

4. 这份食谱考虑到了营养供应的均衡问题，两餐间和晚餐后2小时提供加餐，使全天的血糖水平处于平稳状态，也不至于因为三餐减量而造成饭前食欲爆棚，难以控制食量的情况。在加餐内容方面，选择了饱腹感较强、消化速度较慢的酸奶和水果。考虑到三餐本来已经提供了饱腹感较强的食物，加餐食物的体积不大。

5. 这份食谱考虑到了控制脂肪数量和避免发胖的问题，烹调方法较为清淡，没有煎炸熏烤，以煮、焯、蒸等烹调方式为主。一日中烹调油的总量仅有20g。膳食中脂肪的主要来源是油籽类、奶类和肉类等天然食品。

6. 这份食谱使用了杂粮、薯类、蔬菜、菌类、水果、水果干、坚果、油籽、肉类、鱼类、奶类、蛋类等共计30种天然食材。其中含有720g蔬菜（不包括薯类），包含310g绿叶蔬菜；150g水果、30g坚果油籽、30g带骨肉类、30g虾、60g蛋类，以及约400g奶类。食材多样化程度高。

传递基因和爱护后代的生物本能，激励着人们去努力改变世界，改变自身。这种努力，也包括为了孕育和养育最优秀的后代，对自己的生活方式做出改变。

第五部分

附录

部分营养素的食物来源

营养成分表使用说明：

一、有关食物的可食部分和营养素含量单位

天然食物往往不能全部被人食用，其中含有不可食用的部分，比如皮、核、老叶、硬根、骨、刺等部分，要在烹调食用之前去除，它们被称为食物的"废弃部分"。余下可以直接食用的部分，称为"可食部分"。食物成分表中的数据，均指100g去除废弃部分的可食部中所含的营养素含量。比如说，鸡蛋壳不是食用部分，若一个鸡蛋的总重量是60g，它的蛋壳重量为7g，那么它的可食部分重量就是53g，可食部分比例是88.3%。表格中所列出的100g鸡蛋可食部分中的营养素，实际上是1.88个鸡蛋（1只60g重）中所含的营养素。

各营养素的含量单位不一样。能量（热量）的单位是"千卡（kcal）"或"千焦耳（kJ）"，1kcal=4.18kJ。蛋白质、脂肪、碳水化合物等成分的单位是克（g），维生素和矿物质的含量单位是毫克（mg）或微克（μg）。1g=1000mg，1mg=1000μg。

二、有关营养素密度和能量密度

本书和其他提供营养素含量的书籍不同，在表中列出的营养素来源当中，不仅提供了100g可食部分食品中的各种营养素含量，而且进行了营养素密度和能量密度的计算。这是因为在含有某种营养素的同时，食物还含有能量营养素。如果选择不当，可能会在补充营养素的同时，引入了过多的脂肪、淀粉和糖，可能不利于预防肥胖。

所谓营养素密度，意思是单位能量（热量，卡路里）中所含的某种微量营养素的数量。健康膳食的核心，就是在保证营养全面的同时切实提升营养素密度。正因如此，本表格中的数据按照各类食物中"100kcal中所含的营养素"进行排序，而不是按照100g食物重量中的营养素含量进行排序。

如果读者需要控制体重，则应在表格中关注"100kcal中所含的营养素"，选择能量密度较低、营养素密度较高的食物，这就意味着，在获得较多营养素

的同时，不会引入过多的能量（热量、卡路里），在达到补充营养素效果的同时不会促进肥胖。如因为口味喜好而选择其中能量较高的食材，则应注意烹调时采用少油烹调方法，降低成品菜肴的能量，也有利于预防发胖。

三、有关食物营养的摄入量和实际吸收利用率

选择补营养食物的时候，还要考虑这种食物能不能买到，能吃进去多少，在人体中的利用率有多高。比如说，野菜中的钙含量比较高，但其中含有妨碍钙吸收的草酸等成分，需要经过焯水之后再吃，否则对补钙没有意义，甚至是负面作用。比如说，按100g计算，干紫菜的含铁量比较高，但不可能每天吃大量紫菜，通常也就吃1~2g而已，而且紫菜中的铁并不是血红素铁，还有大量可溶性膳食纤维阻碍铁的吸收，所以吃紫菜对日常补铁并不能起到很大作用。

四、有关加工食品的营养素含量

对加工食品来说，由于加工中进行各种处理以及添加各种成分会影响食物的脂肪、蛋白质、碳水化合物等成分的含量，凡是超市销售的带包装食品，包装袋上都有"营养成分表"一项，其中说明了该产品具体所含蛋白质和能量（热量）的数值，消费者可以直接获得相关信息，而无需查询食物成分表。

然而，按我国法规，营养成分表并未强制标出各种维生素的数量，以及除了钠之外的其他矿物质营养素含量，不标注不等于不存在这些营养素。例如，牛奶是富含钙的食物，即便产品包装上的营养成分表中没有注明钙的含量，也不代表这个产品不含有钙。实际上，奶制品中钙的含量与其蛋白质含量通常成正比，消费者直接选择蛋白质含量高的产品，即可获得较多的钙。

五、本书的食物营养数据来源

以下表格中列出了蛋白质、钙、铁、维生素B_1、维生素B_2和叶酸等孕期和哺乳期需要特别关注的营养素食物来源。其中绝大多数数据来自于《中国食物成分表（第二版）》和《中国食物成分表2004》，有"*"标记的食物数据来自于美国农业部食物营养数据库。

由于烹调加工处理会极大地影响食物的营养素保存率，所以本书中所选食物绝大部分为食材原料的营养素含量，而不是经过烹调加工的食品。

蛋白质的各类食物来源

类别	食物名称	100g可食部分中含蛋白质/g	100g可食部分中含能量/kcal	100kcal食物中含蛋白质/g	100kcal相当的食物质量/g
畜肉	牛里脊	22.2	107	20.7	93.5
	羊后腿肉	19.5	110	17.7	90.9
	猪肾（腰子）	15.4	96	16.0	104.2
	牛腩	18.6	123	15.1	81.3
	猪肝	19.3	129	15.0	77.5
	猪肉（纯瘦）	20.3	143	14.2	69.9
	肥瘦羊肉	19.0	203	9.4	49.3
	牛舌	17.0	196	8.7	51.0
	猪小排	16.7	278	6.0	36.0
禽肉	鹌鹑肉（整只）	20.2	110	18.4	90.9
	鸡胗	19.2	118	16.3	84.7
	鸡胸肉	19.4	133	14.6	75.2
	鸡肉（平均）	19.3	167	11.6	59.9
	鸭肝	14.5	128	11.3	78.1
	鸡翅	17.4	194	9.0	51.5
	鸡腿	16.0	181	8.8	55.2
	鹅肉（整只）	17.9	251	7.1	39.8
	鸭肉（平均）	15.5	240	6.5	41.7
蛋类	鸡蛋（平均）	13.3	144	9.2	69.4
	鹌鹑蛋	12.8	160	8.0	62.5
	鸭蛋	12.6	180	7.0	55.6
	鹅蛋	11.1	196	5.7	51.0
奶类	全脂牛奶（脂肪3.1%，碳水化合物4.8%）	3.1	60	5.2	166.7
	全脂酸奶（脂肪3.0%，碳水化合物11.0%）	2.5	81	3.1	123.5

类别	食物名称	100g可食部分中含蛋白质/g	100g可食部分中含能量/kcal	100kcal食物中含蛋白质/g	100kcal相当的食物质量/g
水产类	海米（干虾仁）	43.7	198	22.1	50.5
	干贝（扇贝干）	55.6	264	21.1	37.9
	黄鳝	18.0	89	20.2	112.4
	河蚌	10.9	54	20.2	185.2
	对虾	18.6	93	20.0	107.5
	河虾	16.4	87	18.9	114.9
	鲈鱼	18.6	105	17.7	95.2
	鲅鱼（马鲛鱼）	21.2	121	17.5	82.6
	河蟹	17.5	103	17.0	97.1
	蛤蜊（平均）	10.1	62	16.3	161.3
	蓝鳍金枪鱼*	23.3	144	16.2	69.4
	鲫鱼	17.1	108	15.8	92.6
	鱼片干	46.1	303	15.2	33.0
	鲍鱼	12.6	84	15.0	119.0
	草鱼	16.6	113	14.7	88.5
	带鱼	17.7	127	13.9	78.7
	大西洋三文鱼（养殖）*	20.4	208	9.8	48.1
	牡蛎（海蛎子）	5.3	73	7.3	137.0
大豆和豆制品	北豆腐（卤水豆腐）	12.2	99	12.3	101.0
	南豆腐（石膏豆腐）	6.2	57	10.9	175.4
	豆腐丝	21.5	203	10.6	49.3
	香豆腐干	15.8	152	10.4	65.8
	内酯豆腐	5.0	50	10.0	200.0
	腐竹	44.6	461	9.7	21.7

类别	食物名称	100g可食部分中含蛋白质/g	100g可食部分中含能量/kcal	100kcal食物中含蛋白质/g	100kcal相当的食物质量/g
大豆和豆制品	豆腐千张（百页）	24.5	262	9.4	38.2
	黄大豆	35.0	390	9.0	25.6
	素鸡	16.5	194	8.5	51.5
坚果和油籽	南瓜子仁	33.2	576	5.8	17.4
	花生仁（生）	24.8	574	4.3	17.4
	葵花籽仁（生）	23.9	609	3.9	16.4
	杏仁	22.5	578	3.9	17.3
	巴旦木*	21.4	590	3.6	16.9
	榛子（干）	20.0	561	3.6	17.8
	白芝麻	18.4	536	3.4	18.7
	腰果	17.3	559	3.1	17.9
	核桃（干）	14.9	646	2.3	15.5
含淀粉食材	小麦胚粉	36.4	403	9.0	24.8
	干扁豆	25.3	339	7.5	29.5
	花芸豆	22.5	341	6.6	29.3
	绿豆	21.6	329	6.6	30.4
	红小豆	20.2	324	6.2	30.9
	莲子（干）	17.2	350	4.9	28.6
	老菱角	4.5	101	4.5	99.0
	小麦	11.9	339	3.5	29.5
	薏米	12.8	361	3.5	27.7
	莜麦面	12.2	376	3.2	26.6
	苦荞麦粉	9.7	316	3.1	31.6
	山药干	9.4	327	2.9	30.6
	马铃薯	2.0	77	2.6	129.9
	稻米	7.4	347	2.1	28.8

注：1. 膳食中的优质蛋白质来源于蛋类、奶类、肉类、水产和大豆制品。

2. 坚果、油籽和粮食类虽然含有蛋白质，但蛋白质的质量不够理想，不属于优质蛋白质。尽管如此，因为我国居民主食摄入量大，粮食类的蛋白质仍然在膳食中占到一半左右的供应量，起到重要作用。

3. "100kcal食物中含蛋白质/g"表示同样摄入100kcal能量时，能得到多少蛋白质。这一栏的数值越大，说明这种食物供应蛋白质的效果越好，而所含能量又不太高。

4. "100kcal相当的食物质量/g"表示要摄入100kcal的能量，需要吃多少这种食物。这一栏的数值越小，说明食物的能量密度越高，稍不小心多吃几口就可能带来过多的能量，多吃不利于预防肥胖。

钙的各类食物来源

食物类别	食物名称	100g可食部分中的钙含量/mg	100g可食部分中的热量/kcal	100kcal食物中的钙含量/mg	100kcal相当的食物质量/g
奶类	脱脂牛奶	75	33	227	303
	硬质奶酪	731	411	178	24
	全脂牛奶	104	60	173	167
	全脂奶粉	750	504	149	20
	全脂甜炼乳	334	380	88	26
	果粒酸奶	61	97	63	103
蛋类	毛蛋（未孵出的鸡胚）	204	176	116	57
豆制品	豆奶粉（维维）	635	419	152	24
	南豆腐（石膏豆腐）	113	84	135	119
	豆腐千张（百页）	313	262	119	38
	豆腐丝	204	203	100	49
	北豆腐（卤水豆腐）	105	111	95	90
	豆腐干	352	414	85	24
	鹰嘴豆	150	316	47	32
	内酯豆腐	17	50	34	200
蔬菜类	油菜	148	10	1480	1000
	番杏（野菠菜）	136	10	1360	1000
	小白菜	117	10	1170	1000

食物类别	食物名称	100g可食部分中的钙含量/mg	100g可食部分中的热量/kcal	100kcal食物中的钙含量/mg	100kcal相当的食物质量/g
蔬菜类	空心菜	115	11	1045	909
	芥蓝*	121	16	756	625
	乌菜（塌棵菜）	186	28	664	357
	苜蓿尖（金花菜）	112	39	287	256
水产类	海参（水浸）	240	25	960	400
	虾皮	991	153	648	65
	河蚌	248	54	459	185
	草虾（塘水虾）	403	96	420	104
	河虾	325	87	374	115
	蟹肉	231	62	373	161
	蛏子	134	40	335	250
	杂色蛤	177	53	334	189
	鲍鱼（杂色鲍）	266	84	317	119
	泥鳅	299	96	311	104
	丁香鱼干	590	196	301	51
	海米（干虾仁）	555	198	280	51
	沙丁鱼	184	89	207	112
	黑鱼（乌鳢）	152	85	179	118
	黑鲷鱼	186	106	175	94
	鲈鱼	138	105	131	95
坚果和油籽类	白芝麻	620	536	116	19
调味品	芝麻酱	1170	630	186	16

注：1. 含能量100kcal（418kJ）的食物中所含的钙元素数量，代表这种食物的钙营养素密度。营养素密度较高，意味着摄入同样多的钙元素时，一同摄入的能量较少，在补充这种营养素的同时，不会摄入过多的热量，从而有利于预防肥胖。下同。

2. 钙的主要来源是奶类、豆制品和绿叶蔬菜，以及部分水产品。肉类、水果类和谷类钙含量较低，不是钙的主要食物来源，故未列入。

3. 植物性食品中的钙利用率还与其中所含的草酸和植酸含量，以及维生素C和维生素K的含量有关。

铁的各类食物来源

食物类别	食物名称	100g可食部分中的铁含量/mg	100g可食部分中的热量/kcal	100kcal食物中的铁含量/mg	100kcal相当的食物质量/g
肉类	猪血	8.7	55	15.8	181.8
	猪肝	22.6	129	17.5	77.5
	猪脾	11.3	94	12.0	106.4
	猪肾（腰子）	6.1	96	6.4	104.2
	猪心	4.3	76	5.7	131.6
	猪肉（瘦）	3.0	143	2.1	69.9
	牛心	5.9	106	5.6	94.3
	牛后腱肉	4.2	98	4.3	102.0
	牛腩（腑肋）	2.7	123	2.2	81.3
	牛舌	3.1	196	1.6	51.0
	羊肾	5.8	96	6.0	104.2
	羊肝	7.5	134	5.6	74.6
	羊肉（瘦）	3.9	118	3.3	84.7
	驴肉（瘦）	4.3	116	3.7	86.2
	鸡血	25.0	49	51.0	204.1
	鸡肝	12.0	121	9.9	82.6
	鸡胗	4.4	118	3.7	84.7
	鸡心	4.7	172	2.7	58.1
	乌鸡	2.3	111	2.1	90.1
	鸭血	30.5	108	28.2	92.6
	鸭肝	23.1	128	18.0	78.1
	鸭肉（平均）	4.1	90	4.6	111.1
	鹅肝	7.8	129	6.0	77.5
	鹅肉（平均）	3.8	251	1.5	39.8
	鹌鹑肉	2.3	110	2.1	90.9
	鸽肉	3.8	201	1.9	49.8
水产类	蛏子	33.6	40	84.0	250.0
	河蚌	26.6	54	49.3	185.2
	田螺	19.7	60	32.8	166.7

食物类别	食物名称	100g可食部分中的铁含量/mg	100g可食部分中的热量/kcal	100kcal食物中的铁含量/mg	100kcal相当的食物质量/g
水产类	河蚬（蚬子）	11.4	47	24.3	212.8
	蛤蜊（平均）	10.9	62	17.6	161.3
	江虾（沼虾）	8.8	87	10.1	114.9
	扇贝（鲜）	7.2	77	9.4	129.9
	海蜇头	5.1	74	6.9	135.1
	海米（虾仁）	11.0	198	5.6	50.5
	河虾	4.0	87	4.6	114.9
	黄颡鱼	6.4	124	5.2	80.6
	海虾	3.0	79	3.8	126.6
	泥鳅	2.9	96	3.0	104.2
	河蟹	2.9	103	2.8	97.1
	黄鳝	2.5	89	2.8	112.4
	丁香鱼干	4.3	196	2.2	51.0
蛋类	鸡蛋黄	6.5	328	2.0	30.5
	乌鸡蛋（绿皮）	3.8	170	2.2	58.8
	鹌鹑蛋	3.2	160	2.0	62.5
	鸡蛋（红皮）	2.3	156	1.5	64.1
	鸭蛋黄	4.9	378	1.3	26.5
大豆和豆制品	豆腐丝	9.1	203	4.5	49.3
	豆腐干（酱油干）	5.9	157	3.8	63.7
	腐竹	16.5	461	3.6	21.7
	豆腐皮	13.9	410	3.4	24.4
	北豆腐	2.5	99	2.5	101.0
	黄大豆	8.2	390	2.1	25.6
	黑大豆	7.0	401	1.7	24.9

食物类别	食物名称	100g可食部分中的铁含量/mg	100g可食部分中的热量/kcal	100kcal食物中的铁含量/mg	100kcal相当的食物质量/g
淀粉类食物	扁豆	19.2	339	5.7	29.5
	莜麦面	13.6	376	3.6	26.6
	红小豆	7.4	324	2.3	30.9
	绿豆	6.5	329	2.0	30.4
	荞麦	6.2	337	1.8	29.7
	百合干	5.9	346	1.7	28.9
	大黄米	5.7	356	1.6	28.1
	红芸豆	5.4	331	1.6	30.2
	小米	5.1	361	1.4	27.7
坚果和油籽	胡麻子	19.7	450	4.4	22.2
	黑芝麻	22.7	559	4.1	17.9
	白芝麻	14.1	536	2.6	18.7
	炒南瓜子	6.5	582	1.1	17.2
	榛子（干）	6.4	561	1.1	17.8
	松子仁（生）	5.9	665	0.9	15.0
	葵花籽仁（生）	5.7	609	0.9	16.4
水果和水果干	桑葚干	42.5	298	14.3	33.6
	沙棘（鲜）	8.8	120	7.3	83.3
	草莓	1.8	32	5.6	312.5
	刺梨	2.9	63	4.6	158.7
	杨梅	1.0	30	3.3	333.3
	金橘	1.0	35	2.9	285.7
	葡萄干	9.1	344	2.6	29.1
	黑加仑（黑醋栗）	1.5	63	2.4	158.7
	酸枣（干）	6.6	300	2.2	33.3
	黑枣（有核）	3.7	247	1.5	40.5

食物类别	食物名称	100g可食部分中的铁含量/mg	100g可食部分中的热量/kcal	100kcal食物中的铁含量/mg	100kcal相当的食物质量/g
水果和水果干	桂圆肉（干）	3.9	317	1.2	31.5
	柿饼	2.7	255	1.1	39.2
	枣（鲜）	1.2	125	1.0	80.0
蔬菜类	小油菜	3.9	12	32.5	833.3
	紫菜（干）	54.9	250	22.0	40.0
	木耳（水发）	5.5	27	20.4	370.4
	绿苋菜	5.4	30	18.0	333.3
	荠菜	5.4	31	17.4	322.6
	苜蓿芽	9.7	64	15.2	156.3
	榛蘑（水发）	7.4	53	14.0	188.7
	芥菜（雪里蕻）	3.2	27	11.9	370.4
	油菜薹（菜心）	2.8	24	11.7	416.7
	莼菜	2.4	21	11.4	476.2
	小白菜	1.9	17	11.2	588.2
	豌豆苗	4.2	38	11.1	263.2
	乌塌菜（塌棵菜）	3.0	28	10.7	357.1
	茼蒿	2.5	24	10.4	416.7
	菠菜	2.9	28	10.4	357.1
	蕨菜（鲜）	4.2	42	10.0	238.1
	芥蓝	2.0	22	9.1	454.5
	香椿芽	3.9	50	7.8	200.0
	芦笋	1.4	22	6.4	454.5
	红菜薹	2.5	43	5.8	232.6
	甘薯叶	3.4	60	5.7	166.7
	韭菜	1.6	29	5.5	344.8
	四季豆（豆角）	1.5	31	4.8	322.6

食物类别	食物名称	100g可食部分中的铁含量/mg	100g可食部分中的热量/kcal	100kcal食物中的铁含量/mg	100kcal相当的食物质量/g
蔬菜类	扁豆	1.9	41	4.6	243.9
	黄花菜	8.1	214	3.8	46.7
	嫩蚕豆	3.5	111	3.2	90.1
	毛豆	3.5	131	2.7	76.3

注：1. 血红素铁是指从肉类或动物内脏中获得的铁，和人体所需的铁元素状态一样，吸收利用率远远高于非血红素铁，而且其生物利用率不会受到草酸、植酸、单宁之类膳食因素的影响。

2. 所有肉类都含有血红素铁，表中未列出的肉类品种并非不含有血红素铁，只是其数据不详，或在同类食物中排名较为靠后。

3. 野生水果普遍铁含量高于栽培水果，但因其产量较小，口味酸涩，食用量受到限制，实际在日常生活中的作用不及栽培水果。

4. 植物性食品中铁的利用率不仅取决于铁的含量，还与草酸、植酸、单宁等妨碍铁吸收利用的物质，以及维生素C、有机酸等促进铁利用的物质含量密切相关。同时，还和人体的消化吸收能力关系很大。所以，铁含量最高的食物不等于一定有最大的补铁作用。如果以植物性食物为主，那么膳食中铁的供应总量必须明显超过推荐数量，而且要保证消化吸收功能正常，才能有效预防缺铁性贫血。

维生素 B_1 的各类食物来源

食物类别	食物名称	100g可食部分中的维生素B_1含量/mg	100g可食部分中的热量/kcal	100kcal食物中的维生素B_1含量/mg	100kcal相当的食物质量/g
淀粉类食物	小麦胚粉	3.50	403	0.87	24.8
	芡实（鲜）	0.40	145	0.28	69.0
	燕麦*	0.76	389	0.20	25.7
	全小麦粉*	0.50	340	0.15	29.4
	干豌豆	0.49	334	0.15	29.9
	大麦	0.43	327	0.13	30.6
	马铃薯（生）	0.10	79	0.13	126.6
	花芸豆	0.37	341	0.11	29.3

食物类别	食物名称	100g可食部分中的维生素B$_1$含量/mg	100g可食部分中的热量/kcal	100kcal食物中的维生素B$_1$含量/mg	100kcal相当的食物质量/g
淀粉类食物	藜麦	0.36	368	0.10	27.2
	莜麦面	0.39	376	0.10	26.6
	黑米	0.33	341	0.10	29.3
	苦荞麦粉	0.32	316	0.10	31.6
	小米	0.33	361	0.09	27.7
	血糯米	0.31	346	0.09	28.9
大豆和豆制品	黄大豆	0.41	390	0.11	25.6
	纳豆*	0.16	211	0.08	47.4
蔬菜类	芦笋（紫）	0.10	18	0.56	555.6
	甜脆荷兰豆	0.08	17	0.47	588.2
	豌豆苗	0.11	26	0.42	384.6
	嫩豌豆	0.43	111	0.39	90.1
	嫩蚕豆	0.37	111	0.33	90.1
	鲜蘑	0.08	24	0.33	416.7
	油菜薹	0.08	24	0.33	416.7
	莴苣叶	0.06	20	0.30	500.0
	蒜苗	0.11	40	0.28	250.0
	西蓝花	0.09	36	0.25	277.8
	发芽豆（豆嘴）	0.30	131	0.23	76.3
	甘薯叶	0.13	60	0.22	166.7
	茴香菜	0.06	27	0.22	370.4
	紫皮大蒜	0.29	139	0.21	71.9
	菱角	0.19	101	0.19	99.0
	苜蓿芽（草头，金花菜）	0.10	64	0.16	156.3

食物类别	食物名称	100g可食部分中的维生素B$_1$含量/mg	100g可食部分中的热量/kcal	100kcal食物中的维生素B$_1$含量/mg	100kcal相当的食物质量/g
蔬菜类	藕	0.09	73	0.12	137.0
	毛豆	0.15	131	0.11	76.3
水果	小叶橘	0.25	40	0.63	250.0
	黄皮果	0.13	39	0.33	256.4
	冬枣	0.08	105	0.08	95.2
坚果油籽类	葵花籽（生）	1.89	615	0.31	16.3
	葵花籽（熟）	0.94	567	0.17	17.6
	花生仁（生）	0.72	574	0.13	17.4
	黑芝麻	0.66	559	0.12	17.9
	榛子（干）	0.62	561	0.11	17.8
	开心果（熟）	0.45	614	0.07	16.3
肉类	猪肉（瘦）	0.54	143	0.38	69.9
	猪肾	0.31	96	0.32	104.2
	猪肝	0.21	129	0.16	77.5
	猪心	0.19	119	0.16	84.0
	牛肾	0.24	94	0.26	106.4
	瘦牛肉	0.07	106	0.07	94.3
	牛舌	0.10	196	0.05	51.0
	瘦羊肉	0.15	118	0.13	84.7
	鸡肝	0.33	121	0.27	82.6
	鸡心	0.46	172	0.27	58.1
	鸭肝	0.26	128	0.20	78.1
	鸭心	0.14	143	0.10	69.9
	鹅肝	0.27	129	0.21	77.5

第五部分 附录

275

食物类别	食物名称	100g可食部分中的维生素B₁含量/mg	100g可食部分中的热量/kcal	100kcal食物中的维生素B₁含量/mg	100kcal相当的食物质量/g
水产类	蓝鳍金枪鱼*	0.24	144	0.16	69.4
	养殖三文鱼*	0.21	208	0.10	48.1
	贻贝	0.12	80	0.15	125.0
	河蚬	0.08	47	0.17	212.8
	海蜇头	0.07	74	0.09	135.1
	章鱼	0.07	52	0.13	192.3
蛋类	鸡蛋黄	0.33	328	0.10	30.5
	鸭蛋黄	0.28	378	0.07	26.5
	酱油	0.09	55	0.16	181.8
	醋	0.11	114	0.10	87.7
	酵母（鲜）	0.09	106	0.08	94.3

注：1. 维生素B₁最重要的膳食来源是粮食、豆类和肉类。其中未列入表格的不等于不含有维生素B₁，只是在同类食物当中排名比较靠后。

2. 动物内脏是各种维生素含量较高的食物，但它们也同时含有较多的胆固醇和嘌呤。患有高血脂症和高尿酸血症的人应当注意控制摄入量。

维生素 B₂ 的各类食物来源

食物类别	食物名称	100g可食部分中的维生素B₂含量/mg	100g可食部分中的热量/kcal	100kcal食物中的维生素B₂含量/mg	100kcal相当的食物质量/g
奶类	干酪	0.91	328	0.28	30.5
	牛奶（平均）	0.14	54	0.26	185.2
	奶豆腐（鲜，无糖）	0.69	305	0.23	32.8
	酸奶（平均）	0.15	72	0.21	138.9
	全脂甜炼乳	0.41	380	0.11	26.3
蛋类	毛蛋	0.65	176	0.37	56.8
	鹌鹑蛋	0.49	160	0.31	62.5
	鸡蛋	0.31	158	0.20	63.3

食物类别	食物名称	100g可食部分中的维生素B$_2$含量/mg	100g可食部分中的热量/kcal	100kcal食物中的维生素B$_2$含量/mg	100kcal相当的食物质量/g
蛋类	鸭蛋	0.35	180	0.19	55.6
	鹅蛋	0.30	196	0.15	51.0
肉类	猪肝	2.02	126	1.60	79.4
	猪肾（腰子）	1.18	82	1.44	122.0
	猪心	0.48	119	0.40	84.0
	猪口条	0.41	184	0.22	54.3
	猪肚	0.22	97	0.23	103.1
	猪里脊	0.20	150	0.13	66.7
	猪小排	0.32	351	0.09	28.5
	牛肝	1.30	139	0.94	71.9
	牛肾	0.85	94	0.90	106.4
	牛百叶	0.15	70	0.21	142.9
	牛腱子	0.13	122	0.11	82.0
	羊肾	2.01	96	2.09	104.2
	羊肝	1.75	134	1.31	74.6
	羊肉（上脑）	0.14	94	0.15	106.4
	鸡肝	1.10	121	0.91	82.6
	鸡心	0.26	172	0.15	58.1
	鸡腿	0.10	118	0.08	84.7
	鸭肝	1.05	128	0.82	78.1
	鸭心	0.87	143	0.61	69.9
	鸭肫	0.15	92	0.16	108.7
	火鸡腿	0.14	100	0.14	100.0
	乳鸽（整）	0.36	352	0.10	28.4
水产类	鳝鱼（黄鳝）	0.98	89	1.10	112.4
	泥鳅	0.33	96	0.34	104.2
	蓝鳍金枪鱼*	0.25	144	0.17	69.4
	罗非鱼	0.17	98	0.17	102.0
	鲈鱼	0.17	105	0.16	95.2
	黑鱼	0.14	85	0.16	117.6
	鲭鱼	0.47	417	0.11	24.0
	三文鱼	0.16	208	0.08	48.1

食物类别	食物名称	100g可食部分中的维生素B$_2$含量/mg	100g可食部分中的热量/kcal	100kcal食物中的维生素B$_2$含量/mg	100kcal相当的食物质量/g
淀粉类食物	小麦胚粉	0.79	403	0.20	24.8
	扁豆	0.45	339	0.13	29.5
	藜麦*	0.32	368	0.09	27.2
	栗子（鲜）	0.17	189	0.09	52.9
	花芸豆	0.28	341	0.08	29.3
	带皮蚕豆	0.23	326	0.07	30.7
	全小麦粉*	0.16	340	0.05	29.4
	荞麦	0.16	337	0.05	29.7
	眉豆（饭豇豆）	0.18	334	0.05	29.9
	大麦	0.14	327	0.04	30.6
	薏米	0.15	361	0.04	27.7
	燕麦*	0.14	389	0.04	25.7
	紫红糯米	0.12	346	0.03	28.9
蔬菜类	鲜蘑	0.35	24	1.46	416.7
	鲜草菇	0.34	27	1.26	370.4
	苜蓿芽（草头，金花菜）	0.73	64	1.14	156.3
	乌塌菜	0.09	8	1.13	1250.0
	双孢蘑菇	0.27	26	1.04	384.6
蔬菜类	番杏	0.09	10	0.90	1000.0
	芥蓝	0.12	16	0.75	625.0
	平菇	0.16	24	0.67	416.7
	鸡毛菜	0.09	15	0.60	666.7
	莴笋叶	0.10	20	0.50	500.0
	甘薯叶	0.28	60	0.47	166.7
	香菇（干）	1.26	274	0.46	36.5
	小茴香	0.09	27	0.33	370.4
	红苋菜	0.10	35	0.29	285.7
	香椿	0.12	50	0.24	200.0
水果	人参果	0.25	87	0.29	114.9
	桂圆	0.14	71	0.20	140.8
	鳄梨（牛油果）	0.11	161	0.07	62.1

食物类别	食物名称	100g可食部分中的维生素B$_2$含量/mg	100g可食部分中的热量/kcal	100kcal食物中的维生素B$_2$含量/mg	100kcal相当的食物质量/g
坚果和油籽类	巴旦木*	0.71	590	0.12	16.9
	杏仁	0.56	578	0.10	17.3
	胡麻子	0.28	450	0.06	22.2
	芝麻（白）	0.26	536	0.05	18.7
	葵花籽仁（生）	0.20	609	0.03	16.4
调味品	酵母（干）	3.35	372	0.90	26.9
	酱油（一级）	0.25	66	0.38	151.5
	辣椒粉	0.82	290	0.28	34.5
	豆瓣酱	0.46	181	0.25	55.2
	黄豆酱（大酱）	0.28	138	0.20	72.5
	香醋	0.13	68	0.19	147.1
	红腐乳	0.21	153	0.14	65.4
	芝麻酱	0.24	687	0.03	14.6

注：1. 维生素B$_2$广泛存在于各类食物当中，绿叶蔬菜、菌类（鲜品）、奶类、蛋类、肉类和全谷类食物是维生素B$_2$的重要来源。表中未列出的食物亦含有维生素B$_2$，只是含量较低或在同类食物中排名靠后。

2. 动物内脏是各种维生素B$_2$含量较高的食物，但它们也同时含有较多的胆固醇和嘌呤。患有高血脂症和高尿酸血症的人应当注意控制摄入量。

3. 发酵调味品虽然含有较多的维生素B$_2$，但它们在每日膳食中的用量较少。不能为了增加维生素而多吃咸味调味品，但可以考虑按照同样的含钠量，用发酵调味品来替换盐，这样既不会增加钠摄入，又可以得到更多的维生素。

叶酸的各类食物来源

类型	食物名称	100g可食部分中的叶酸含量/μg	100g可食部分中的热量/kcal	100kcal食物中的叶酸含量/μg	100kcal相当的食物质量/g
蔬菜	樱桃萝卜樱	122.2	9	1357.8	1111.1
	番杏（野菠菜）	116.7	10	1167.0	1000.0
	芥菜（盖菜）	101.0	9	1122.2	1111.1

类型	食物名称	100g可食部分中的叶酸含量/μg	100g可食部分中的热量/kcal	100kcal食物中的叶酸含量/μg	100kcal相当的食物质量/g
蔬菜	芦笋（绿）	145.5	13	1119.2	769.2
	鸡毛菜	165.8	15	1105.3	666.7
	油菜	103.9	10	1039.0	1000.0
	菠菜*	194.0	23	843.5	434.8
	奶白菜	116.8	17	687.1	588.2
	芥蓝（盖蓝）	98.7	16	616.9	625.0
	秋葵	90.9	16	568.1	625.0
	黑豆苗	140.7	25	562.8	400.0
	羽衣甘蓝	113.4	32	354.4	312.5
	豌豆苗	99.5	26	382.7	384.6
	黄豆芽#	86.0	47	183.0	212.8
豆类	黄大豆	181.1	389	46.6	25.7
油籽	熟葵花籽	304.5	567	53.7	17.6
油籽	西瓜子	223.4	532	42.0	18.8
	南瓜子	143.8	597	24.1	16.8
动物食品	鸡肝	588.0	119	494.1	84.0
	猪肝	425.1	126	337.4	79.4
	乌鸡蛋	118.9	170	69.9	58.8
	咸鸭蛋	88.2	177	49.8	56.5
	鸡蛋（红皮）	70.7	143	49.4	69.9

注：1. 标*的数据来自于美国食物成分数据库，标#的数据来自于研究文献，其余来自于中国食物成分表2004。

2. 绿叶蔬菜和各种动物肝脏是叶酸的最好来源，大豆、油籽和蛋类中含少量叶酸，水果、内脏以外的鱼肉类、未强化的粮食、未强化的奶类等不是叶酸的重要来源。

常见食物血糖生成指数

Glycemic Index of Daily Foods

糖、糖浆和甜饮料

编号	食物	GI	文献	编号	食物	GI	文献
1	葡萄糖	100.0	［90］	15	橘子汁	57.0	［90］
2	果糖	23.0	［90］	16	橙汁	50.0	［91］
3	麦芽糖	105.0	［90］	17	柚子果汁（不加糖）	48.0	［90］
4	蔗糖	65.0	［90］	18	苹果汁	41.0	［90］
5	绵白糖	83.8	［90］	19	胡萝卜汁	43.0	［91］
6	乳糖	46.0	［90］	20	水蜜桃汁	32.7	［90］
7	蜂蜜	73.0	［90］	21	番茄汁（不加糖）	38.0	［91］
8	巧克力	49.0	［90］	22	菠萝汁（不加糖）	46.0	［90］
9	白巧克力	44.0	［91］	23	巴梨汁（罐头）	44.0	［90］
10	胶质软糖	80.0	［90］	24	冰绿茶	50	［92］
11	果冻豆（软糖）	78.0	［91］	25	冰柠檬茶	74	［92］
12	可乐饮料	40.3	［90］	26	大麦饮	62	［92］
13	苏打饮料	59.0	［91］	27	米乳	86.0	［93］
14	芬达软饮料	68.0	［90］	28			

注："自测"代表数据来自作者实验室尚未发表的测定结果，标注文献号的数据表明来自于参考书或公开发表的研究文献。

精制谷类及其制品

编号	食物	GI	文献	编号	食物	GI	文献
1	馒头（富强粉）	88.1	［90］	4	油条	74.9	［90］
2	面条（小麦粉）	81.6	［90］	5	印度薄煎饼	52	［93］
3	烙饼	79.6	［90］	6	面条（小麦粉，硬，扁，粗）	46.0	［90］

编号	食物	GI	文献	编号	食物	GI	文献
7	通心面（管状，粗）	45.0	[90]	16	大米粥	69.4	[90]
8	意大利面	44.0	[91]	17	米粉（干，煮）	61.0	[90]
9	面条（硬质小麦粉，加鸡蛋，粗）	49.0	[90]	18	黏米饭（直链淀粉高）	50.0	[90]
10	面条（硬质小麦粉，细）	55.0	[90]	19	黏米饭（直链淀粉低）	88.0	[90]
11	面条（强化蛋白质）	27.0	[90]	20	粳糯米饭	87.0	[90]
12	线面条（实心，细）	35.0	[90]	21	大米糯米粥	65.3	[90]
13	粳米饭	83.2	[90]	22	米粉	53	[93]
14	籼米饭	63	[94]	23	大米（即食，煮1分钟）	46.0	[90]
15	粳米粥	102	[95]	24	大米（即食，煮6分钟）	87.0	[90]

全谷杂粮及其制品

编号	食物	GI	文献	编号	食物	GI	文献
1	小麦（整粒，煮）	41.0	[90]	11	玉米面（粗粉，煮）	68.0	[90]
2	粗麦粉（蒸）	65.0	[90]	12	玉米面粥	50.9	[90]
3	小麦片	69.0	[90]	13	玉米糁粥	51.8	[90]
4	面条（全麦粉，细）	37.0	[90]	14	玉米（甜，煮）	55.0	[90]
5	大麦（整粒，煮）	25.0	[90]	15	玉米片	78.5	[90]
6	大麦粉	66.0	[90]	16	玉米片（高纤维）	74.0	[90]
7	黑麦（整粒煮）	34.0	[90]	17	墨西哥玉米饼	46	[93]
8	生燕麦片粥	55	[95]	18	荞麦（黄）	54.0	[90]
9	速食燕麦粥	79	[95]	19	荞麦面条	59.3	[90]
10	燕麦麸	55.0	[90]	20	荞麦面馒头	66.7	[90]

编号	食物	GI	文献	编号	食物	GI	文献
21	荞麦方便面	53.2	[90]	32	小米饭（回热）	62.8	[97]
22	糙米（煮）	87.0	[90]	33	糯小米饭（鲜热）	105.3	[97]
23	糙米饭	68.0	[93]	34	糯小米饭（冷藏）	115.3	[97]
24	黑籼米饭（预泡一夜）	55	[94]	35	糯小米饭（回热）	121.8	[97]
25	黑粳米饭（预泡一夜）	82	[96]	36	大黄米饭（鲜热）	109.7	[97]
26	黑米粥	42.3	[90]	37	大黄米饭（冷藏）	112.0	[97]
27	小米粥	61.5	[90]	38	大黄米饭（回热）	103.4	[97]
28	小米粥	67	[95]	39	稻米麸皮	19.0	[90]
29	小米（煮）	71.0	[90]	40	红豆黑米饭	62.1	自测
30	小米饭（鲜热）	73.4	[97]	41	燕麦黑米饭	65.8	自测
31	小米饭（冷藏）	74.5	[97]	42	绿豆糙米饭	67.3	自测

薯类及淀粉制品

编号	食物	GI	文献	编号	食物	GI	文献
1	马铃薯	62.0	[90]	6	马铃薯（烧烤，无油脂）	85.0	[90]
2	马铃薯（中国内地，煮）	66.4	[90]	7	马铃薯（煮）	78	[93]
3	马铃薯（中国内地，烤）	60.0	[90]	8	马铃薯泥	73.0	[90]
4	马铃薯（中国内地，蒸）	65.0	[90]	9	马铃薯泥（趁热做成泥）	87	[93]
5	马铃薯（用微波炉烤）	82.0	[90]	10	炸薯条	63	[93]

编号	食物	GI	文献	编号	食物	GI	文献
11	煮甘薯	63	［93］	17	芋头 （芋艿，毛芋）	47.7	［90］
12	甘薯（山芋）	54.0	［90］	18	芋头（中国台湾，煮）	69	［96］
13	甘薯（红，煮）	76.7	［90］	19	粉丝汤 （豌豆粉丝）	31.6	［90］
14	山药（薯蓣）	51.0	［90］	20	马铃薯粉条	13.6	［90］
15	山药 （中国台湾，煮）	52	［96］	21	苕粉 （红薯粉条）	34.5	［90］
16	芋头（煮）	53	［93］	22	绿豆粉丝	28	［96］

● 早餐谷物、小吃和快餐类食品

编号	食物	GI	文献	编号	食物	GI	文献
1	全麦维 （家乐氏）	42.0	［90］	9	雀巢优麦（绿茶味 高钙）（Nestle Vita）	108	［98］
2	可可米 （家乐氏）	77.0	［90］	10	汉堡包	61.0	［90］
3	卜卜米 （家乐氏）	88.0	［90］	11	披萨饼 （含乳酪）	60.0	［90］
4	什锦麦片 （Muesli）	57	［93］	12	叉烧酥	55	［99］
5	全麦麦圈 （Cheerios）	74.0	［91］	13	咖喱角 （Curry Puff）	41	［92］
6	桂格燕麦片	83.0	［90］	14	咖椰牛油吐司 （kaya butter toast）	49	［92］
7	桂格燕麦片 （凤尾鱼味）	67	［98］	15	糯米球 （麻团）	61	［99］
8	雀巢优麦 （红枣味高铁） （Nestle Vita）	94	［98］	16	马来糕	61	［99］

编号	食物	GI	文献	编号	食物	GI	文献
17	荷叶蒸米糕	83	[99]	31	台湾米线 （煮2分钟）	68	[98]
18	山药糕 （Chinese yam cake）	86	[92]	32	江西米线 （煮8分钟）	56	[98]
19	萝卜糕 （Chinese carrot cake）	77	[92]	33	鸡味四川担担面 （寿桃牌，煮 3分钟）	65	[98]
20	粉红年糕（Pink Rice Cake）	97	[92]	34	北京拉面（寿桃牌，煮3分钟）	61	[98]
21	春卷	50	[99]	35	Doll方便面 （煮3分钟）	88	[98]
22	蒸速冻奶黄包	72	[99]	36	叉烧包 （Char Siew Pau）	66	[92]
23	扬州炒饭	80	[99]	37	水煎包	69	[97]
24	星洲炒米粉	54	[99]	38	金枪鱼包	46	[97]
25	炒河粉	66	[99]	39	咸肉粽子	69	[97]
26	蒸肠粉	89	[99]	40	油条	55	[92]
27	米粉 （Bee hoon）	35	[92]	41	龟苓膏	47	[99]
28	猪肠粉（Chee cheong fun）	81	[92]	42	绿豆沙	54	[99]
29	糯米鸡（Lo Mai Gai）	106	[92]	43	红豆沙	75	[99]
30	椰浆饭（Nasi Lemak）	66	[92]	44	布丁	44.0	[91]

🌸 其他含淀粉天然食物

编号	食物	GI	文献	编号	食物	GI	文献
1	芡实（常压）	73.9	[100]	3	芡实（焙烤打粉冲糊）	84.4	[100]
2	芡实（压力）	77.2	[100]	4	莲子（常压）	41.1	[100]

编号	食物	GI	文献	编号	食物	GI	文献
5	莲子（压力）	47.6	［100］	11	山药干（焙烤打粉冲糊）	110.3	［100］
6	莲子（焙烤打粉冲糊）	68.6	［100］	12	薏米（常压）	55	［96］
7	百合干	50.3	自测	13	薏仁（常压烹调）	80.7	［100］
8	藕粉	32.6	［90］	14	薏仁（压力烹调）	88.3	［100］
9	山药干（常压）	106.4	［100］	15	薏仁（焙烤打粉冲糊）	128.2	［100］
10	山药干（压力）	130.1	［100］				

● 面包、糕点、零食类食品

编号	食物	GI	文献	编号	食物	GI	文献
1	白面包	87.9	［90］	10	面包（50%大麦粒）	46.0	［90］
2	面包（全麦粉）	69.0	［90］	11	面包（80% ~100%大麦粉）	66.0	［90］
3	面包（粗面粉）	64.0	［90］	12	面包（黑麦粒）	50.0	［90］
4	面包（黑麦粉）	65.0	［90］	13	面包（45% ~50%燕麦麸）	47.0	［90］
5	面包（小麦粉，高纤维）	68.0	［90］	14	面包（80%燕麦粒）	65.0	［90］
6	面包（小麦粉，去面筋）	70.0	［90］	15	面包（混合谷物）	45.0	［90］
7	面包（小麦粉，含水果干）	47.0	［90］	16	燕麦粗粉饼干	55.0	［90］
8	面包（50% ~80%碎小麦粒）	52.0	［91］	17	低直链淀粉大米面包	72	［91］
9	面包（75% ~80%大麦粒）	34.0	［91］	18	高直链淀粉大米面包	61	［91］

编号	食物	GI	文献	编号	食物	GI	文献
19	亚麻籽面包（中国香港）	90	［98］	30	达能闲趣饼干	47.1	［90］
20	嘉顿排包（中国香港）	73	［98］	31	达能牛奶香脆	39.3	［90］
21	高纤维黑麦薄脆饼干	65.0	［90］	32	酥皮糕点	59.0	［90］
22	油酥脆饼干	64.0	［90］	33	马铃薯片（油炸）	60.3	［90］
23	竹芋粉饼干	66.0	［90］	34	爆米花	55.0	［90］
24	小麦饼干	70.0	［90］	35	士力架	55.0	［91］
25	苏打饼干	72.0	［90］	36	黑五类粉	57.9	［90］
26	格雷厄姆华饼干	74.0	［90］	37	蛋酥卷（Pan dan waffle）	46	［92］
27	华夫饼干	76.0	［90］	38	蛋挞	90	［99］
28	香草华夫饼干	77.0	［90］	39	月饼	56	［99］
29	膨化薄脆饼干	81.0	［90］	40	米饼	82.0	［90］

● 豆类、豆制品和坚果

编号	食物	GI	文献	编号	食物	GI	文献
1	黄豆（浸泡，煮）	18.0	［90］	13	绿豆挂面	33.4	［90］
2	黄豆（罐头）	14.0	［90］	14	红小豆（常压烹调）	23.4	［100］
3	黄豆挂面	66.6	［90］	15	红小豆（压力烹调）	25.9	［100］
4	豆腐（炖）	31.9	［90］	16	红小豆粳米粥	73	［94］
5	豆腐（冻）	22.3	［90］	17	利马豆（棉豆）	31.0	［90］
6	豆腐干	23.7	［90］	18	花生	14	［90］
7	黑豆	20.0	［91］	19	黑眼豆	42.0	［90］
8	黑豆汤	64.0	［90］	20	罗马诺豆	46.0	［90］
9	小黑豆（煮）	19	［93］	21	蚕豆（五香）	16.9	［90］
10	小黑豆粳米粥	67	［93］	22	四季豆	27.0	［90］
11	绿豆	27.2	［90］	23	四季豆（压力烹调）	34.0	［90］
12	绿豆面条	39.0	［90］	24	四季豆（罐头）	52.0	［90］

编号	食物	GI	文献	编号	食物	GI	文献
25	扁豆	38.0	[90]	31	青刀豆	39.0	[90]
26	芸豆	28.0	[90]	32	青刀豆（罐头）	45.0	[90]
27	扁豆（红，小）	26.0	[90]	33	鹰嘴豆	33.0	[90]
28	扁豆（绿，小）	30.0	[90]	34	鹰嘴豆（罐头）	42.0	[90]
29	扁豆（绿，小，罐头）	52.0	[90]	35	咖喱鹰嘴豆（罐头）	41.0	[90]
30	小扁豆汤（罐头）	44.0	[90]	36	腰果（咸）	22	[91]

 水果及水果制品

编号	食物	GI	文献	编号	食物	GI	文献
1	苹果	36.0	[90]	13	葡萄	43.0	[90]
2	梨	36.0	[90]	14	葡萄（淡黄色，小，无核）	56.0	[90]
3	梨（罐头，含果汁）	44.0	[91]	15	猕猴桃	52.0	[90]
4	梨（罐头，含糖浓度低）	25.0	[91]	16	柑	43.0	[90]
5	桃	28.0	[90]	17	橙子	43	[93]
6	桃	43.0	[93]	18	柚子	25.0	[90]
7	桃（罐头，含果汁）	30.0	[90]	19	木瓜	59.0	[91]
8	桃（罐头，含糖浓度低）	52.0	[90]	20	芒果	55.0	[90]
9	桃（罐头，含糖浓度高）	58.0	[90]	21	芒果	51	[93]
10	杏（罐头，含淡味果汁）	64	[90]	22	菠萝	66.0	[90]
11	李子	24.0	[90]	23	菠萝	59.0	[93]
12	樱桃	22.0	[90]	24	香蕉	52.0	[90]

编号	食物	GI	文献	编号	食物	GI	文献
25	香蕉（生）	30.0	[90]	37	杏干	31.0	[102]
26	芭蕉（生）	53.0	[90]	38	桃干	35	[102]
27	草莓	40.0	[90]	39	梨干	43	[102]
28	西瓜	72.0	[90]	40	葡萄干（新疆）	56.0	[101]
29	西瓜	76.0	[93]	41	葡萄干	64.0	[90]
30	海枣	42.0	[93]	42	提子干（Sultanas）	56	[102]
31	荔枝罐头	79.0	[91]	43	苹果干（红富士）	43.0	[101]
32	草莓酱	51.0	[91]	44	苹果干	29.0	[91]
33	红枣干	55.0	[101]	45	无花果干	61	[91]
34	红枣干（蒸）	65.0	[101]	46	无花果干	71.0	[101]
35	红枣干（炖）	56.0	[101]	47	混合水果干	60	[102]
36	杏干（国产）	56.0	[101]	48	混合坚果和葡萄干	21	[102]

注：表中食物名称如有重复，是由于参考文献不一致，出自不同的研究单位。下同。

蔬菜及蔬菜制品

编号	食物	GI	文献	编号	食物	GI	文献
1	甜菜	64.0	[91]	6	豌豆	48.0	[91]
2	胡萝卜	47.0	[91]	7	甜玉米	46.0	[91]
3	煮胡萝卜	39	[93]	8	雪魔芋	17.0	[91]
4	南瓜	75.0	[90]	9	利马豆（嫩，冷冻）	32.0	[90]
5	煮南瓜	64	[93]				

● 牛奶、酸奶和含乳饮料

编号	食物	GI	文献	编号	食物	GI	文献
1	牛奶	27.6	[90]	11	酸奶（加糖）	48.0	[90]
2	牛奶（加糖和巧克力）	34.0	[90]	12	黄桃酸奶（低脂）	56	[102]
3	牛奶（加人工甜味剂和巧克力）	24.0	[90]	13	益生菌饮料（橙味）	30	[102]
4	全脂牛奶	27.0	[90]	14	益生菌饮料（血橙）	60	[102]
5	脱脂牛奶	32.0	[90]	15	酸乳酪（普通）	36.0	[91]
6	降糖奶粉	26.0	[90]	16	酸乳酪（低脂，人工甜味剂）	14.0	[90]
7	老年奶粉	40.8	[90]	17	酸乳酪（低脂）	33.0	[90]
8	克糖奶粉	47.6	[90]	18	全脂豆奶	40.0	[91]
9	巧克力奶	43.0	[91]	19	低脂豆奶	44.0	[91]
10	冰淇淋	61.0	[91]				

● 组合食物

编号	食物	GI	文献	编号	食物	GI	文献
1	馒头+芹菜炒鸡蛋	48.6	[90]	7	硬质小麦粉肉馅混沌	39.0	[90]
2	馒头+酱牛肉	49.4	[90]	8	牛肉面	88.6	[90]
3	馒头+黄油	68.0	[90]	9	米饭+鱼	37.0	[90]
4	饼+鸡蛋炒木耳	48.4	[90]	10	米饭+芹菜+猪肉	57.1	[90]
5	饺子（三鲜）	28.0	[90]	11	米饭+蒜苗	57.9	[90]
6	包子（芹菜猪肉）	39.1	[90]	12	米饭+蒜苗+鸡蛋	68.0	[90]

编号	食物	GI	文献	编号	食物	GI	文献
13	米饭+猪肉	73.3	［90］	28	米饭+杏干+巴旦木	64.0	［101］
14	猪肉炖粉条	16.7	［90］	29	米饭+红枣干+巴旦木	52.0	［101］
15	番茄汤	38.0	［90］	30	米饭+红枣干（蒸）	82.0	［101］
16	二合面窝头（玉米粉+面粉）	64.9	［90］	31	红枣大米粥	85.0	［101］
17	牛奶蛋糊（牛奶+淀粉+糖）	43.0	［91］	32	米饭+全脂奶100ml（同时吃）*	48	［103］
18	咖喱饭	67.0	［91］	33	米饭+低脂奶100ml（同时吃）*	69	［103］
19	奶酪咖喱饭	55.0	［91］	34	米饭+酸奶100ml（先喝酸奶）*	59	［103］
20	寿司	52.0	［91］	35	米饭+茶渍梅子*	80	［103］
21	牛肉馅饼	45.0	［91］	36	米饭+泡菜（同时吃）*	61	［103］
22	米饭+苹果干	65.0	［101］	37	米饭+咖喱卤*	67	［103］
23	米饭+葡萄干	77.0	［101］	38	米饭+奶酪咖喱卤*	55	［103］
24	米饭+杏干	75.0	［101］	39	紫菜饭卷*	77	［103］
25	米饭+红枣干	77.0	［101］	40	米饭+烤黄豆粉*	56	［103］
26	米饭+苹果干+巴旦木	60.0	［101］	41	米饭+纳豆*	56	［103］
27	米饭+葡萄干+巴旦木	54.0	［101］	42	米饭+酱汤*	61	［103］

注：本表列出的是以葡萄糖为参比、在健康人当中测出的GI数据。"*"表示原文中数据为以米饭为参比的数据，但同时也提供了葡萄糖的GI值。为便于与其他数据比较，表格中的数据是经过换算变成葡萄糖为参比的食物GI数据。

中国居民营养素参考摄入量（一般健康成年人）

注：孕前营养标准，即18~49岁健康女性的健康标准。孕后营养素的量用在此基础上增加的数量来表示。

中国健康成年人膳食能量、蛋白质和脂类推荐／适宜摄入量（RNI/AI)

项目	标准		18~49岁		50~65岁		66~80岁		80岁以上	
			男性	女性	男性	女性	男性	女性	男性	女性
轻体力活动能量	RNI	/（MJ/d）	9.41	7.53	8.79	7.32	8.58	7.11	7.95	6.28
		/（Kcal/d）	2250	1800	2100	1750	2050	1700	1900	1500
中体力活动能量	RNI	/（MJ/d）	10.88	8.79	10.25	8.58	9.83	8.16	9.20	7.32
		/（Kcal/d）	2600	2050	2450	2050	2350	1950	2200	1750
蛋白质	RNI	/（g/d）	65	55	65	55	65	55	65	55
亚油酸	AI	（%E）	4.0	4.0	4.0	4.0	4.0	4.0	4.0	4.0
α-亚麻酸	AI	（%E）	0.60	0.60	0.60	0.60	0.60	0.60	0.60	0.60

注："%E"意思是占一日总能量供应的百分比。来自脂肪的能量值除以9，即为应当摄入的脂肪量。

中国健康成年人膳食常量矿物质推荐摄入量／适宜摄入量（RNI/AI)

人群	钙Ca /（mg/d）	磷P /（mg/d）	钾K /（mg/d）	钠Na /（mg/d）	镁Mg /（mg/d）	氯Cl /（mg/d）
	RNI	RNI	AI	AI	RNI	AI
18~49岁	800	720	2000	1500	330	2200
50~65岁	1000	720	2000	1400	330	2200
66~80岁	1000	700	2000	1400	320	2200
80岁以上	1000	670	2000	1300	310	2000

中国健康成年人膳食微量矿物质推荐摄入量／适宜摄入量（RNI/AI)

人群	铁Cu /(mg/d)		锌Cu /(mg/d)		碘I /(μg/d)	硒Se /(μg/d)	铜Cu /(mg/d)	氟F /(μg/d)	铬Cr /(μg/d)	锰Mn /(mg/d)	钼Mo /(μg/d)
	RNI 男	RNI 女	RNI 男	RNI 女	RNI	RNI	RNI	AI	AI	AI	RNI
18~49岁	12	20	12.5	7.5	120	60	0.8	1.5	30	4.5	100
50~65岁	12	12	12.5	7.5	120	60	0.8	1.5	30	4.5	100
66~80岁	12	12	12.5	7.5	120	60	0.8	1.5	30	4.5	100
80岁以上	12	12	12.5	7.5	120	60	0.8	1.5	30	4.5	100

中国健康成年人膳食脂溶性维生素推荐摄入量 / 适宜摄入量（RNI/AI）

人群	维生素A /（μg RAE/d）[①]		维生素D /（μg/d）	维生素E /（mgα-TE/d）[②]	维生素K /（μg/d）
	RNI男	RNI女	RNI	RNI	AI
18~49岁	800	700	10	14	80
50~65岁	800	700	10	14	80
66~80岁	800	700	15	14	80
80岁以上	800	700	15	14	80

① 视黄醇活性当量（RAE，μg）=膳食或补充剂来源全反式视黄醇（μg）+1/2补充剂纯品全反式β-胡萝卜素（μg）+1/24其他膳食维生素A原类胡萝卜素（μg）。

② α-生育酚当量（α-TE，mg），膳食中总α-TE当量（mg）=1×α-生育酚(mg)+0.5×β-生育酚（mg）+0.1×γ-生育酚（mg）+0.02×ζ-生育酚（mg）+0.3×α-三烯生育酚（mg）。

中国健康成年人膳食水溶性维生素推荐摄入量 / 适宜摄入量（RNI/AI）

人群	维生素B₁ /(mg/d)		维生素B₂ /(mg/d)		维生素B₆ /(mg/d)	维生素B₁₂ /(μg/d)	泛酸 /(mg/d)	叶酸 /(μg DFE/d)[①]	烟酸 /(mg NE/d)[②]		胆碱 /(mg/d)	生物素 /(μg/d)	维生素C /(mg/d)
	RNI男	RNI女	RNI男	RNI女	RNI	RNI	AI	RNI	RNI男	RNI女	AI	AI	RNI
18~49岁	1.4	1.2	1.4	1.2	1.4	2.4	5.0	400	15	12	400	40	100
50~65岁	1.4	1.2	1.4	1.2	1.6	2.4	5.0	400	14	12	400	40	100
66~80岁	1.4	1.2	1.4	1.2	1.6	2.4	5.0	400	14	11	400	40	100
80岁以上	1.4	1.2	1.4	1.2	1.6	2.4	5.0	400	13	10	400	40	100

① 叶酸当量（DFE，μg）=天然食物来源叶酸（μg）+1.7×合成叶酸（μg）。

② 烟酸当量（NE，mg）=烟酸（mg）+1/60色氨酸（mg）

中国健康成年人膳食矿物质可耐受最高摄入量（UL）

人群	钙Ca /(mg/d)	磷P /(mg/d)	铁Fe /(mg/d)	碘I /(μg/d)	锌Zn /(mg/d)	硒Se /(μg/d)	铜Cu /(mg/d)	氟F /(mg/d)	锰Mn /(mg/d)	钼Mo /(mg/d)
18~49岁	2000	3500	42	600	40	400	8	3.5	11	900
50~65岁	2000	3500	42	600	40	400	8	3.5	11	900

人群	钙 Ca /(mg/d)	磷 P /(mg/d)	铁 Fe /(mg/d)	碘 I /(μg/d)	锌 Zn /(mg/d)	硒 Se /(μg/d)	铜 Cu /(mg/d)	氟 F /(mg/d)	锰 Mn /(mg/d)	钼 Mo /(mg/d)
66~80岁	2000	3000	42	600	40	400	8	3.5	11	900
80岁以上	2000	3000	42	600	40	400	8	3.5	11	900

中国健康成年人膳食维生素可耐受最高摄入量（UL）

人群	维生素 A/(μg RAE/d)[1]	维生素 D/(μg/d)	维生素 E/(mg α-TE/d)[2]	维生素 B$_6$/(mg/d)	叶酸[3] /(μg/d)	烟酸 /(mg NE/d)[4]	烟酰胺 /(mg/d)	胆碱 /(mg/d)	维生素 /C(mg/d)
18~49岁	3000	50	700	60	1000	35	310	3000	2000
50~65岁	3000	50	700	60	1000	35	310	3000	2000
66~80岁	3000	50	700	60	1000	35	300	3000	2000
80岁以上	3000	50	700	60	1000	30	280	3000	2000

① 视黄醇活性当量（RAE，μg）＝膳食或补充剂来源全反式视黄醇（μg）＋1/2补充剂纯品全反式β-胡萝卜素（μg）＋1/24其他膳食维生素A原类胡萝卜素（μg）。

② α-生育酚当量（α-TE，mg），膳食中总α-TE当量（mg）＝1×α-生育酚 (mg)+0.5×β-生育酚（mg）+0.1×γ-生育酚（mg）+0.02×ζ-生育酚（mg）+0.3×α-三烯生育酚（mg）.

③ 指合成叶酸摄入量上限，不包括天然食物来源的叶酸量。

④ 烟酸当量（NE，mg）＝烟酸（mg）＋1/60色氨酸（mg）

中国健康成年人膳食宏量营养素可接受范围（AMDR）

人群	总碳水化合物/%E[1]	添加糖/%E[1]	总脂肪/%E[1]	饱和脂肪/%E[1]	n-6多不饱和脂肪酸/%E[1]	n-3多不饱和脂肪酸/%E[1]	EPA+DHA /(g/d)
18~49岁	50~65	<10	20~30	<10	2.5~9.0	0.5~2.0	0.25~2.0
50~65岁	50~65	<10	20~30	<10	2.5~9.0	0.5~2.0	0.25~2.0
66~80岁	50~65	<10	20~30	<10	2.5~9.0	0.5~2.0	0.25~2.0
80岁以上	50~65	<10	20~30	<10	2.5~9.0	0.5~2.0	0.25~2.0

① %E为占能量的百分比。

中国健康成年人膳食营养素建议摄入量（PI）

人群	钾K/（mg/d）	钠Na/（mg/d）	维生素C/（mg/d）
18~49岁	3600	2000	200
50~65岁	3600	2000	200
66~80岁	3600	2000	200
80岁以上	3600	2000	200

中国健康成年人膳食水适宜摄入量（AI）

项目	标准	单位	18~49岁		50~65岁		65~80岁		80岁以上	
			男	女	男	女	男	女	男	女
饮水量①	AI	（L/d）	1.7	1.5	1.7	1.5	1.7	1.5	1.7	1.5
总水摄入量②	AI	（L/d）	3.0	2.7	3.0	2.7	3.0	2.7	3.0	2.7

① 温和气候条件下，轻体力活动水平。如果在高温或进行中等以上身体活动时，应适当增加水的摄入量。

② 总摄入量包括食物中的水以及饮水中的水。

中国健康成年人其他膳食成分特定建议值（SPL）和可耐受最高摄入量（UL）

其他膳食成分 Dietary composition	SPL	UL
膳食纤维/(g/d)	25（AI）	—①
植物甾醇/(g/d)	0.9	2.4
植物甾醇酯/(g/d)	1.5	3.9
番茄红素/(mg/d)	18	70
叶黄素/(mg/d)	10	40
原花青素/(mg/d)	—	800
大豆异黄酮②/(mg/d)	55	120
花色苷/(mg/d)	50	—
氨基葡萄糖/(mg/d)	1000	—
硫酸或盐酸氨基葡萄糖/(mg/d)	1500	—
姜黄素/(mg/d)	—	720

① 未制定参考值者用"—"表示。

② 指绝经后妇女。本标准数据不区分各年龄段成年人。

中国居民营养素参考摄入量
（备孕、孕期和哺乳期女性）

中国健康成年女性膳食能量、蛋白质和脂类推荐 / 适宜摄入量（RNI/AI）

项目		标准	孕前[①]	孕妇（早）[②]	孕妇（中）[②]	孕妇（晚）[②]	哺乳母亲[③]
轻体力活动能量	RNI	/（MJ/d）	7.53	+0	+1.26	+1.88	+2.09
		/（kcal/d）	1800	+0	+300	+450	+500
中体力活动能量	RNI	/（MJ/d）	8.79	+0	+1.26	+1.88	+2.09
		/（kcal/d）	2050	+0	+300	+450	+500
蛋白质	RNI	/（g/d）	55	+0	+15	+30	+25
亚油酸	AI	/（%E）[④]	4.0	4.0	4.0	4.0	4.0
α-亚麻酸	AI	/（%E）[④]	0.60	0.60	0.60	0.60	0.60
EPA+DHA	AI	/（%E）[④]	—	0.25（0.20[⑤]）	0.25（0.20[⑤]）	0.25（0.20[⑤]）	0.25（0.20[⑤]）

① 孕前营养标准，即18~49岁健康女性的健康标准。孕后营养素的量用在此基础上增加的数量来表示。

② 孕早期为怀孕1~3月，孕中期为怀孕4~6月，孕晚期为怀孕7~9月。

③ "坐月子"即产后第一个月，其营养供应标准与哺乳母亲相同。

④ "%E"意思是占一日总能量供应的百分比。来自脂肪的能量值除以9，即为应当摄入的脂肪量。

⑤ EPA和DHA的总量为总能量的0.25，但其中来自DHA的不低于0.20。

中国健康成年女性膳食常量矿物质推荐摄入量 / 适宜摄入量（RNI/AI）

人群	钙Ca /（mg/d）	磷P /（mg/d）	钾K /（mg/d）	钠Na /（mg/d）	镁Mg /（mg/d）	氯Cl /（mg/d）
	RNI	RNI	AI	AI	RNI	AI
孕前	800	720	2000	1500	330	2300
孕妇（早）	+0	+0	+0	+0	+40	+0
孕妇（中）	+200	+0	+0	+0	+40	+0
孕妇（晚）	+200	+0	+0	+0	+40	+0
哺乳母亲	+200	+0	+400	+0	+0	+0

中国健康成年女性膳食微量矿物质推荐摄入量 / 适宜摄入量（RNI/AI）

人群	铁Cu /(mg/d)	锌Cu /(mg/d)	碘I /(μg/d)	硒Se /(μg/d)	铜Cu /(mg/d)	氟F /(mg/d)	铬Cr /(μg/d)	锰Mn /(mg/d)	钼Mo /(μg/d)
	RNI	RNI	RNI	RNI	RNI	AI	AI	AI	RNI
孕前	20	7.5	120	60	0.8	1.5	30	4.5	100
孕妇（早）	+0	+2.0	+110	+5	+0.1	+0	+1.0	+0.4	+10
孕妇（中）	+4	+2.0	+110	+5	+0.1	+0	+4.0	+0.4	+10

人群	铁Cu /(mg/d)	锌Cu /(mg/d)	碘I /(μg/d)	硒Se /(μg/d)	铜Cu /(mg/d)	氟F /(μg/d)	铬Cr /(μg/d)	锰Mn /(mg/d)	钼Mo /(μg/d)
	RNI	RNI	RNI	RNI	RNI	AI	AI	AI	RNI
孕妇（晚）	+9	+2.0	+110	+5	+0.1	+0	+6.0	+0.4	+10
哺乳母亲	+4	+4.5	+120	+18	+0.6	+0	+7.0	+0.3	+3

注："+"表示在同龄人群参考值基础上额外增加的量。

中国健康成年女性膳食脂溶性维生素推荐摄入量 / 适宜摄入量（RNI/AI）

人群	维生素A /(μgRAE/d)[①]	维生素D /(μg/d)	维生素E / (mg α-TE/d)[②]	维生素K /(μg/d)
	RNI	RNI	AI	AI
孕前	700	10	14	80
孕妇（早）	+0	+0	+0	+0
孕妇（中）	+70	+0	+0	+0
孕妇（晚）	+70	+0	+0	+0
哺乳母亲	+600	+0	+0	+5

① 视黄醇活性当量（RAE，μg）=膳食或补充剂来源全反式视黄醇（μg）+1/2补充剂纯品全反式β-胡萝卜素（μg）+1/24其他膳食维生素A原类胡萝卜素（μg）。

② α-生育酚当量（α-TE，mg），膳食中总α-TE当量（mg）=1×α-生育酚(mg)+0.5×β-生育酚（mg）+0.1×γ-生育酚（mg）+0.02×ζ-生育酚（mg）+0.3×α-三烯生育酚（mg）。

中国健康成年女性膳食水溶性维生素推荐摄入量 / 适宜摄入量（RNI/AI）

人群	维生素B$_1$ /(mg/d)	维生素B$_2$ /(mg/d)	维生素B$_6$ /(mg/d)	维生素B$_{12}$ /(μg/d)	泛酸 /(mg/d)	叶酸 /(μg DEF/d)[①]	烟酸 /(mg NE/d)[②]	胆碱 /(mg/d)	生物素 /(μg/d)	维生素C /(mg/d)
	RNI	RNI	RNI	RNI	AI	RNI	RNI	AI	AI	RNI
孕前	1.2	1.2	1.4	2.4	5.0	400	12	400	40	100
孕妇（早）	+0	+0	+0.8	+0.5	+1.0	+200	+0	+20	+0	+0
孕妇（中）	+0.2	+0.2	+0.8	+0.5	+1.0	+200	+0	+20	+0	+15
孕妇（晚）	+0.3	+0.3	+0.8	+0.5	+1.0	+200	+0	+20	+0	+15
哺乳母亲	+0.3	+0.3	+0.3	+0.8	+2.0	+150	+3	+120	+10	+50

① 叶酸当量（DFE，μg）=天然食物来源叶酸（μg）+1.7×合成叶酸（μg）。

② 烟酸当量（NE，mg）=烟酸（mg）+1/60色氨酸（mg）。

中国健康成年女性膳食矿物质可耐受最高摄入量（UL）

人群	钙Ca /(mg/d)	磷P /(mg/d)	铁Fe /(mg/d)	碘I /(μg/d)	锌Zn /(mg/d)	硒Se /(μg/d)	铜Cu /(mg/d)	氟F /(mg/d)	锰Mn /(mg/d)	钼Mo /(mg/d)
孕前	2000	3500	42	600	40	400	8	3.5	11	900
孕妇（早）	2000	3500	42	600	40	400	8	3.5	11	900
孕妇（中）	2000	3500	42	600	40	400	8	3.5	11	900
孕妇（晚）	2000	3500	42	600	40	400	8	3.5	11	900
哺乳母亲	2000	3500	42	600	40	400	8	3.5	11	900

中国健康成年女性膳食维生素可耐受最高摄入量（UL）

人群	维生素A /(μg RAE/d)[1]	维生素D /(μg/d)	维生素E /(mg α-TE/d)[2]	维生素B₆ /(mg/d)	叶酸[3] /(μg/d)	烟酸 /(mg NE/d)[4]	烟酰胺 /(mg/d)	胆碱 /(mg/d)	维生素C /(mg/d)
孕前	3000	50	700	60	1000	35	310	3000	2000
孕妇（早）	3000	50	700	60	1000	35	310	3000	2000
孕妇（中）	3000	50	700	60	1000	35	310	3000	2000
孕妇（晚）	3000	50	700	60	1000	35	310	3000	2000
哺乳母亲	3000	50	700	60	1000	35	310	3000	2000

① 视黄醇活性当量（RAE，μg）＝膳食或补充剂来源全反式视黄醇（μg）＋1/2补充剂纯品全反式β-胡萝卜素（μg）＋1/24其他膳食维生素A原类胡萝卜素（μg）。

② α-生育酚当量（α-TE，mg），膳食中总α-TE当量（mg）＝1×α-生育酚(mg)＋0.5×β-生育酚（mg）＋0.1×γ-生育酚（mg）＋0.02×ζ-生育酚（mg）＋0.3×α-三烯生育酚（mg）。

③ 指合成叶酸摄入量上限，不包括天然食物来源的叶酸量。

④ 烟酸当量（NE，mg）＝烟酸（mg）＋1/60色氨酸（mg）

中国健康成年女性膳食宏量营养素可接受范围（AMDR）

人群	总碳水化合物 /(%E[1])	添加糖 /(%E)	总脂肪 /(%E)	饱和脂肪酸 /(%E)	n-6多不饱和脂肪酸 /（%E）	n-3多不饱和脂肪酸 /(%E)	EPA+DHA /(g/d)
孕前	50~65	<10	20~30	<10	2.5~9.0	0.5~2.0	0.25~2.0
孕妇（早）	50~65	<10	20~30	<10	2.5~9.0	0.5~2.0	—②
孕妇（中）	50~65	<10	20~30	<10	2.5~9.0	0.5~2.0	—
孕妇（晚）	50~65	<10	20~30	<10	2.5~9.0	0.5~2.0	—
哺乳母亲	50~65	<10	20~30	<10	2.5~9.0	0.5~2.0	—

① %E为占能量的百分比。

② 未制定参考值者用"—"表示。

中国健康成年女性膳食营养素建议摄入量（PI）

人群	钾K /(mg/d)	钠Na /(mg/d)	维生素C /(mg/d)
孕前	3600	2000	200
孕妇（早）	3600	2000	200
孕妇（中）	3600	2000	200
孕妇（晚）	3600	2000	200
哺乳母亲	3600	2000	200

中国健康成年女性膳食水适宜摄入量（AI）

项目	标准	孕前	孕妇（早）	孕妇（中）	孕妇（晚）	哺乳母亲
饮水量①	AI/（L/d）	1.5	+0.2	+0.2	+0.2	+0.6
总水摄入量②	AI/（L/d）	2.7	+0.3	+0.3	+0.3	+1.1

① 温和气候条件下，轻体力活动水平。如果在高温或进行中等以上体力活动时，应适当增加水摄入量。

② 总摄入量包括食物中的水以及饮水中的水。

中国健康成年女性其他膳食成分特定建议值（SPL）和可耐受最高摄入量 (UL)

其他膳食成分 Dietary composition	SPL	UL
膳食纤维/(g/d)	25（AI）	—①
植物甾醇/(g/d)	0.9	2.4
植物甾醇酯/(g/d)	1.5	3.9
番茄红素/(mg/d)	18	70
叶黄素/(mg/d)	10	40
原花青素/(mg/d)	—	800
大豆异黄酮②/(mg/d)	55	120
花色苷/(mg/d)	50	—
氨基葡萄糖/(mg/d)	1000	
硫酸或盐酸氨基葡萄糖/(mg/d)	1500	
姜黄素/(mg/d)	—	720

① 未制定参考值者用"—"表示。

② 指绝经后妇女。

中国居民膳食指南关键推荐（一般健康成年人）

关键推荐：

推荐一　食物多样，谷类为主

每天的膳食应包括谷薯类、蔬菜水果类、畜禽鱼蛋奶类、大豆坚果类等食物。

平均每天摄入12种以上食物，每周25种以上。

每天摄入谷薯类食物250~400g，其中全谷物和杂豆类50~150g，薯类50~100g。

食物多样、谷类为主是平衡膳食模式的重要特征。

推荐二　吃动平衡，健康体重

各年龄段人群都应天天运动、保持健康体重。

食不过量，控制总能量摄入，保持能量平衡。

坚持日常身体活动，每周至少进行5天中等强度身体活动，累计150分钟以上；主动身体活动最好每天6000步。

减少久坐时间，每小时起来动一动。

推荐三　多吃蔬果、奶类、大豆

蔬菜水果是平衡膳食的重要组成部分，奶类富含钙，大豆富含优质蛋白质。

餐餐有蔬菜，保证每天摄入300~500g蔬菜，深色蔬菜应占1/2。

天天吃水果，保证每天摄入200~350g新鲜水果，果汁不能代替鲜果。

吃各种各样的奶制品，相当于每天液态奶300g。

经常吃豆制品，适量吃坚果，每天大豆25g，坚果仁10g。

推荐四　适量吃鱼、禽、蛋、瘦肉

鱼、禽、蛋和瘦肉摄入要适量。

每周吃鱼280~525g，畜禽肉280~525g，蛋类280~350g，平均每天摄入总量120~200g。

优先选择鱼和禽。

吃鸡蛋不弃蛋黄。

少吃肥肉、烟熏和腌制肉制品。

推荐五　少盐少油，控糖限酒

培养清淡饮食习惯，少吃高盐和油炸食品。成人每天食盐不超过6g，每天烹调油25~30g。

控制添加糖的摄入量，每天摄入不超过50g，最好控制在25g以下。

每日反式脂肪酸摄入量不超过2g。

足量饮水，成年人每天7~8杯（1500~1700ml），提倡饮用白开水和茶水；不喝或少喝含糖饮料。

少年儿童、孕妇、哺乳期妇女不应饮酒。成人如饮酒，男性一天饮用酒的酒精量不超过25g，女性不超过15g。

推荐六　杜绝浪费，兴新食尚

珍惜食物，按需备餐，提倡分餐不浪费。

选择新鲜卫生的食物和适宜的烹调方式。

食物制备生熟分开，熟食二次加热要热透。

学会阅读食品标签，合理选择食品。

多回家吃饭，享受食物和亲情。

传承优良文化，兴饮食文明新风。

中国居民膳食指南（孕期妇女）

关键推荐：

1. 补充叶酸，常吃含铁丰富的食物，选用碘盐

叶酸对预防神经管畸形和高同半胱氨酸血症、促进红细胞成熟及血红蛋白合成极为重要。孕期叶酸的推荐摄入量比未孕时增加了200µgDFE/d，达到600µgDFE/d，故除了要常吃叶酸含量丰富的食物之外，还应补充叶酸400µgDFE/d。

为了预防早产、流产，满足孕期血红蛋白合成增加和胎儿铁储备的需要，孕期应常吃含铁丰富的食物，铁缺乏严重者可在医师的指导下适量补铁。

碘是合成甲状腺素的原料，是调节新陈代谢和促进蛋白质合成的必需微量元素，孕期碘的推荐摄入量比未孕时增加了110µg/d，除选用碘盐之外，每周还应摄入1~2次含碘丰富的海产品。

◎ 整个孕期应口服叶酸补充剂400µg/d，每天摄入绿叶蔬菜200g

◎ 每天增加20~50g红肉，每周吃1~2次动物内脏或动物血

◎ 确保摄入碘盐

2. 孕吐严重者，可少量多餐，保证摄入含必要量碳水化合物的食物

受激素水平影响，孕期消化系统功能发生一系列变化，部分孕妇孕早期会出现胃灼热、反胃或呕吐等早孕反应，这是正常的生理现象。

严重孕吐影响进食时，机体需要动员身体脂肪来产生能量，维持基本的生理需要。脂肪酸不完全分解会产生酮体，当酮体生成量超过身体氧化能力时，血液中酮体升高，称为"酮血症"或"酮症酸中毒"。母体血液中过高的酮体可通过胎盘进入胎儿体内，损伤胎儿的大脑和神经系统发育。

为避免酮症酸中毒对胎儿神经系统发育的不利影响，早孕反应进食困难者，也必须保证每天摄入不低于130g的碳水化合物。可选择富含碳水化合物

的粮谷类食物，如米饭、馒头、面包、饼干等，呕吐严重以至于完全不能进食者，需要寻求医师的帮助。

◎ 孕早期无明显早孕反应者，可继续保持孕前的平衡膳食。

◎ 孕吐较明显或食欲不佳的孕妇，不必过分强调平衡膳食。

◎ 每天必须摄入至少130g碳水化合物，首选易消化的粮谷类食物。

◎ 可提供130g碳水化合物的常见食物：180g稻米或面粉，550g薯类或鲜玉米。

◎ 进食少或孕吐严重者，可寻求医师帮助。

3. 孕中晚期适量增加奶、鱼、禽、蛋、瘦肉的摄入

孕中期开始，胎儿生长发育和母体生殖器官的发育加速，对能量、蛋白质和钙、铁等营养素的需求增大。整个孕期孕妇和胎儿需要储存蛋白质约930g，孕中、晚期日均分别需要储留1.9g和7.4g。考虑到机体蛋白质吸收利用率，孕中、晚期每日蛋白质摄入量应分别增加15g和30g。

分娩时，新生儿体内约有30g钙，这些钙主要在孕中期和晚期沉积于胎儿的骨骼和牙齿中，孕中期每天需沉积钙约50mg，孕晚期每天沉积量增至330mg。尽管妊娠期间钙代谢发生适应性变化，孕妇可通过增加钙吸收率来适应钙需要量的增加，但膳食钙摄入仍需增加200mg/d，使总摄入量达到1000mg/d。

孕期蛋白质、能量供应不足，会直接影响胎儿的体格和神经系统发育，导致早产和胎儿生长受限、低出生体重儿。孕期钙营养缺乏，母体会动用自身骨骼中的钙维持血钙浓度，并优先满足胎儿骨骼生长发育的需要。因此，孕期营养不足最大的危害是使母体骨骼中的钙丢失，影响骨健康。

◎ 孕中期开始，每天增加200g奶类，使总摄入量达到500g/d。

◎ 孕中期每天增加鱼、禽、蛋、瘦肉共计50g，孕晚期再增加75g左右

◎ 深海鱼类含有较多ω-3不饱和脂肪酸，其中的二十二碳六烯酸（DHA）对胎儿脑和视网膜功能发育有益，每周最好食用2~3次。

4. 适量身体活动，维持孕期适宜增重

体重增长是反应孕妇营养状况的直观指标，与胎儿出生体重、妊娠并发症等妊娠结局密切相关。为保证胎儿正常生长发育、避免不良妊娠结局，应使孕期体重增长保持在适宜的范围。孕期体重平均增长约12.5kg，其中胎儿、胎盘、羊水、增加的血容量及增大的子宫和乳腺，均属于必要性体重增加，约6~7.5kg，孕妇身体脂肪蓄积约3~4kg。

孕期适宜增重有利于获得良好的妊娠结局，对保证胎儿正常生长发育、保护母体健康具有重要意义。孕期增重不足，可导致胎儿营养不良、生长受限、低出生体重（出生体重低于2500g）的风险增长。孕期增重过多，导致妊娠糖尿病、巨大儿（出生体重达到或高于4000g）的风险增加，使难产和剖宫产率显著上升，还会导致产后体重滞留和2型糖尿病等代谢性疾病风险增加。

平衡膳食和适度的身体活动是维持孕期体重适宜增长的基础。孕期进行适宜的规律运动，除了增强身体的适应能力，预防体重过多增长之外，还有利于预防妊娠期糖尿病和孕妇以后发生2型糖尿病。身体活动还可增加胎盘的生长及血管分布，从而减少氧化应激和炎性反应，减少疾病相关的内皮功能紊乱。此外，身体活动还有助于愉悦心情。活动和运动使肌肉收缩能力增强，有利于自然分娩。只要没有医学禁忌，孕期进行常规活动和运动都是安全的，而且对孕妇和胎儿均有益处。

◎ 孕早期体重变化不大，可每月测量一次，孕中、晚期应每周测量体重。

◎ 体重增长不足者，可适当增加高能量密度食物的摄入量。

◎ 体重增长过多者，应在保证营养素供应的同时，注意控制总能量的摄入。

◎ 健康孕妇每天应进行不少于30分钟的中等强度身体活动。

5. 禁烟酒，愉快孕育新生命，积极准备母乳喂养

烟草、酒精对胚胎发育的各个阶段都有明显的毒性作用，容易引起流产、早产和胎儿畸形。有吸烟饮酒习惯的女性必须戒烟戒酒，远离吸烟环境，避免接触二手烟。

怀孕期间身体内分泌及外形的变化、对孩子健康和未来的担忧、工作和社会角色的调整，都可能会影响孕妇的情绪，需要以积极的心态来面对和适应，愉快享受这一过程。

母乳喂养对孩子和母亲来说都是最好的选择，绝大多数妇女都可以而且应该用自己的乳汁哺育孩子，任何代乳品都无法替代母乳。成功的母乳喂养不仅需要有健康的身体准备，还需要有积极的心理准备。孕妇应尽早了解母乳喂养的益处，增强母乳喂养的意愿，学习母乳喂养的方法和技巧，为产后尽早开奶和成功母乳喂养做好各项准备。

◎ 孕妇应禁烟酒，还要避免被动吸烟和吸入不良空气。

◎ 情绪波动时，多与家人和朋友沟通，向专业人员咨询。

◎ 适当进行户外活动和运动，有利于释放压力，愉悦心情。

◎ 孕中期以后应更换适合的文胸，经常擦洗乳头。

中国居民膳食指南（哺乳期妇女）

关键推荐：

◎ 增加富含优质蛋白质及维生素 A 的动物性食物和海产品，选用碘盐。

◎ 产褥期食物多样又不过量，重视整个哺乳期的营养。

◎ 愉悦心情，充足睡眠，促进乳汁分泌。

◎ 坚持哺乳，适度运动，逐步恢复适宜体重。

◎ 忌烟酒，远离浓茶和咖啡。

实践应用：

1. 如何合理安排产褥期膳食

有些产妇在分娩后头一两天感到疲乏无力或肠胃功能较差，可选择较清淡、稀软、易消化的食物，如面片、挂面、馄饨、粥、蒸蛋及煮烂的肉菜，之后就可以过渡到正常膳食。剖宫产的产妇，手术后约24小时之后胃肠功能恢复，应再给予术后流食1天，但仍禁用牛奶、豆浆、大量蔗糖等产气食物。情况好转后，给予半流食1~2天，再转为普通膳食。

产褥期可比平日多吃些鸡蛋、禽肉、鱼类、动物肝脏、动物血等，以便保证供应充足的动物蛋白质，并促进乳汁分泌，但不应过量。还必须注重蔬菜水果的摄入。

◎ 产褥期一天膳食搭配举例

早餐：菜肉包子、小米红枣粥、拌海带丝

上午点：牛奶

午餐：豆腐鲫鱼汤、炒黄瓜、米饭

下午点：苹果

晚餐：炖鸡汤、虾皮炒小白菜、米饭

夜宵：牛奶、煮蛋

2. 获得充足的优质蛋白质和维生素 A 的食物举例

哺乳期妇女膳食蛋白质在一般成年女性的基础上每天增加25g。鱼、禽、肉、蛋、奶和大豆类食物是优质蛋白质的良好来源。下表列举了获得25g优质蛋白质的食物组合，供新妈妈选用。最好一天选用3种以上优质蛋白质来源，数量适当、合理搭配。此外，哺乳期妇女的维生素A推荐量比一般成年女性增加600μgRAE，而动物肝脏富含维生素A，若每周增选1~2次猪肝（总量85g）或鸡肝（总量40g），则平均每天可增加摄入维生素A600μgRAE。

获得 25g 优质蛋白质的食物组合举例

组合1		组合2		组合3	
食物及数量	蛋白质含量	食物及数量	蛋白质含量	食物及数量	蛋白质含量
牛肉50g	10.0 g	猪里脊50g	10.0 g	鸭肉50g	7.7g
鱼50g	9.1 g	鸡肉50g	9.5g	虾60g	10.9g
牛奶200g	6.0 g	鸡肝50g	3.5g	豆腐80g	6.4g
合计	25.1 g	合计	25.0 g	合计	25.0 g

3. 获得充足钙的膳食方案举例

哺乳期妇女膳食的钙推荐量比一般女性增加200mg/d，总量达到1000mg/d。奶类钙含量高，且容易被吸收利用，是钙最好的食物来源。若哺乳期妇女每天比孕前多喝200ml牛奶，每天饮奶总量达到500ml，则可以获得约540mg的钙。加上选用深绿色蔬菜、豆制品、虾皮、带骨小鱼等含钙较为丰富的食物，则可以达到推荐摄入量。为了增加钙的吸收利用率，哺乳期妇女还应补充维生素D或多做户外活动。获得1000mg钙的食物组合举例见下表。

获得 1000mg 钙的食物组合举例

组合一		组合二	
食物及数量	含钙量/mg	食物及数量	含钙量/mg
牛奶500ml	540	牛奶300ml	324
豆腐100g	127	豆腐干60g	185
虾皮5g	50	芝麻酱10g	117
蛋类50g	30	蛋类50g	30
（绿叶菜）小白菜200g	180	（绿叶菜）小白菜250g	270

组合一		组合二	
食物及数量	含钙量/mg	食物及数量	含钙量/mg
（鱼类）鲫鱼100g	79	（鱼类）鲫鱼100g	79
合计	1006	合计	1005

4. 如何增加泌乳量

（1）愉悦心情，树立信心。家人应充分关心哺乳妈妈，经常与哺乳妈妈沟通，帮助她调整心态，舒缓压力，愉悦心情，树立哺乳妈妈喂养的自信心。

（2）尽早开奶，频繁吸吮。分娩后开奶越早越好，坚持让婴儿频繁吸吮（24小时内至少10次）。吸吮时，将乳头和乳晕的大部分同时含入婴儿口中。

（3）合理营养，多饮汤水。营养是泌乳的基础，而食物多样化是充足营养的基础。除营养素之外，哺乳妈妈每天摄入的水量也与泌乳密切相关，所以哺乳妈妈每天应多喝水，还要多吃流质食物如鸡汤、鱼汤、猪蹄汤、排骨汤、蔬菜汤、豆腐汤等，每餐都应保证有带汤水的食物。

（4）生活规律，保证睡眠。尽量做到生活有规律，每天保证8小时以上的睡眠时间，避免过度疲劳。

5. 哺乳期妇女一天食物建议量

谷类250～300g，薯类75g，其中杂粮不少于1/5；蔬菜类500g，其中绿叶蔬菜和红黄色蔬菜占2/3以上；水果类200～400g；鱼禽蛋肉类（含动物内脏）每天总量220g；牛奶400～500ml，大豆类25g，坚果10g，烹调油25g，食盐5g。

为了保证维生素A的供应，建议每周吃1～2次动物肝脏，总量达到85g猪肝或40g鸡肝。

6. 哺乳期如何科学饮汤

哺乳妈妈每天摄入的水量和乳汁分泌量密切相关，因此产妇应当饮用汤水。

首先，餐前不宜喝太多汤，以免影响食量。餐前可喝半碗到一碗汤，待八九成饱之后再饮一碗汤。

第二，喝汤的同时要吃肉。肉汤的蛋白质成分大概只有肉的1/10，为了满足产妇和宝宝的营养需求，应当连汤带肉一起吃。

第三，不宜喝多油浓汤，以免影响产妇的食欲，并引起婴儿的脂肪消化不良性腹泻。煲汤材料宜选择脂肪含量较低的肉类，如鱼类、瘦肉、去皮禽类、去掉脂肪的排骨等，也可喝蛋花汤、豆腐汤、蔬菜汤、面汤和米汤等。

第四，可根据产妇的需求，加入对补血有帮助的材料，如红枣、红糖、猪肝等。还可以加入对催乳有帮助的食材，如仔鸡、黄豆、猪蹄、花生、木瓜等。

7. 科学运动和锻炼，逐步减重

产褥期的运动方式可采用产褥期保健操。产褥期保健操应根据产妇的分娩状况和身体状况循序渐进地进行。顺产产妇一般在产后第二天就可以开始，每1~2天增加1节，每节做8~16次。

生产6周以后可以选择有氧运动方式，如散步、慢跑等。一般从每天15分钟逐渐增加至每天45分钟，每周坚持4~5次，形成规律。对于剖宫产的产妇，应根据自己的身体状况，如贫血和伤口恢复情况，缓慢增加有氧运动和力量训练。

以下关键事实是在具有充分的科学证据的基础上得出的结论，应牢记：

◎ 哺乳妈妈每天需增加优质蛋白质25g、钙200mg、碘120μg。

◎ 哺乳有利于哺乳妈妈健康。

◎ 营养充足均衡，有利于保证乳汁的质量和持续母乳喂养。

◎ 心情舒畅、充足睡眠、多喝汤水有利于乳汁分泌。

◎ 坚持哺乳和适当运动有利于体重恢复。

◎ 吸烟和饮酒可对子代产生不良影响。

参考文献

［1］DiFranza J R, Aligne C A, Weitzman M. Prenatal and postnatal environmental tobacco smoke exposure and children's health ［J］. Pediatrics, 2004, 113(4 Suppl):1007-1015.

［2］Harlev A, Agarwal A, Gunes SO, et al. Smoking and Male Infertility: An Evidence-Based Review ［J］. World Journal of Men's Health, 2015, 33(3): 143–160.

［3］Drehmer J E, Ossip D J, Nabi-Burza E, et al. Thirdhand Smoke Beliefs of Parents ［J］. Pediatrics, 2014, 133(4): e850–e856.

［4］World Health Organization: Global recommendation on physical activity for health. http://www.who.int/dietphysicalactivity/publications/9789241599979/en/.

［5］Sharma R, Biedenharn K R, Fedor JM, et al. Lifestyle factors and reproductive health: taking control of your fertility ［J］. Reproductive Biology and Endocrinology, 2013, 11(1): 66.

［6］Liabsuetrakul T. Is International or Asian Criteria-based Body Mass Index Associated with Maternal Anaemia, Low Birthweight, and Preterm Births among Thai Population?—An Observational Study ［J］. Journal of Health and Population Nutrition, 2011, 29(3): 218–228.

［7］Jungheim E S, Travieso J L, Hopeman MM. Weighing the impact of obesity on female reproductive function and fertility ［J］. Nutrition Reviews, 2013, 71(1s):3-8.

［8］Yu Z, Han S, Zhu J, et al. Pre-Pregnancy Body Mass Index in Relation to Infant Birth Weight and Offspring Overweight/Obesity: A Systematic Review and Meta-Analysis ［J］. PLoS One, 2013, 8(4): e61627.

［9］杨冬梓，冯淑英，李琳. 青春期多囊卵巢综合征 ［J］. 现代妇产科进展，2006，15(10)：721-733.

［10］Panidis D, Tziomalos K, Misichronis G, et al. Insulin resistance and endocrine characteristics of the different phenotypes of polycystic ovary syndrome: a prospective study ［J］. Human Reproduction, 2012, 27(2):541-549.

［11］Legro R S. Obesity and PCOS: implications for diagnosis and treatment ［J］. Seminar of Reproduction Medicine, 2012, 30(6):496-506.

［12］Alwan N A, Cade J E, McArdle HJ, et al. Maternal iron status in early pregnancy and birth outcomes: insights from the Baby's Vascular health and Iron in Pregnancy study ［J］. British Journal of Nutrition, 2015, 113(12): 1985–1992.

［13］范志红主编，食物营养与配餐 ［M］. 北京：中国农业大学出版社，2010.

［14］Murphy M M, Stettler N, Smith K M, et al. Associations of consumption of fruits and vegetables during pregnancy with infant birth weight or small for gestational age births: a systematic review of the literature [J]. International Journal of Womens Health, 2014, 6: 899–912.

[15] Emmett P M, Jones L R, and Golding J. Pregnancy diet and associated outcomes in the Avon Longitudinal Study of Parents and Children [J]. Nutrition Review, 2015, 73(Suppl 3): 154–174.

[16] 中华人民共和国卫生部，中国出生缺陷防治报告（2012），2012.9. http://www.cmda.net/d/file/p/2012-09-13/072a7af0d828100909ba2a22ac92386c.pdf.

[17] De-Regil L M, Fernández-Gaxiola AC, Dowswell T, et al. Effects and safety of periconceptional folate supplementation for preventing birth defects. Cochrane Database Systematic Reviews, 2010, (10): CD007950.

[18] Greenop K R, Scott R J, Attia J, Folate pathway gene polymorphisms and risk of childhood brain tumors: results from an Australian case-control study [J]. Cancer Epidemiology Biomarkers and Prevention, 2015, 24(6):931-937.

[19] Milne E, Greenop K R, Scott R J. Folate pathway gene polymorphisms, maternal folic acid use, and risk of childhood acute lymphoblastic leukemia [J]. Cancer Epidemiology Biomarkers and Prevention, 2015, 24(1):48-56.

[20] 王智慧，吕杰强，唐少华. 孕母高剂量叶酸摄入与MTHFR基因C677T多态性对子代单纯性尿道下裂的发病风险研究 [J]. 中国优生与遗传杂志，2016，24(1): 49-51.

[21] Surén P, Roth C, Bresnahan M, et al. Association between maternal use of folic acid supplements and risk of autism in children [J]. JAMA, 2013, 309(6): 570–577.

[22] Chavarro J E, Rich-Edwards J W, Rosner B A, et al. Use of multivitamins, intake of B vitamins, and risk of ovulatory infertility [J]. Fertility and Sterility, 2008, 89(3):668-676.

[23] Potdar R D, Sahariah S A, Gandhi M, et al. Improving women's diet quality preconceptionally and during gestation: effects on birth weight and prevalence of low birth weight—a randomized controlled efficacy trial in India (Mumbai Maternal Nutrition Project) [J]. American Journal of Clinical Nutrition, 2014, 100(5): 1257–1268.

[24] Morse N L. Benefits of Docosahexaenoic Acid, Folic Acid, Vitamin D and Iodine on Foetal and Infant Brain Development and Function Following Maternal Supplementation during Pregnancy and Lactation [J]. Nutrients, 2012, 4(7): 799–840.

[25] 祖丽亚. 罗俊雄，樊铁. 海水鱼与淡水鱼脂肪中EPA、DHA含量的比较 [J]. 中国油脂，2003，28(11):48-50.

[26] 姚婷. 海水鱼与淡水鱼ω-3多不饱和脂肪酸含量的比较研究 [J]. 现代食品科技，2005，21(3): 26-29.

[27] 中国营养学会编，中国居民膳食营养素参考摄入量（2013版）[M]. 北京:科学出版社，2014.

参考文献

[28] Miyake Y, Sasaki S, Tanaka K, et al. Maternal fat consumption during pregnancy and risk of wheeze and eczema in Japanese infants aged 16-24 months: the Osaka Maternal and Child Health Study [J]. Thorax, 2009, 64(9):815-821.

[29] Willers S M, Devereux G, Craig L C, et al. Maternal food consumption during pregnancy and asthma, respiratory and atopic symptoms in 5-year-old children [J]. Thorax, 2007, 62(9):773-779.

[30] Nwaru BI, Ahonen S, Kaila M, et al. Maternal diet during pregnancy and allergic sensitization in the offspring by 5 yrs of age: a prospective cohort study [J]. Pediatric Allergy and Immunology, 2010, 21(1):29–37.

[31] Erkkola M, Nwaru BI, Kaila M, et al. Risk of asthma and allergic outcomes in the offspring in relation to maternal food consumption during pregnancy: a Finnish birth cohort study [J]. Pediatric Allergy Immunology, 2012, 23(2):186-194.

[32] Sausenthaler S, Koletzko S, Schaaf B, et al. Maternal diet during pregnancy in relation to eczema and allergic sensitization in the offspring at 2 y of age [J]. American Journal of Clinical Nutrition, 2007, 85(2):530-537.

[33] Netting M J, Middleton P F, Makrides M. Does maternal diet during pregnancy and lactation affect outcomes in offspring? A systematic review of food-based approaches [J]. Nutrition, 2014, 30(11-12):1225-1241.

[34] De Klerk N and Milne E. Overview of recent studies on childhood leukaemia, intra-uterine growth and diet [J]. Radiation Protection Dosimetry, 2008, 132(2): 255-258.

[35] Vanhees K, de Bock L, Godschalk R W. Prenatal Exposure to Flavonoids: Implication for Cancer Risk [J]. Toxicological Science, 2011, 120 (1): 59-67.

[36] Perlen S, Woolhouse H, Gartland D, et al. Maternal depression and physical health problems in early pregnancy: findings of an Australian nulliparous pregnancy cohort study [J]. Midwifery, 2013, 29(3):233-239.

[37] Chortatos A, Haugen M, Iversen P O, et al. Pregnancy complications and birth outcomes among women experiencing nausea only or nausea and vomiting during pregnancy in the Norwegian Mother and Child Cohort Study [J]. BMC Pregnancy Childbirth, 2015, 15:138.

[38] Matthews A, Haas D M, O'Mathúna D P, et al. Interventions for nausea and vomiting in early pregnancy [J]. Cochrane Database Systematic Reviews, 2015, 9:CD007575.

[39] Emmett P M, Jones L R, Golding J. Pregnancy diet and associated outcomes in the Avon Longitudinal Study of Parents and Children [J]. Nutrition Reviws, 2015, 73(Suppl 3): 154–174.

[40] Oken E, Wright R O, Kleinman K P, et al. Maternal fish consumption,

hair mercury, and infant cognition in a U.S. Cohort [J].Environment Health Perspective, 2005, 113(10):1376-1380.

[41] Sagiv S K, Thurston S W, Bellinger D C, et al. Prenatal exposure to mercury and fish consumption during pregnancy and attention-deficit/ hyperactivity disorder-related behavior in children [J]. Archives of Pediatrics and Adolescent Medicine, 2012, 166(12):1123-1131.

[42] Siega-Riz A M and Gray G L. Gestational weight gain recommendations in the context of the obesity epidemic [J]. Nutrition Reviews, 2013, 71(S1): S26-S30.

[43] Faucher M A, Barger M K. Gestational weight gain in obese women by class of obesity and select maternal/newborn outcomes: A systematic review [J]. Women Birth, 2015, pii: S1871-1875.

[44] Crozier S R, Inskip H M,Godfrey K M, et al. Weight gain in pregnancy and childhood body composition: findings from the Southampton Women's Survey [J]. American Journal of Clinical Nutrition, 2010, 91: 1745-1751.

[45] Gaillard R. Maternal obesity during pregnancy and cardiovascular development and disease in the offspring [J] . European Journal of Epidemiology, 2015, 30: 1141–1152.

[46] Forno E, Young O M, Kumar R, et al. Maternal Obesity in Pregnancy, Gestational Weight Gain, and Risk of Childhood Asthma. Pediatrics, 2014, 134(2):

e535–e546.

[47] Davenport M H, Ruchat S M, Giroux I, et al. Timing of excessive pregnancy-related weight gain and offspring adiposity at birth [J]. Obstetrics and Gynecology, 2013, 122:255-261.

[48] Huang L, Yu X, Keim S, et al, Maternal prepregnancy obesity and child neurodevelopment in the Collaborative Perinatal Project [J]. International Journal of Epidemiology, 2014, 43(3):783-792.

[49] Xiang A H, Wang X, Martinez M P, et al. Association of maternal diabetes with autism in offspring [J].JAMA, 2015, 313(14):1425-1434.

[50] Padayachee C and Coombes J S. Exercise guidelines for gestational diabetes mellitus [J].World Journal of Diabetes, 2015, 6(8): 1033–1044.

[51] Haider B A, Olofin I, Wang M, et al. Anaemia, prenatal iron use, and risk of adverse pregnancy outcomes: systematic review and meta-analysis [J].British Medical Journal, 2013, 346: f3443.

[52] Peña-Rosas J P, De-Regil L M, Dowswell T, et al. Intermittent oral iron supplementation during pregnancy (Review) [J].Cochrane Database Systematic Review, 2012, 7: CD009997.

[53] 王福俤，穆明道，伍爱民等. 杨梅素在制备抑制铁调素表达的制剂中的应用 [P].CN103655542A. 2014.

[54] 李姣. Hepcidin在妊娠期缺铁性贫血中的水平变化 [D].河北医科大学

硕士论文. 2015.

［55］郭长江，徐静，韦京豫等. 我国常见水果中类黄酮的含量［J］. 营养学报，2008，20（2）：130-135.

［56］Imai S, Fukui M, Kajiyama S. Effect of eating vegetables before carbohydrates on glucose excursions in patients with type 2 diabetes［J］. Journal of Clinical Biochemistry Nutrition, 2014, 54(1): 7-11.

［57］Rhodes E T. 2010 Effects of a low-glycemic load diet in overweight and obese pregnant women: a pilot randomized controlled trial. Am J Clin Nutr December 2010 vol. 92 no. 6 1306-1315.

［58］Walsh J M, McGowan C A, Mahony R, et al. Low glycaemic index diet in pregnancy to prevent macrosomia (ROLO study): randomised control trial［J］. British Medical Journal, 2012, 345:e5605.

［59］Grant SM, Wolever TMS, O'Connor D L, et al. Effect of a low glycaemic index diet on blood glucose in women with gestational hyperglycaemia［J］. Diabetes Research and Clinical Practice, 2011, 91:15–22

［60］Louie, JCY, Markovic TP, Perera N, et al. A Randomized Controlled Trial Investigating the Effects of a Low-Glycemic Index Diet on Pregnancy Outcomes in Gestational Diabetes Mellitus［J］. Diabetes Care, 2011, 34(11): 2341-2346.

［61］Viana L V, Gross J L and Azevedo M J. Dietary intervention in patients with gestational diabetes mellitus: a systematic review and meta-analysis of randomized trials on maternal and newborn outcomes［J］. Diabetes Care, 2014, 37: 3345-3355.

［62］Weaver C M, Heaney R P, Nickel K P, et al. Calcium bioavailability from high oxalate vegetables: Chinese vegetables, sweet potatoes and rhubarb［J］. Journal of food science, 1997, 62(3): 524-525.

［63］Noonan S C, Savage G P and Reg N Z. Oxalate content of foods and its effect on humans［J］. Asia Pacific Journal of Clinical Nutrition, 1999, 8(1): 64-74.

［64］Taylor E N, Fung T T, Curhan GC, et al. DASH-Style Diet Associates with Reduced Risk for Kidney Stones［J］. Journal of American Society of Nephrology, 2009, 20(10): 2253–2259.

［65］Schelemmer U, Frølich W, Prieto RM, et al. Phytates in food and significance in humans: food source, intake, processing, bioavailability, protective role and analysis［J］. Molecular Nutrition and Food Research, 2009, 53:s330-s375.

［66］Hovdenak N, Haram K. Influence of mineral and vitamin supplements on pregnancy outcome［J］. European Journal of Obstetrics Gynecology Reproduction Biology, 2012, 164(2):127-132.

［67］段娥，李英勇. 补充维生素D对妊娠期糖尿病孕妇胰岛素抵抗的影响［J］. 中国妇幼保健，2014，29(9): 1449-1451.

［68］Pannia E, Cho C E, Kubant R, et al. Role of maternal vitamins in programming health and chronic disease. Nutr Rev, 2016, 74(3):166-180.

［69］Carlson S E, Colombo J, Gajewski BJ, et al. DHA supplementation and pregnancy outcomes［J］. American Journal of Clinical Nutrition, 2013, 97(4): 808–815.

［70］Bager P, Wohlfahrt J, Westergaard T. Caesarean delivery and risk of atopy and allergic disesase: meta-analyses［J］. Clinical and Experimental Allergy, 2008, 38(4): 634-642.

［71］Cardwell C R, Stene L C, Joner G, et al. Caesarean section is associated with an increased risk of childhood-onset type 1 diabetes mellitus: a meta-analysis of observational studies［J］. Diabetologia. 2008, 51(5), 726-735.

［72］中国营养学会编著. 中国居民膳食指南2016［M］. 北京：人民卫生出版社，2016.

［73］NHMRC, EAT FOR HEALTH — Infant Feeding Guidelines: Information for health workers. https://www.nhmrc.gov.au/guidelines-publications/n56.

［74］Rooney B I, Schauberger C W. Excess pregnancy gain and long-term obesity: one decade later［J］. Obstertrics and Gynecology, 2002, 100(2):245-252.

［75］McClure C K, Catov J M, Ness R, et al. Associations between gestational weight gain and BMI, abdominal adiposity, andtraditional measures of cardiometabolic risk in mothers 8 y postpartum［J］. American Journal Clinical Nutrition, 2013, 98(5):1218-1225.

［76］赵艾，薛勇，司徒文睿等. 北京、苏州和广州女性产后体重滞留现况与影响因素调查分析［J］.卫生研究，2015，44(2): 216-219.

［77］蒋平，关美云，李李. 孕前BMI 和孕期增重对产后1 年内体重滞留的影响研究［J］. 卫生研究，2014，43(3):415-419.

［78］Downs D S. Obesity in Special Populations: Pregnancy［J］.Primary Care, 2016, 43(1):109-120.

［79］丁靓，蒋平，汪秋伟等. 婴儿喂养方式对妇女产后1年内体重滞留的影响［J］. 中国妇幼保健，2015，30(36): 6464-6466.

［80］Bellamy L, Casas J P, Hingorani A D, et al. Type 2 diabetes mellitus after gestational diabetes: a systematic review and meta-analysis［J］.Lancet, 2009, 373(9677):1773-1779.

［81］Buchanan T A, Xiang A H, and Page K A. Gestational Diabetes Mellitus: Risks and Management during and after Pregnancy［J］.Natural Reviews Endocrinology, 2012, 8(11): 639–649.

［82］Retnakaran R, Qi Y, Connelly PW, et al. Risk of early progression to prediabetes or diabetes in women with recent gestational dysglycaemia but normal glucose tolerance at 3-month postpartum［J］.Best Practical and Research: Clinical Endocrinology (Oxf), 2010, 73(4):476-483.

［83］Chasan-Taber L. Lifestyle

Interventions to Reduce Risk of Diabetes among Women with Prior Gestational Diabetes Mellitus [J]. Best Practical and Research: Clinical Obstetrics Gynaecology, 2015, 29(1): 110–122.

[84] Ferrara A, Hedderson M M, Albright C L, et al. A Pregnancy and Postpartum Lifestyle Intervention in Women With Gestational Diabetes Mellitus Reduces Diabetes Risk Factors: A feasibility randomized control trial [J]. Diabetes Care, 2011, 34(7):1519-1525.

[85] Bao W, Li S, Chavarro JE, et al. Low Carbohydrate-Diet Scores and Long-term Risk of Type 2 Diabetes Among Women With a History of Gestational Diabetes Mellitus: A Prospective Cohort Study [J]. Diabetes Care, 2016, 39(1):43-49.

[86] Li S, Zhu Y, Chavarro J E et al. Healthful Dietary Patterns and the Risk of Hypertension Among Women With a History of Gestational Diabetes Mellitus: A Prospective Cohort Study [J]. Hypertension, 2016 Jun,67(6):1157-1165.

[87] Tobias D K, Hu F B, Chavarro J, et al. Healthful dietary patterns and type 2 diabetes mellitus risk among women with a history of gestational diabetes mellitus [J]. Archives of Internal Medicine, 2012, 172(20):1566-1572.

[88] Turner-McGrievy G M, Jenkins D J, et al. Decreases in dietary glycemic index are related to weight loss among individuals following therapeutic diets for type 2 diabetes [J]. Journal of Nutrition, 2011, 141(8):1469-1474.

[89] Shyam S, Arshad F, Ghani R A, et al. Low glycemic index diets improve glucose tolerance and body weight in woman with previous history of gestational diabetes: a six monthes randomized trial [J]. The Nutrition Journal, 2013, 12:68-77.

[90] 杨月欣，王光亚，潘兴昌主编. 中国食物成分表. 第2版. [M]. 北京：北京医科大学出版社，2009.

[91] Foster-Powell K, Holt S H A, Brand-Miller J C. International table of glycemic index and glycemic load values: 2002 [J]. The American Journal of Clinical Nutrition, 2002, 76(1): 5-56.

[92] Sun L, Lee D E, Tan W J, et al. Glycaemic index and glycaemic load of selected popular foods consumed in Southeast Asia [J]. British Journal of Nutrition, 2015, 113(5):843-848.

[93] Atkinson F S, Foster-Powell K, Brand-Miller J C. International tables of glycemic index and glycemic load values: 2008 [J]. Diabetes care, 2008, 31(12): 2281-2283.

[94] 曾悦. 稻谷类及豆类碳水化合物消化速度与血糖反应的初步研究 [D]. 中国农业大学，2005.

[95] 周威，范志红，王璐. 豆类对粥食血糖反应和饱腹感的影响 [J].食品科学，2010, 31(5): 298-301.

[96] Lin M A, Wu M, Lu S, et al. Glycemic index, glycemic load and insulinemic

index of Chinese starchy foods［J］. The World Journal of Gastroenterology, 2010, 16(39): 4973-4979.

［97］王淑颖. 糯性食物物性指标及血糖和饱腹感反应研究［D］. 中国农业大学，2012.

［98］Lok K Y, Chan R, Chan D, et al. Glycaemic index and glycaemic load values of a selection of popular foods consumed in Hong Kong［J］. British Journal of Nutrition, 2010, 103(4): 556-560.

［99］Chen Y J, Sun F H, Wong S H, et al. Glycemic index and glycemic load of selected Chinese traditional foods［J］. World Journal of Gastroenterology, 2010, 16(12):1512-1517.

［100］梁晓丽. 烹调方式对富淀粉保健食材消化特性的影响［D］. 中国农业大学，2011.

［101］董洋. 水果干与巴旦木摄入对餐后血糖反应的影响［D］. 中国农业大学，2015.

［102］Henry C J, Lightowler H J, Strik C M, et al. Glycaemic index and glycaemic load values of commercially available products in the UK［J］. British Journal of Nutrition, 2005, 94(6): 922-930.

［103］Sugiyama M, Tang A and Koyama W. Glycemic index of single and mixed meal foods among common Japanese foods with white rice as a reference food［J］. European Journal of Clinical Nutrition, 2003, 57: 743-752.

参考文献

备孕怀孕坐月子，饮食营养是关键。本书是人气营养学家范志红教授力作，为孕产妇全程营养饮食提供科学指导方案。

备孕怎么吃宝宝更健康？怀孕怎么吃长胎不长肉？坐月子怎么吃母乳更营养、妈妈不长胖？针对这些准妈妈、新妈妈们关注的热点话题，范志红教授——给出了科学答案。

不仅告诉孕产妇读者孕程营养知识，更贴心介绍120余道孕产妇保健食谱，以及部分精彩的网友问答及新妈妈故事实例。全书营养知识介绍科学详尽、通俗易懂，食谱部分附详细图解及制作说明、营养含量分析及卡路里参考，是备孕怀孕女性不可多得的科学参考读物。

本书的附录部分，提供了各类食材的营养素含量、血糖指数等数据，以及《中国居民膳食指南》的相关指导，可使读者在实际生活中方便地查找相关数据，结合自身实际情况灵活搭配三餐的菜品种类及数量，科学合理地健康饮食。

图书在版编目（CIP）数据

范志红详解孕产妇饮食营养全书／范志红著. —北京：
化学工业出版社，2017.4（2025.2 重印）
ISBN 978-7-122-29034-2

Ⅰ. ①范⋯　Ⅱ. ①范⋯　Ⅲ. ①孕妇 - 妇幼保健 - 食谱
②产妇 - 妇幼保健 - 食谱　Ⅳ. ① TS972.164

中国版本图书馆 CIP 数据核字（2017）第 027007 号

责任编辑：李　娜　王丹娜　　　　　文字编辑：李锦侠
责任校对：王素芹　　　　　　　　　内文设计：北京八度出版服务机构
　　　　　　　　　　　　　　　　　封面设计：尹琳琳

出版发行：化学工业出版社（北京市东城区青年湖南街 13 号　邮政编码 100011）
印　　装：天津裕同印刷有限公司
710mm×1000mm　1/16　印张 20¾　字数 300 千字　2025 年 2 月北京第 1 版第 24 次印刷

购书咨询：010-64518888　售后服务：010-64518899
网　　址：http://www.cip.com.cn
凡购买本书，如有缺损质量问题，本社销售中心负责调换。

定　　价：49.80 元